高分子材料与工程专业
综合设计性实验

主　编　徐文总

副主编　张璟焱　陈晓明

　　　　覃忠琼　张佳燕

合肥工业大学出版社

图书在版编目(CIP)数据

高分子材料与工程专业综合设计性实验/徐文总主编．--合肥：合肥工业大学出版社，2024.10. -- ISBN 978 - 7 - 5650 - 5595 - 9

Ⅰ.TB324.02

中国国家版本馆 CIP 数据核字第 2024M5R202 号

高分子材料与工程专业综合设计性实验

徐文总　主编		责任编辑　张择瑞	
出　版	合肥工业大学出版社	版　次	2024 年 10 月第 1 版
地　址	合肥市屯溪路 193 号	印　次	2024 年 10 月第 1 次印刷
邮　编	230009	开　本	787 毫米×1092 毫米　1/16
电　话	理工图书出版中心：0551－62903204	印　张	18.75
	营销与储运管理中心：0551－62903198	字　数	445 千字
网　址	press.hfut.edu.cn	印　刷	安徽联众印刷有限公司
E-mail	hfutpress@163.com	发　行	全国新华书店

ISBN 978 - 7 - 5650 - 5595 - 9　　　　　　　　定价：48.00 元

如果有影响阅读的印装质量问题，请与出版社营销与储运管理中心联系调换。

前　言

　　目前,我国开设"高分子材料与工程"专业的高校有 200 余所。对于高分子专业实验课程,这些高校通常都开设有高分子化学、高分子物理、高分子成型加工实验等课程,但其所开设的实验项目主要是一些传统的验证性实验,综合设计性实验整体偏少。为了适应社会需求、培养学生综合运用高分子相关知识解决复杂工程问题的能力,我们基于 CDIO 模式,以科研促教学,将教师的科研成果提炼、自编成综合设计性实验项目,应用于实验教学。经过多年的教学实践积累,结合参考其他相关教材,我们编写了这本《高分子材料与工程专业综合设计性实验》,用于高分子材料与工程专业本科学生的教学,同时也可以作为其他相关专业学生和工程技术人员的专业参考书。

　　本书包括 79 个独立的实验项目,其中 54 个项目来源于教师自己的科研成果,另外 25 个实验项目是参考有关资料经过改编而成。其中实验 1、2、7、11、13、23、34、42、44、51、64、65、68 由安徽建筑大学覃忠琼副教授编写;实验 3、18、19、50 由安徽建筑大学王献彪教授编写;实验 4、6、28、29、32、33、38、41、45、48、60、63 由安徽建筑大学任琳讲师编写;实验 5、8、25、27、46、79 由安徽建筑大学王帝副教授编写;实验 9、10、36、43、47 由安徽建筑大学张璟焱教授编写;实验 12、14、15、20、22、53~56、74~77 由安徽建筑大学王平副教授编写;实验 16、35、58、59、67 由安徽建筑大学周海鸥副教授编写;实验 17、49、69~73 由安徽建筑大学徐文总教授编写;实验 24 由安徽建筑大学陈晓明教授编写;实验 30、31、57、78 由安徽建筑大学胡先海教授编写;实验 37、39、40、61、62 由安徽建筑大学赵青春教授编写;实验 52 由安徽建筑大学曹田副教授编写;实验 66 由安徽建筑大学童彬副教授编写。全书由安徽建筑大学张佳燕博士校对,由安徽建筑大学徐文总教授统稿。

　　本书在出版过程中得到高分子材料与工程国家一流专业建设项目(2020)、安徽省教育厅重大教研项目(2020jyxm0350)和安徽建筑大学教材建设项目(2020yljc02)经费的资助。

　　限于编者的知识水平,书中难免会出现一些疏漏,敬请读者批评指正,以便于我们今后修改和订正。

2024 年 8 月

目　　录

实验 1 　 PVA 偏光片制备和性能研究

一、实验设计思路

目前国内关于 PVA 偏光膜的研究基础相对薄弱,缺乏研究积累和系统研究支撑高性能偏光膜的开发。本实验拟以国内广泛使用的不同牌号聚乙烯醇原料 PVA1799/2099/2499/2699 制备 PVA 偏光基膜,然后通过控制拉伸工艺,拉伸碘染制备 PVA 偏光片,并测定其机械性能和偏光性能。

二、实验目的

1. 掌握偏光片工作原理;
2. 掌握 PVA 基膜制备的方法;
3. 掌握湿膜拉伸装置的操作及偏光片性能测试方法。

三、实验原理

典型透射偏光片基本结构如图 1-1 所示,偏光片由偏光性的基膜,内层外层保护性膜和压敏胶层组合而成。为满足各领域不同需求,在典型偏光片的基础上,制作出了不同性能的偏光片。

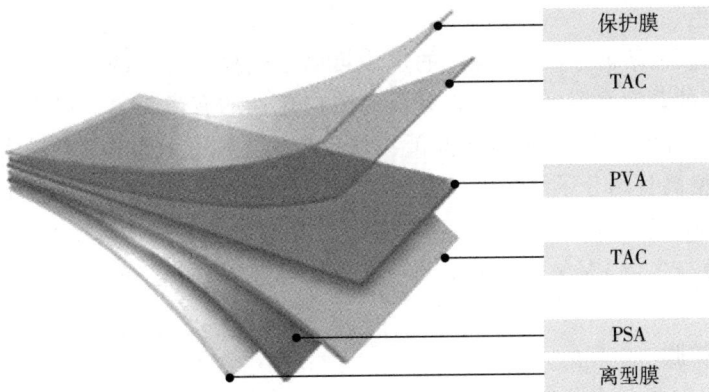

保护膜
TAC
PVA
TAC
PSA
离型膜

图 1-1 　典型透射偏光片示意图

其中 PVA 偏光片占到成本的 1/3 左右,是偏光片最核心的部件。偏振片的典型制作工艺分为基膜制备、拉伸、染色、胶合保护膜以及烘干收卷等工序(见图 1-2)。

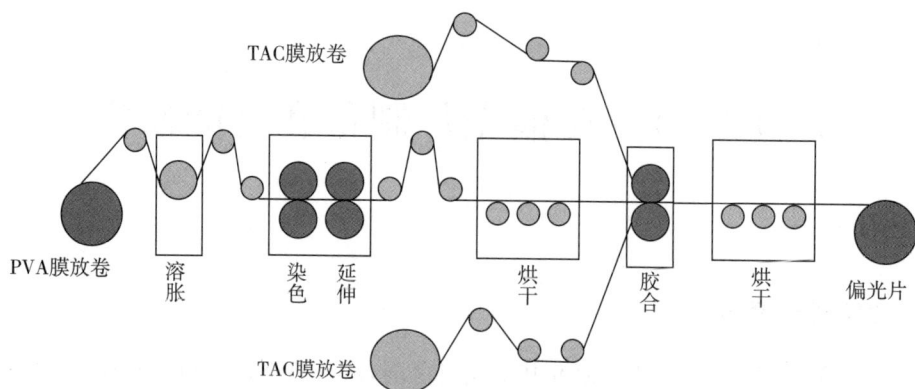

图 1-2 偏振片的典型制作工艺

基膜的制备又可以分为流诞法、挤出法和涂布法。流诞法是生产光学基材薄膜的常用方法。碘系偏光片工艺流程主要包括：

（1）PVA 基膜溶胀

PVA 基膜是一定聚合度和醇解度的聚乙烯醇树脂采用溶液流延工艺成膜的,利用加热攻对膜进行干燥,后期再进行热处理,所以膜里面的含湿量很低,膜柔韧性比较差,不利于后期的处理。将膜用水溶胀,调整含湿量至一定范围,使 PVA 纤维变得疏松,有助于染色和拉伸。

（2）PVA 膜单向拉伸

单向拉伸至少 3.5 倍以上才可以保证偏振膜的光学性能,是制造偏振膜的关键工艺。拉伸方法有抗张力拉伸、滚压拉伸以及热板拉伸等,其中应用最广泛的为滚压拉伸。这种拉伸方法容易实现流水线生产而且膜厚度可以控制,利用辊轮的表面光洁度和轮间缝隙来改善膜的表面质量。拉伸可以在溶液里面,也可以在一定温湿度的气体氛围中进行。

（3）浸渍染色

将拉伸过的膜在溶液中染色,颜色的深浅可以通过浸渍时间的长短来控制。染料浴可以是碘与碘化钾的蒸馏水溶液,也可以是具有二向色性的有机染料。碘素偏光膜的光学性能很好,但耐湿温性能很差,温度到 100 ℃很快褪色失去偏振效果。有机染料分子在高温下比较稳定,但价格高且因分子结构大而复杂,在 PVA 膜中的吸附性一般,会造成膜颜色不均匀,偏振效率一般。浸渍后期,采用硼酸和硼化物溶液交联或采用过氧化氢氧化,也有用甲醛或戊二醛溶液与多余 PVA 分子链中的羟基发生酯化、缩醛化等反应,以提高膜的耐湿热性能。

（4）胶合保护膜

为了防止偏振膜与水蒸气接触发生变质,需要在偏振膜外面胶合一层保护膜。该膜要有很好的透光性、尺寸稳定性以及双折射尽可能小。常用的有醋酸纤维素酯（TAC）、丁酸乙酰纤维素酯（CBA）、聚丙烯（PP）和氨基甲酸乙酯等薄膜,其中 TAC 膜应用最多,性能最好。

本实验主要采取系列 PVA 原料,用流诞法制备 PVA 偏光基膜,然后采用湿膜拉伸的方法制备偏光片并测试其性能。

四、仪器与药品

1. 仪器:涂布机,薄膜拉伸装置,紫外可见光分光光度计;
2. 药品:PVA1799/2099/2499/2699,甘油,去离子水,I_2,KI。

五、实验步骤

1. PVA 基膜的制备

(1)分别称取牌号为 PVA1799、PVA2099、PVA2499、PVA2699 的聚乙烯醇粒料及自制 PVA 粉末 14 g 于锥形瓶中,加入 126 mL 去离子水和 2 g 甘油,置于磁力搅拌电热台上,装上回流装置,升温至 95 ℃搅拌至聚乙烯醇完全溶解成均一溶液。溶液浓度为 10%。

静置,冷却至室温脱去溶液中小气泡,得到聚乙烯醇基膜制膜原液。均匀涂布在干燥洁净的平板玻璃上。将平板玻璃置于 40 ℃鼓风干燥箱中加热 4 h 烘干,得到厚薄均一、平整的 PVA 基膜。

2. 碘染法制备 PVA 偏光膜

碘染液配置:I_2(3.8 g)+KI(38 g)+去离子水(3000 mL)+H_3BO_3(30 g)。

湿膜拉伸制备偏光片:将基膜裁成 4 cm×6 cm 长方形样条并将其装在 SSE-100 湿膜拉伸装置上,连同拉伸装置一起浸入 30 ℃的溶液中,开启拉伸装置将基膜拉伸至原长的 6 倍左右,拉伸速度为 1 mm/s;将夹具从溶液中取出,不卸载,迅速在去离子水中洗去表面碘染液,用滤纸吸去表面多余水分,放入 40 ℃烘箱中干燥 20 min 后取下,得到深蓝色平滑的偏光膜。

3. PVA 偏光薄膜的力学性能表征

按照 GB/T 13022—1991 的标准,采用薄膜拉伸装置 SSE-100(合肥蒲亮科技有限公司),拉伸速度为 1 mm/s,4 cm×6 cm 长条型样片,测定薄膜的力学性能。

4. PVA 偏光薄膜的光学性能表征

将拉伸后的薄膜裁成 1 cm×3 cm 的条形样片,采用岛津 SolidSpec-3700 紫外可见分光光度计,波长为 200~800 nm,分别测定平行、垂直于拉伸轴方向的单片偏光膜的透过率及将两片偏光膜重叠放置平行和垂直的透过率。计算偏光膜的单片偏光系数(P)和两片偏光膜偏光度(PE),根据下列公式:

$$P = \frac{\sqrt{(T_h + T_s)^2 - 4 \times T_c}}{T_h + T_s}$$

$$PE = \sqrt{\frac{T_p - T_c}{T_p + T_c}}$$

式中:T_h——单片偏光膜平行于拉伸轴方向的透过率(%);

T_s——单片偏光膜垂直于拉伸轴方向的透过率(%);

T_p——两片偏光膜平行透过率(%);

T_c——两片偏光膜垂直透过率(%)。

六、实验报告提纲

根据实验课题,完成实验报告。实验报告应包括如下部分内容:

1. 实验目的;
2. 实验课题;
3. 文献综述;
4. 实验方案(含原材料的种类、性质、选择的根据);
5. 实验设备、测试仪器规格型号、技术参数;
6. 实验过程、主要实验参数(时间、温度、压力);
7. 测试的依据;
8. 测试结果、数据处理;
9. 结果分析(是否达到要求? 配方设计是否合理? 如何调整?)结论;
10. 产品使用前景和可持续性评估(高效并合理地评价高分子材料产品对社会的周期效益和隐患);
11. 参考文献(要求不少于 15 篇,格式撰写规范,包括作者、题目、来源、年、卷、期、页码等)。

实验报告着重讨论:

(1)不同分子量 PVA 制备偏光基膜的方法;
(2)不同分子量 PVA 基膜的性能。

七、注意事项

1. PVA 溶解制备基膜时务必将 PVA 完全溶解;
2. 选择合适的拉伸速度和温度。

八、参考文献

[1] 丁恒春,王宁,李莉. 单轴热拉伸对 PVA 熔融挤出膜结构与性能的影响[J]. 塑料,2017,46(6),31-33+60.

[2] 舒帮建,张丽英,张浩,等. 聚乙烯醇拉伸薄膜的凝聚态结构研究[J]. 现代塑料加工应用,2017,29(1),1-5.

[3] 张海鹏,陈金耀,曹亚. 聚乙烯醇薄膜在碘液染色后的结构演变[J]. 高分子材料科学与工程,2019,35(4),64-67.

实验 2　立构规整的聚乙烯醇(PVA)制备及表征

一、实验设计思路

聚乙烯醇(PVA)是一种性能优良、用途广泛的水溶性聚合物,由它制备的薄膜具有优异的阻氧性、阻油性、耐磨性、抗撕裂性、透明性、抗静电性、可印刷性、耐化学腐蚀性等特点,在薄膜材料中占有十分独特的、重要的地位。偏光片是液晶显示器重要材料之一,PVA 光学膜是制造偏光片的主要材料,是将 PVA 膜拉伸和醋酸纤维素膜(TAC)经多次复合、拉伸、涂布等工艺制成的一种复合材料,可实现液晶显示高亮度、高对比度特性。研究和开发 PVA 光学膜用聚乙烯醇树脂具有十分重要的意义。

聚乙烯醇工业上是以偶氮二异丁腈 AIBN 为引发剂,采用醋酸乙烯酯自由基溶液聚合制得聚醋酸乙烯酯(PVAc),然后对醋酸乙烯酯进行水解得到的,大多呈无规立构。采用可逆加成-断裂链转移自由基活性聚合(Reversible Addition - Fragmentation Chain Transfer Polymerization,RAFT)可以实现对醋酸乙烯酯聚合物的立构规整性和分子量的可控。本实验采用黄原酸酯类链转移剂对醋酸乙烯酯进行自由基聚合制备,然后水解制备具有立构规整性的聚乙烯醇。

二、实验目的

1. 熟悉 RAFT 的基本原理;
2. 掌握 RAFT 试剂的合成方法;
3. 掌握醋酸乙烯酯的溶液聚合方法,熟悉醇解工艺流程,掌握聚合物纯化方法;
4. 掌握测定高分子相对分子量的方法,熟练运用凝胶渗透色谱仪测量聚醋酸乙烯酯和聚乙烯醇的分子量及其分布;
5. 掌握^{1}H 核磁共振和^{13}C 测试聚乙烯醇分子链结构的方法。

三、实验原理

1. 可逆加成-断裂链转移自由基活性聚合原理

1998 年,RAFT 聚合由澳大利亚学者 Rizzardo、Moad、Thang 等首先发现,并且在第三十七届国际高分子大会上进行了相关报道。RAFT 方法本质上是利用二硫代酯化合物充当链转移剂调控自由基聚合的过程,通过休眠种与活性体的平衡调节聚合的进程。聚合机理如下:

如图 2-1 所示,RAFT 聚合的反应过程可以细分为 5 个部分:聚合物链的引发、聚合物链转移过程、新自由基的产生与再引发过程、可逆的链转移平衡过程、大分子链不可逆转移

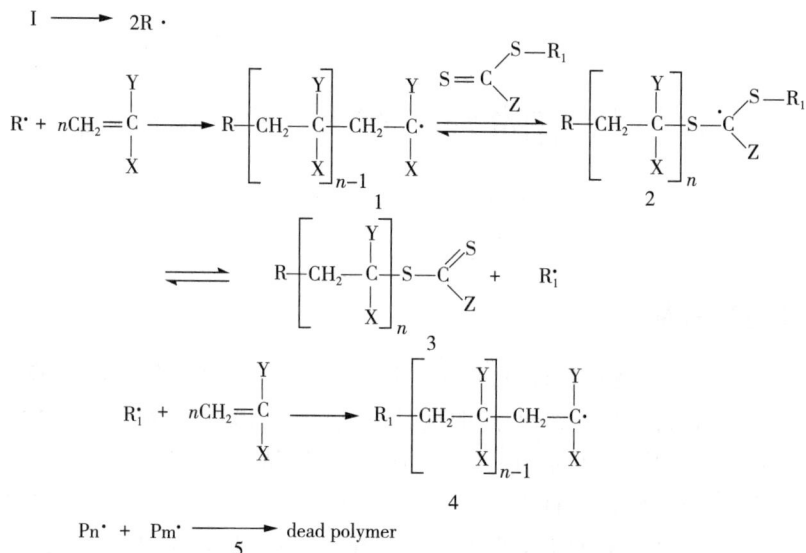

图 2-1 可逆加成-断裂链转移自由基活性聚合原理

（链终止反应）。首先引发剂分解产生自由基，自由基与单体加成产生增长自由基 1，增长自由基与 RAFT 试剂加成形成中间体自由基 2，中间体自由基分解生成新的链转移剂 3，同时形成新的自由基 R·。而 R·将作为新的自由基开始链增长反应形成聚合物链 4。在控制优良 RAFT 聚合中，大分子链转移和断裂过程的反应速率常数 K_{ad} 和 K_p 比链增长反应的速率常数 K_p 要大得多。因此可以保证在每一个循环中平均只有一个单体参与到链增长反应中。这样通过休眠种的间歇激活，保证在聚合结束时大分子保有相似的聚合度。而当聚合反应最终终止时（包括人为终止和单体消耗完毕），绝大部分的产物保持在 3 的状态，保证了聚合物结构的相对一致性。

2. 凝胶渗透色谱确定聚醋酸乙烯酯和聚乙烯醇的分子量

GPC 是一种新型液相色谱，除了能用于测定聚合物的相对分子质量及其分布外，还广泛用于研究聚合物的支化度、共聚物的组成分布及高分子材料中微量添加剂的分析等方面。GPC 仪由输液系统（柱塞泵）、进样器、色谱柱、检测器及一些附属电子仪器组成。图 2-2 是 GPC 的构造示意图。

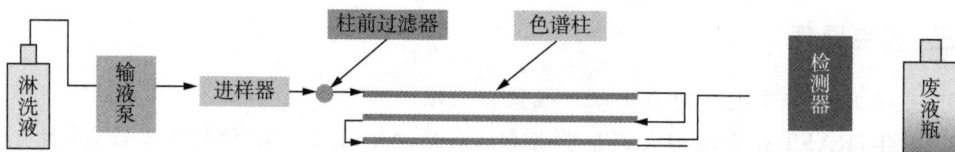

图 2-2 GPC 的构造示意图

3. 核磁共振仪测定分子结构原理

一些原子核（如 ^1H，^{13}C，^{19}F 等）在强磁场中会产生能量分裂，形成能级。当用一定频率的电磁波对样品进行辐照时，特定结构环境中的原子核会吸收相应频率的电磁波而实现共振跃迁。Ernst 于 1966 年发明了脉冲傅里叶变换核磁共振技术,促进了 ^{13}C、^{15}N、^{29}Si 核磁及固体核磁技术的应用,因而获得了 1991 年诺贝尔化学奖(见图 2-3)。傅里叶脉冲变换共振仪结构及原理如图 2-4 所示。

图 2-3　Ernst

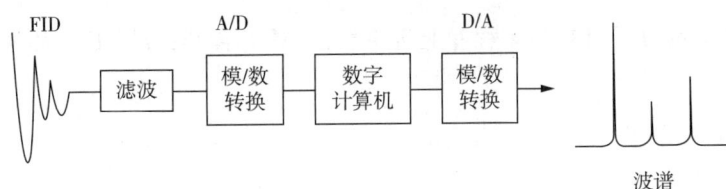

图 2-4　傅里叶脉冲变换共振仪结构

傅里叶变换共振仪是用一个强的射频,以脉冲方式(一个脉冲中同时包含了一定范围的各种频率的电磁辐射)将样品中所有化学环境不同的同类核同时激发,发生共振,同时接收信号。而试样中每种核都对脉冲中单个频率产生吸收。为了恢复平衡,各个核通过各种方式弛豫,在接收器中可以得到一个随时间逐步衰减的信号,称自由感应衰减(FID)信号,经过傅里叶变换转换成一般的核磁共振图谱。

四、实验仪器与试剂

1. 合成仪器

单颈瓶(100 mL/24 mm)一只,温度计(100 ℃)一支,水浴锅,电加热磁力搅拌器,硅胶干燥器,温控装置一套,电动搅拌装置一套,试管及配套橡皮塞各两只,橡皮膏若干,凝胶渗透色谱仪,核磁共振仪。

2. 试剂

黄原酸钾、溴乙腈、甲醇、醋酸乙烯酯、氢氧化钠。

五、实验步骤

六、实验报告提纲

参考实验1,其中重点讨论部分：
(1)采用 RAFT 法进行分子设计的原理；
(2)聚合物分子量分布以及分子结构分析。

七、注意事项

1. 采用色谱柱分离链转移剂时要小心操作,防止淋洗液流干影响柱效；
2. 醇解 PVAc 溶液时要缓慢滴加。

八、参考资料

[1] 潘祖仁. 高分子化学[M]. 5 版. 北京:化学工业出版社,2014.

[2] 沈新元. 高分子材料与工程专业实验教程[M]. 2 版. 北京:中国纺织出版社,2016.

[3] 徐文总. 高分子材料与工程专业实验教程[M]. 合肥:合肥工业大学出版社,2017.

实验 3 多孔聚二乙烯基苯的制备及其吸油性能研究

一、实验设计思路

吸附是指当流体与固体表面接触时,流体中某一组分或多个组分在固体表面处产生积聚的现象。在水处理过程中,吸附法是一种有效地去除污染物的手段,有着节能、高效、操作简单等优点。多孔高分子吸附材料具有高比表面积、大孔容、结构亲疏水可控、结构稳定、再生性能优良等优点,近年来备受关注。

多孔聚二乙烯基苯(PDVB)是通过二乙烯基苯在特定条件下聚合得到的一类交联结构多孔聚合物,常常被用作高性能吸附树脂,具有比表面积大、制备成本低廉、超疏水性等特点,在典型挥发性有机物(VOC)和水中有机污染物的吸附中,表现出优异的吸附性能。苯是石油化工的基本原料,是一种可燃、有毒性的无色透明液体,并带有强烈的芳香气味。它难溶于水,易溶于有机溶剂。因此,针对水体中苯的污染一般采用吸附法去除。

本课题通过溶剂热聚合制备多孔 PDVB,设计加入挥发性溶剂 THF 调控孔隙率和比表面积。研究改变 THF 与水的体积比对多孔 PDVB 比表面积的影响,进一步通过吸附苯的实验来评估材料的结构和吸油性能的关系。实验内容涉及有机化学、高分子化学、仪器表征方面知识。

二、实验目的

1. 熟练掌握水热、溶剂热法制备材料,探究吸附机理;
2. 学习并了解温度、配比等条件对水热法合成 PDVB 形貌结构影响;
3. 学会使用接触角测量仪器,通过接触角来表征 PDVB 的疏水性。

三、实验原理

聚二乙烯基苯是通过单体二乙烯基苯在引发剂的作用下发生自由基聚合反应交联化得到的。利用在溶剂热过程中低沸点溶剂 THF 的造孔作用得到多孔聚二乙烯基苯。由于其具有高亲油性和疏水性,可用于有机物的吸附。

吸附分为物理吸附和化学吸附,其中物理吸附也称为范德华吸附,它是吸附质和吸附剂以分子间作用力为主的吸附。范德华力包括静电力、诱导力和色散力等。物理吸附过程不产生化学反应,不发生电子转移、原子重排及化学键的破坏与生成。由于分子间引力的作用比较弱,使得吸附质分子的结构变化很小,被吸附的物质很容易再脱离,因此,以物理吸附为机制的高性能吸附材料容易再生而重复使用。

化学吸附是吸附质和吸附剂以分子间的化学键为主的吸附。在吸附过程中通过化学键力结合,因此吸附能较大、不可逆,以化学吸附为机制的吸附材料无法再生重复使用。

物理吸附和化学吸附并不是孤立的,往往相伴发生。在污水处理技术中,大部分的吸附往往是几种吸附综合作用的结果。由于吸附质、吸附剂及其他因素的影响,可能某种吸附是起主导作用的。

本综合设计实验通过设计制备不同比表面积和孔隙率的多孔 PDVB 考察其制备机理,通过产物对苯的吸附实验研究其吸附量,探讨吸附机理。

四、仪器与试剂

1. 试剂与仪器

二乙烯基苯(DVB),四氢呋喃(THF),偶氮二异丁腈(AIBN),二卤甲烷,苯,去离子水。

接触角测量仪一台,烘箱一台,高压反应釜四个,磁力搅拌器一台,电子天平一台,带盖玻璃瓶若干,量筒一个,真空干燥箱一个。

2. 吸附的试剂与仪器

恒温水浴锅一台,电子天平一台,带盖玻璃瓶若干。

3. 表征仪器

扫描电子显微镜(SEM),傅里叶变换红外光谱仪(FTIR),接触角测量仪器,吸附分析仪。

五、实验步骤

1. 聚二乙烯基苯的合成和表征

2 g 二乙烯基苯(DVB)溶解在 20 mL 四氢呋喃溶液中(THF)和 1~2 mL 去离子水混合溶液中。然后加入 0.05 g 偶氮二异丁腈(AIBN)。在室温下搅拌 4 h 后,将溶液放入高压反应釜中,然后设置为 120 ℃ 处理 24 h。再冷却至室温,用二氯甲烷洗涤数次后获得白色固体。将调节不同配比的 THF/H_2O 合成的材料命名为 PDVB-x,其中 x 是起始溶液中 THF 与水的体积比。利用红外光谱和吸附分析仪测试 THF/H_2O 对制得的 PDVB 样品成分和孔结构、比表面积的影响。

表 3-1　不同溶剂配比制备 PDVB

样品编号	样品编号
1	THF：Water(10：1)
2	THF：Water(8：1)
3	THF：Water(6：1)
4	THF：Water(4：1)
5	THF：Water(1：1)

2. 吸附实验

(1)分别用电子天平称取 20 mg 干燥的 PDVB 粉末 4 份,备用;

(2)分别在烧杯中加入 150 mL 的去离子水和 20 mL 的苯 5 份;

(3)将 20 mg PDVB 粉末分别投入上述溶液中,在 0.5 h、1 h、2 h、4 h 取出,称量固体质量,计算吸附量;

(4)其他配比合成的 PDVB 重复上述实验过程。

六、实验报告提纲

1. 实验目的

2. 知识背景

(1)PDVB 相关文献综述;

(2)PDVB 吸附苯的机理。

注:列出参考文献 8~10 篇。

3. 实验内容及数据记录

(1)实验方案

(2)实验步骤及现象

(3)数据记录(单独用记录纸,教师签字,见表 3-2)

表 3-2　吸附量数据记录

样品	比表面积(m^2/g)	4 h吸附量(mg/g)
THF：Water(10：1)		
THF：Water(8：1)		
THF：Water(6：1)		
THF：Water(4：1)		
THF：Water(1：1)		

4. 结果与讨论

(1)用 origin 绘制不同 PDVB 样品吸附苯的动力学曲线。

(2)对比不同配比合成的 PDVB 对苯的吸附效果。

(3)重点讨论内容:

① 讨论 THF 的加入比例对 PDVB 产物孔结构和比表面积的影响机制;

② 从分子结构入手,讨论 PDVB 对苯吸附的机理。

注:讨论部分应另外列出参考文献 8~10 篇。

5. 产品使用前景和可持续性评估(高效并合理地评价高分子吸附剂对社会的周期效益及隐患)。

七、注意事项

1. 由于 PDVB 合成时可能有没有反应的 DVB 堵住孔洞,因此在洗涤时用二卤甲烷浸泡 2~3 次,再用去离子水和乙醇洗涤;

2. 由于有机溶剂易挥发,合成及吸附实验应注意在通风橱内进行。

八、参考文献

［1］安连财,韩久放,章应辉,等. 多孔有机聚合物吸附分离水体系中有机污染物研究和应用进展［J］. 应用化学,2018,35(9),1019－1025.

［2］Sobiesiak,Magdalena,et al. Sorption Properties of Polydivinylbenzene Polymers Towards Phenolic Compounds and Pharmaceuticals［J］. Colloids and Interfaces,2019,3(1),19－23.

［3］Huang Y,Wang X,Xu Y,et al. Amino－functionalized porous PDVB with high adsorption and regeneration performance for fluoride removal from water［J］. Green Chemical Engineering,2021,2(2),9－14.

实验 4　壳聚糖的制备、改性及吸附性能测定

一、实验设计思路

甲壳素是储量仅次于纤维素的第二大天然有机高分子物质,具有来源丰富、安全无毒、可生物降解等特性。但其分子中氢键作用较强,溶解能力非常有限。天然高分子甲壳素在强碱条件下经脱乙酰化处理可得到壳聚糖。脱乙酰过程使氨基游离,从而改变了大分子的聚集态结构(破坏了部分氢键的作用),改善了大分子溶解性。壳聚糖分子中大量功能基团(游离羟基和氨基),既可进行化学反应,也可进行物理吸附作用。

利用壳聚糖分子中官能团的化学反应性,可对其进行改性,引入新的化学活性基团;另外,可利用已有功能基团进行吸附研究。

实验内容设计,可以包括甲壳素脱乙酰化反应、氨基含量测定、壳聚糖改性、壳聚糖吸附性能研究、吸附量数据处理等;涉及有机化学、分析化学、高分子化学、高分子物理和计算机应用等课程的基础知识;便于锻炼学生的综合能力。

二、实验目的

1. 了解壳聚糖的结构特征和应用;
2. 熟悉壳聚糖制备的基本原理;
3. 掌握壳聚糖制备、改性的实验技术;
4. 理解壳聚糖性能测试的意义。

三、实验原理

甲壳素存在于自然界中低等植物(菌类、藻类)的细胞、甲壳动物(虾、蟹、昆虫)的外壳、高等植物的细胞壁等处,是除纤维素以外的又一大类重要多糖,其分子结构如图 4-1(a)所示。据估计,自然界中甲壳素每年生物合成的量多达 1000 亿吨,是来源丰富的天然高分子材料。其外观为淡米黄色至白色,可溶于浓盐酸、磷酸、硫酸等,不溶于碱及其他有机溶剂,也不溶于水。

在浓碱(>40％氢氧化钠或氢氧化钾)介质中加热甲壳素,可使分子中的乙酰基脱除。壳聚糖是甲壳素脱 N-乙酰基的产物,其分子结构如图 4-1(b)所示。一般而言,N-乙酰基脱除 55％以上的就可称之为壳聚糖,或者说,能在 1％乙酸或 1％盐酸中溶解 1％的脱乙酰甲壳素被称为壳聚糖。N-脱乙酰度在 55％~70％的是低脱乙酰度壳聚糖,70％~85％的是中脱乙酰度壳聚糖,85％~95％的是高脱乙酰度壳聚糖,95％~100％的是超高脱乙酰度壳聚糖。N-脱乙酰度 100％的壳聚糖极难制备。凡是 N-脱乙酰度在 50％以下的,不溶于上述浓度的稀酸,都被称之为甲壳素。

（a）甲壳素

（b）壳聚糖

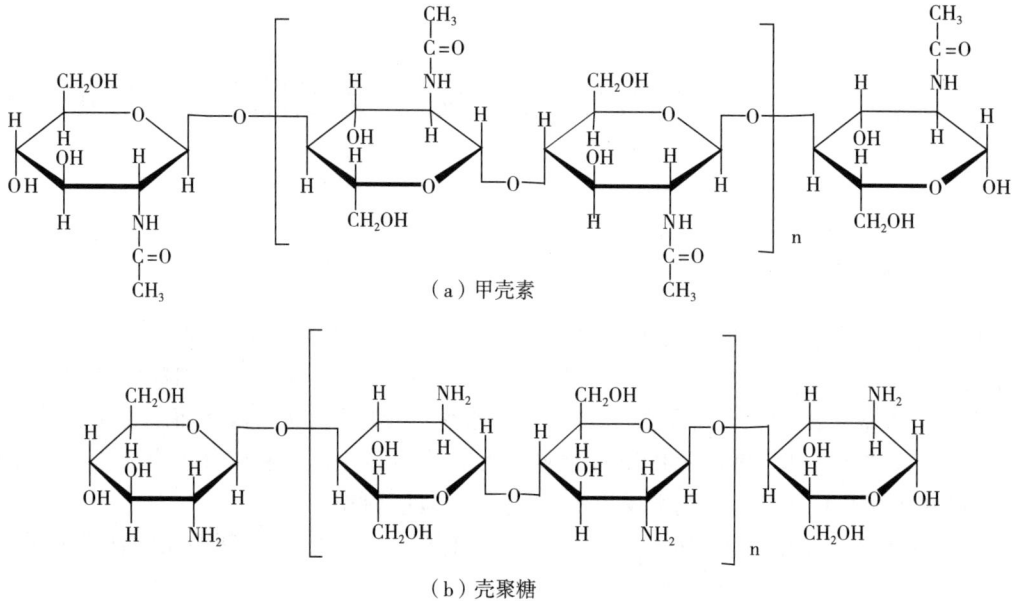

图 4-1　甲壳素（a）、壳聚糖（b）的结构式

壳聚糖（chitosan，CTS）的化学名称为聚-（1,4）-2-氨基-2-脱氧-β-D-葡聚糖。乙酰基脱除受 NaOH 的浓度、温度、反应时间的影响。NaOH 作为反应催化剂，虽然浓度增大有利于催化酰胺水解，但是浓度太大也会促进糖苷键的断裂，致使大分子主链发生断裂而降解。一般 NaOH 的浓度在 40%～50% 比较适宜。反应温度与反应时间相关，120 ℃左右，约几个小时；90 ℃左右，约十几个小时。

乙酰基脱除后形成的游离氨基含量可用酸碱滴定法进行测定。即脱乙酰反应程度通常用脱乙酰度（D. D）来表示。直接用酸滴定时，大分子溶液中氨基质子化对滴定终点响应不够灵敏，所以滴定采用先加过量盐酸中和游离氨基，再用标准氢氧化钠碱液滴定过量酸的方法。

电位滴定法测定脱乙酰度，用如下公式计算：

$$NH_2(\%) = \frac{c(V_2 - V_1) \times 0.016}{m} \times 100 \tag{4-1}$$

$$D. D = \frac{203 \times NH_2(\%)}{16 + 42 \times NH_2(\%)} \tag{4-2}$$

式中：c——NaOH 标准溶液的浓度，mol/L；

V_1——第一等电点，滴定过剩盐酸所消耗 NaOH 标准溶液的体积，mL；

V_2——第二等电点，滴定过剩盐酸＋—NH_3^+ 所消耗 NaOH 标准溶液的体积，mL；

m——样品的质量，g；

NH_2——氨基含量；

$D. D$——壳聚糖的脱乙酰度。

壳聚糖上含羟基、氨基等官能团，易与有机小分子发生物理、化学吸附作用（常见于氢键、缔合、包覆等），可用于印染废水、食品废水的吸附、絮凝。实验室可用甲基橙溶液模拟印染废水,通过紫外-可见分光光度计(固定波长 464 nm)进行吸光度测定。研究壳聚糖对印染废水中偶氮类物质的吸附去除效果。

吸附率计算:

$$吸附率＝(C_0－C)/C_0 \qquad (4-3)$$

式中:C_0——吸附前甲基橙溶液的浓度;

　　C——吸附后甲基橙溶液的浓度。

壳聚糖上含羟基、氨基等官能团,易与有机分子发生化学反应,引入新的化学活性基团,可更好地改善其理化性能,从而大大拓宽了壳聚糖及其衍生物的应用领域。其自身的化学结构决定了其改性方法的多样性,就化学方法而言有酯化、醚化、烷基化、接枝、交联等。在碱性条件下用氯乙酸与壳聚糖反应,可制得羧甲基壳聚糖,羧甲基既会在—OH 上发生取代,也会在—NH 上发生取代,生成 O-羧甲基和 N-羧甲基壳聚糖。对于羟基取代,由于 C_3 上的位阻效应以及 C_2 和 C_3 之间的分子内氢键,使 C_3 位上的羧甲基化较难发生,所以羟基上的羧甲基取代,C_3—O—羧甲基较少一些,而以 C_6—O—羧甲基为主。对于 C_6—OH 与 C_2—NH_2 来说,在碱性条件下羧甲基在羟基上的取代活性要高于氨基,因此,当取代度小于 1 时,羧甲基的取代主要是在羟基上而不是氨基上,只有取代度接近 1 和高于 1 时,才会同时在氨基上发生羧甲基取代,形成 O,N-羧甲基壳聚糖。羧甲基壳聚糖的水溶性,除了因为它是一种羧酸钠盐而溶于水外,还有一个原因是羧甲基的引入,破坏了壳聚糖分子的二次结构,使其结晶度大大降低,几乎成为无定形态。

壳聚糖羧甲基化后,分子中含有游离羧基。羧基含量可用电位滴定法进行羧基含量测定。即羧化反应程度通常用羧化度(DS)来表示。羧甲基壳聚糖的溶解性发生了显著变化,可以通过水溶液的酸碱性变化进行溶解性检验。

羧化度计算:

$$DS＝\frac{203(V_2－V_1)\times c/m}{1000－58(V_2－V_1)\times c/m} \qquad (4-4)$$

式中:V_1——第一等电点,滴定过剩盐酸所消耗 NaOH 标准溶液的体积,mL;

　　V_2——第二等电点,滴定过剩盐酸＋羧基所消耗 NaOH 标准溶液的体积,mL;

　　c——NaOH 的浓度,mol/L;

　　m——样品的质量,g。

四、仪器与试剂

1. 仪器

标准磨口三颈瓶(100 mL/19 mm×3)一只,球形冷凝器(300 mm)一支,温度计(100 ℃)一支,分液漏斗(125 mL)一只,烧杯(100 mL),抽滤装置一套,电加热套(带磁力搅拌)一台,电子天平,容量瓶,广口瓶,锥形瓶,量筒,高速离心机,紫外-可见光分光度计,pH计,自动电位滴定仪。

2. 试剂

甲壳素,氢氧化钠,盐酸,冰醋酸,去离子水,甲基橙,一氯乙酸,甲醇,乙醇,丙酮。

五、实验步骤

1. 壳聚糖的制备及脱乙酰度测定(学生查阅文献提出实验方案,由指导老师修正确定)。

(1)称取一定量粉末状甲壳素,小心量取一定量浓 NaOH 溶液加入 100 mL 三口烧瓶中,混合均匀,装上温度计和回流冷凝管,接通冷凝水,加热升温至 130 ℃,在此温度下回流 1 h。冷却至室温,抽滤(滤液回收),产物用去离子水洗涤至中性(倾注法),经常压 60 ℃ 干燥至恒重,称量,计算产率。设计改变碱液浓度,多次完成上述实验过程。

(2)准确称取上述方法制备的壳聚糖各 0.3 g,置于 250 mL 锥形瓶中,加入标准 0.1 mol/L 盐酸溶液 30 mL 溶解,在自动电位滴定仪上用标准 0.1 mol/L NaOH 滴定至终点。

2. 壳聚糖的吸附性测定(学生查阅文献提出实验方案,由指导老师修正确定)。

(1)称取 0.08 g 壳聚糖样品置于 8 mL 的甲基橙溶液中,避光静置 20 min 后等时间间隔,进行紫外(464 nm)吸光度值测定。

(2)设计:改变壳聚糖吸附剂用量、吸附温度、甲基橙溶液初始浓度等,进行紫外(464 nm)吸光度值测定。

3. 羧甲基壳聚糖的制备、羧化度测定及或溶解性检验(学生查阅文献提出实验方案,由指导老师修正确定)。

(1)称取一定量壳聚糖、异丙醇、35% 的 NaOH 溶液混合,室温搅拌碱化 1 h,滴加一定量氯乙酸与异丙醇的混合液,在 70 ℃ 下反应 2 h,冷却,用醋酸中和、过滤,在滤液中加入甲醇,待产物析出、抽滤、甲醇洗涤,干燥,称重。

(2)称取 0.3 g 羧甲基壳聚糖样品,溶解在 30 mL 0.1 mol/L 的标准 HCl 溶液中,在自动电位滴定仪上用标准 0.1 mol/L NaOH 滴定至终点。

(3)称取两份 0.3 g 羧甲基壳聚糖样品,分别置于 30 mL 水和 0.1 M 的氢氧化钠溶液中观察溶解现象。

六、实验报告提纲

参照实验 1,详情略。

七、注意事项

1. 浓碱回流反应时在玻璃仪器连接部位涂抹凡士林,以防发生仪器黏连;

2. 浓碱反应液务必回收处理;

3. 吸附测定前,壳聚糖与吸附液应分离充分。

八、参考文献

[1] 彭亚娟,王晓雪,路媛媛. 羧甲基壳聚糖吸附剂对亚甲基蓝的脱色研究[J]. 环保科技,2016,22(3):11-15.

[2] 高晓红,韩振峰,邓钏,等. 改性壳聚糖在印染废水处理中的应用研究进展[J]. 广州化工,2016,44(20):14-15.

[3] 刘瑾,王颖,李真. 大学化学基础实验[M]. 北京:化学工业出版社,2018.

实验 5　阳离子型聚丙烯酰胺絮凝剂实验设计

一、实验思路

首先合成出普通的聚丙烯酰胺类聚合物,然后在此通用聚丙烯酰胺类聚合物的基础上官能团化阳离子基团或阴离子基团,得到阳离子或阴离子型聚丙烯酰胺聚合物。同时在本实验中学习、巩固共聚反应的机理以及聚合物絮凝剂的功能和应用。

二、目的要求

1. 掌握共聚合反应原理,达到理论与实际应用相结合;
2. 进行聚合机理、聚合方法的选择及确定;
3. 掌握聚合配方设计和聚合反应条件选择。

三、基本原理

丙烯酰胺是一类应用广泛的水溶性单体。聚丙烯酰胺的用途广泛,其作为一种功能高分子——絮凝剂的作用在以前的实验中已做了介绍。其作用原理是聚丙烯酰胺的酰胺基可与许多物质亲和,通过大分子上的电荷与粒子上的反电荷间的静电吸引作用,吸附形成氢键,在被吸附的粒子间形成"桥联",使数个甚至数十个粒子连接在一起,生成絮团,加速粒子下沉。

在聚丙烯酰胺大分子链上引入离子基团得到阳离子型或阴离子型聚丙烯酰胺,更利于在某些领域使用。阴离子型聚丙烯酰胺由于具有良好的粒子絮凝化性能,更宜于用在矿物悬浮物的沉降分离中。阳离子型聚丙烯酰胺的相对分子质量通常比阴离子型或非离子型的相对分子质量低,其絮凝作用主要是通过电荷中和作用,即絮凝带负电荷的胶体,具有除浊、脱色等功能。适用于有机胶体含量高的废水处理,如处理染色、造纸、食品、水产品加工与发酵等工业废水。

阳离子型聚丙烯酰胺多数是通过丙烯酰胺与阳离子单体自由基共聚得到的。常用的阳离子单体有 2-丙烯酰氧基乙基三甲基氯化铵、N,N-二甲基丙烯酰氧乙基丁基溴化铵、二烯丙基二甲基氯化铵、苯胺盐酸盐、水溶性氨基树脂、聚硫脲盐酸盐、聚乙烯基吡啶盐、聚乙烯基亚胺等。

共聚物相对分子质量越大,阳离子含量越高,絮凝效果越好。提高相对分子质量的方法有调节引发剂、单体浓度、链转移剂、控制反应温度及选择聚合方法等。

下面介绍两种比较成熟的品种:

1. 丙烯酰胺-甲基丙烯酸二甲基氨基乙酯氯甲烷盐共聚物,后者占 25%,氧化-还原引

发剂,水溶液聚合,单体浓度20%;

2. 丙烯酰胺-二甲基丙基丙烯酰胺共聚物,后者占20%,偶氮类引发剂,水溶液聚合,单体浓度15%。

四、主要试剂

丙烯酰胺:无色透明片状晶体,无臭,有毒,相对密度1.12,熔点84～85 ℃,沸点125 ℃,溶于水、乙醇,微溶于苯、甲苯。

丙烯酰胺-二烯丙基二甲基氯化铵的竞聚率:$r_1=1.95$,$r_2=0.30$。

五、实验设计

1. 丙烯酰胺-二烯丙基二甲基氯化铵共聚物的自由基水溶液聚合

目标产物:丙烯酰胺-二烯丙基二甲基氯化铵阳离子絮凝剂

1)提示

(1)聚合机理及聚合方法:自由基无规共聚,溶液聚合;

(2)反应装置:1000 mL聚合釜,装料系数60%～70%;

(3)聚合配方:二烯丙基二甲基氯化铵含量30%～35%(质量分数),水/单体＝70/30～60/40(质量比),每100 g单体中加入偶氮类引发剂0.03～0.04 g;

(4)聚合工艺:反应温度55 ℃、搅拌速率约120 r/min、反应时间3 h。

2)要求

(1)根据目标产物性能,确定共聚物分子结构,给出简要解释;

(2)确定聚合机理及聚合方法,给出简要解释,写出聚合反应的基元反应;

(3)根据提示计算出具体聚合配方;

(4)确定聚合装置及主要仪器,画出聚合装置简图;

(5)制定工艺流程,画出工艺流程框图;

(6)确定聚合工艺条件,给出简要解释。

2. 丙烯酰胺-二烯丙基二甲基氯化铵共聚物的自由基反相乳液聚合

目标产物:丙烯酰胺-二烯丙基二甲基氯化铵阳离子絮凝剂

1)提示

(1)聚合机理及聚合方法:自由基无规共聚,反相乳液聚合;

(2)反应装置:1000 mL聚合釜,装料系数60%～70%;

(3)聚合配方:二烯丙基二甲基氯化铵含30%～35%(质量分数),有机溶剂/单体＝70/30～60/40(质量比),每100 g单体中加入氧化剂0.10～0.25 g,还原剂0.01～0.04 g,乳化剂2～3 g;

(4)聚合工艺:反应温度45～50 ℃,搅拌速率约120 r/min,反应时间3 h。

2)要求

(1)根据目标产物性能,确定共聚物分子结构,给出简要解释;

(2)确定聚合机理及聚合方法,给出简要解释,写出聚合反应的基元反应;

(3)根据提示计算出具体聚合配方;

（4）确定聚合装置及主要仪器，画出聚合装置简图；

（5）制定工艺流程，画出工艺流程框图；

（6）确定聚合工艺条件，给出简要解释。

六、实验报告提纲

参照实验 1，详情略。

七、注意事项

1. 丙烯酰胺溶解于水时放热，而且 15 wt% 丙烯酰胺水溶液会发生自聚，短时间内溶液失去流动性。因此额外水的量和单体的溶解温度需注意。

2. 聚合的容器是细长的玻璃聚合管。当将不同引发剂溶液加入时，开始时应留意物料的充分混合。聚合结束，玻璃管上部有凝胶状产物形成，下部仍是可流动的单体溶液。

3. 聚合管不密封，聚合可正常进行，但是表层产物不透明，应弃去。正规的封管方式是熔融密封，但是过程较为复杂。也可用些简单可行的密封方式，如聚合管开口处套小段橡皮管，橡皮管上加旋夹，聚合时旋紧。

八、参考文献

[1] 张兴英,李齐方. 高分子科学实验[M]. 北京:化学工业出版社,2003.

[2] 钱人元. 高聚物的分子量测定[M]. 北京:科学出版社,1958.

[3] 周其凤,胡汉杰. 高分子化学[M]. 北京:化学工业出版社,2001.

实验6 苯乙烯－丁二烯共聚物的制备及性能测试

一、实验设计思路

聚苯乙烯为典型的热塑性塑料,聚丁二烯为典型的弹性体。采用不同的聚合方法进行苯乙烯、丁二烯共聚合,可制得性能不同的共聚物。接枝共聚制得高抗冲聚苯乙烯(HIPS),韧性好,耐冲击,广泛用于家电、汽车、医疗器具等方面。无规共聚制得丁苯橡胶(SBR)的物理机械性能、加工性能及制品的使用性能接近于天然橡胶,有些性能如耐磨、耐热、耐老化及硫化速度较天然橡胶更为优良,可与天然橡胶及多种合成橡胶并用,广泛用于轮胎、胶带、胶管、电线电缆、医疗器具及各种橡胶制品的生产等领域,是最大的通用合成橡胶品种。

本实验拟通过实验设计利用共聚合制备性能各异的苯乙烯-丁二烯共聚物,最后对产物性能进行测试。

二、实验目的

1. 熟悉取代烯烃共聚合机理;
2. 掌握苯乙烯、丁二烯共聚合实验设计、合成方法;
3. 掌握共聚物力学性能测定方法。

三、实验原理

苯乙烯、丁二烯是两种来源广泛的单体。均聚物聚苯乙烯是热塑性塑料,聚丁二烯是弹性体。苯乙烯和丁二烯也可通过自由基聚合和阴离子聚合进行共聚合,共聚产物因组成和键接方式不同而具有不同的性能。采用阴离子溶液聚合法可生产溶聚丁苯橡胶(S－SBR)和热塑性弹性体苯乙烯-丁二烯-苯乙烯三嵌段共聚物(SBS);采用自由基乳液聚合法生产的是乳聚丁苯橡胶(E－SBR);采用自由基本体-悬浮聚合法生产的是丁二烯-苯乙烯接枝共聚物改性聚苯乙烯的高抗冲聚苯乙烯(HIPS)。苯乙烯-丁二烯的竞聚率为:阴离子共聚 $r_1=0.03, r_2=12.5$(己烷);$r_1=4.00, r_2=0.30$(四氢呋喃);自由基共聚 $r_1=0.44, r_2=1.40$(5 ℃);$r_1=0.58, r_2=1.35$(50 ℃);$r_1=0.78, r_2=1.39$(60 ℃)。与阴离子聚合相比,自由基聚合廉价、方便,能满足 E－SBR 和 HIPS 产品的需求。

采用自由基乳液聚合法制备 E－SBR 时,一般是在高温(50 ℃)或低温(5 ℃)条件下进行苯乙烯、丁二烯共聚合,由 $r_1=0.44, r_2=1.40$ 和 $r_1=0.58, r_2=1.35$ 可知 $r_1 \cdot r_2 < 1$,二者属于非理想共聚,获得无规共聚产物(见图6-1)。该聚合反应中主要影响因素有单体组成、乳化剂种类和用量、引发剂种浓度、搅拌强度、反应温度等。这些因素对乳液聚合过程及产品质量都有很大影响。单体组成通常苯乙烯含量小于丁二烯含量;乳化剂种类不同,其

CMC、胶束大小及对单体的增溶度等各不相同,从而会对乳胶粒子大小、聚合反应速率和分子量产生不同的影响;此外,乳化剂种类不同,乳液稳定化机理不同,所得乳液稳定性也有差别。引发剂浓度增大,自由基生成速率增大,终止速率也增大,故使聚合物平均分子量降低。乳液聚合中,搅拌的一个重要作用是把单体分散成单体液滴,并有利于传质和传热。但是搅拌强度太高,会使乳液粒子数目减少、乳胶粒径增大及聚合速率降低,同时会使乳液产生凝胶,甚至导致破乳。反应温度升高使聚合反应速率增大、聚合度降低、乳胶粒数目增多、乳胶粒粒径减小、乳液稳定性下降。

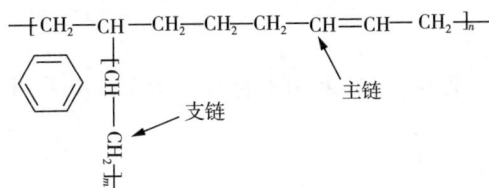

$$-\!\!\left(CH_2-CH=CH-CH_2\right)_x-\left(CH-CH_2\right)_n-$$

x、y、n 不确定

图 6-1　苯乙烯-丁二烯无规共聚物分子式

图 6-2　苯乙烯-丁二烯接枝共聚物分子式

HIPS 的制备是利用自由基接枝共聚合,通过本体聚合与悬浮聚合相结合来完成。首先将聚丁二烯橡胶溶于苯乙烯单体中,在引发剂作用下进行本体聚合,实现苯乙烯在聚丁二烯橡胶上的接枝反应(见图 6-2)。苯乙烯转化率达 20% 左右时,补加苯乙烯、引发剂,加入分散剂、悬浮剂,转为悬浮聚合体系,悬浮聚合主要完成苯乙烯均聚合,形成聚苯乙烯基体。接枝聚合物分散在聚苯乙烯基体中,由于共聚物中的聚苯乙烯支链部分与基体聚苯乙烯能很好地相容,所以接枝聚合物与基体连接牢固,更便于聚丁二烯部分的弹性发挥。聚合反应中主要影响因素有单体组成、搅拌速度、抗氧剂等。

乳聚丁苯橡胶是丁苯无规共聚物,组成以丁二烯为主,故共聚物主要反映弹性,少量苯乙烯组分的刚性改善了弹性体的强度,所以共聚物弹性体拉伸强度优于聚丁二烯均聚物的拉伸强度。高抗冲聚苯乙烯是以聚苯乙烯为主体,接枝共聚物既提供了弹性,又增加了弹性体与塑料之间的结合力,使得聚苯乙烯材料在受到高速冲击时能及时吸收消耗能量,从而提高耐受冲击性能。所以 HIPS 具有较高的冲击强度。

聚合物结构决定性能,性能反映结构。通过这种关系,可以进行高分子材料的设计、制备。

四、实验仪器与药品

恒温水浴、聚合釜、机械搅拌器、球形冷凝管、温度计、分液漏斗、试剂瓶、烧杯、抽滤装置、烘箱、电子拉力试验机、摆锤式冲击试验机。

苯乙烯、丁二烯、聚丁二烯橡胶、过氧化二苯甲酰、氢过氧化异丙苯、硫酸亚铁、叔-十二烷基硫醇、歧化松香酸钠、氢氧化钠、聚乙烯醇。

五、实验内容

1. 线形通用丁苯橡胶

(1)实验设计提示

聚合机理及聚合实施方法:自由基无规共聚,乳液聚合。

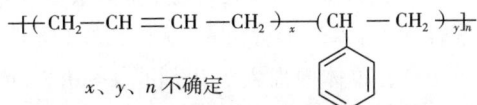

反应装置:1000 mL 聚合釜,装料系数 60%～70%。

聚合配方:苯乙烯含量 22%～23%(质量分数),水:单体＝(70:30)～(60:40)(质量比),每 100 g 单体中加入氧化剂 0.1～0.25 g、还原剂 0.01～0.04 g、乳化剂 2～3 g、分子量调节剂 0.1～0.2 g、终止剂 0.05～0.15 g。

对于苯乙烯-丁二烯自由基共聚,$r_1 = 0.44$,$r_2 = 1.40$,可根据 Mayer 公式的积分式求出要合成给定共聚组成且组成均匀的无规共聚物,原料配比应为多少?转化率应控制在多少?

(2)实验步骤

① 单体精制,按设计方案进行水溶液配制及乳液配制。

② 待乳液分散稳定后,加热聚合。小心控制温度。

③ 聚合结束,破乳、过滤、洗涤、干燥。

2. 接枝型高抗冲聚苯乙烯

(1)实验设计提示

聚合机理及聚合实施方法:自由基接枝共聚,第一步采用本体聚合,第二步采用悬浮聚合。

反应装置:1000 mL 聚合釜,装料系数 60%～70%。

聚合配方:第一步,顺丁橡胶含量 10%～14%(质量分数),引发剂用量是苯乙烯用量的 1/2000(物质的量之比),链转移剂用量是苯乙烯用量的 1/3200(物质的量之比)。第二步,补加苯乙烯的量为第一步加入苯乙烯量的 6%,补加引发剂的量为补加苯乙烯用量的 1/40(物质的量之比),水:苯乙烯总量＝(75:25)～(70:30)(质量比),悬浮剂的量为苯乙烯总量的 0.5%(质量分数)。

(2)实验步骤

① 将橡胶剪碎置于苯乙烯中,70 ℃下搅拌至溶解。反应温度为 70～75 ℃(以 BPO 为引发剂),搅拌速率为 120 r/min。反应 30 min 后,反应物由透明变为微浑,随之出现爬杆现象,继续反应至爬杆现象消失,取样分析转化率,继续反应直到转化率大于 20%后停止反应,此时体系为乳白色细腻的糊状物。整个反应时间约 5 h。

② 通氮气,并依据设计用量补加苯乙烯、引发剂,加入分散剂、悬浮剂。反应温度为 85 ℃(如以 BPO 为引发剂),反应到体系内粒子下沉时升温至 95 ℃继续反应,最后升温至 100 ℃,继续反应至反应结束。搅拌速率约 120 r/min。反应时间为 95 ℃反应 1 h,100 ℃反应 2 h。

③ 聚合结束,过滤、洗涤、干燥。

3. 产物制样、力学性能测试

(1)将 E-SBR 进行硫化成型制样,并用电子拉力机进行拉伸强度测定;

(2)将 HIPS 进行热压成型制样,并用摆锤式冲击机进行冲击强度测定。

六、实验报告提纲

参照实验 1,详情略。

七、注意事项

1. 在本体聚合、乳液聚合过程中应小心控制反应温度。

2. 悬浮聚合开始前,应小心调节搅拌速度。

八、思考题

1. 丁苯乳液共聚时,采用何种方法才能得到具有恒定组成的共聚物?
2. 丁苯接枝聚合物在 PS 改性中的机理是什么?

九、参考文献

[1] 周智敏,米远祝. 高分子化学与物理实验[M]. 北京:化学工业出版社,2011.

[2] 张爱清. 高分子科学实验教程[M]. 北京:化学工业出版社,2011.

[3] 王荣民,宋鹏飞,彭辉. 高分子材料合成实验[M]. 北京:化学工业出版社,2019.

[4] 季一辉. 高抗冲聚苯乙烯结构及性能研究[J]. 中国化工贸易,2013,(8):211.

[5] 赵志超,付含琦,胡玮,等. 丁苯橡胶中结合苯乙烯含量对应用性能影响研究[J]. 当代化工,2017,46(4):607－609.

实验 7 丙烯酰胺的水溶液聚合及表征

一、实验设计思路

聚丙烯酰胺(PAM)是一种具有特殊功能的线形水溶性高分子聚合物,由于结构单元中含有的酰胺基易形成分子间氢键,所以具有良好的水溶性。PAM 不仅可以进行水解、降解、羟甲基化、磺甲基化、氨甲基化和交联等多种化学反应,并且与多种能形成氢键的化合物具有很好的亲和性,是现代水溶性高分子化合物中应用最广泛的一种,主要应用于石油开采、水处理、纺织、造纸、选矿、医药、农业等行业中,有"百业助剂"之称。现已商品化的聚酰胺有五大系列 2000 多个品种,新的品种还在不断开发中。

PAM 的合成一般采用水溶液聚合、反相乳液聚合和悬浮聚合。反向乳液聚合中聚合反应速度快,产物相对分子量比较高,但是杂质含量也高,工艺复杂;悬浮聚合法工艺简单,适合制备超高分子量的 PAM,但是所用的有机试剂毒性较大。而水溶液聚合具有技术成熟、工艺设备简单,安全且环境污染小等特点,因此本实验采用水溶液法合成聚丙烯酰胺,采用黏度法测定其相对分子量,利用 DSC 测定其玻璃化转变温度。

二、实验目的

1. 了解丙烯酰胺溶液聚合特点;
2. 理解黏度法测定聚合物分子量的基本原理;
3. 掌握测定溶液聚合所得聚丙烯酰胺的特性黏数的方法并计算平均分子量;
4. 掌握 DSC 测定 PAM 玻璃化转变温度的方法。

三、实验原理

1. 丙烯酰胺的水溶液聚合原理

溶液聚合是指单体溶解于溶剂中进行的聚合反应。根据聚合物在溶液中溶解度不同,分为均相和非均相溶液聚合,后者又称为沉淀聚合。

在溶液聚合中,选择适当的溶剂是聚合过程的关键之一,在选择溶剂的时候应考虑:

(1)对单体和引发剂有很好的溶解性能。选用良溶剂时反应为均相聚合,可以消除凝胶效应,遵循正常的自由基动力学规律。选用沉淀剂时,反应为沉淀聚合,凝胶效应显著。产生凝胶时,反应自动加速,分子量分布变宽,溶剂的选择影响程度与溶剂溶解性能的优劣程度和溶液浓度密切相关。

(2)溶剂的链转移常数。链转移反应影响聚合速度、转化率和聚合度。一般根据聚合物分子量的要求选择合适的溶剂,丙烯酰胺是水溶性单体,聚丙烯酰胺是水溶性聚合物,可采用水作为溶液聚合的溶剂。

(3)是否会有副反应的干扰。温度是聚合反应时一个重要的因素,随温度的升高,反应速度加快,分子量降低,同时链转移反应速度增加,所以选择合适的反应温度,对保证聚合物的质量是重要的。

丙烯酰胺在水中有良好的溶解性能,聚丙烯酰胺是由丙烯酰胺在水中以过氧化物为引发剂的氧化还原体系引发下聚合而得,根据反应温度、引发剂浓度和溶剂的不同,可以得到分子量从几千到十几万的聚合物。聚合反应方程式如下:

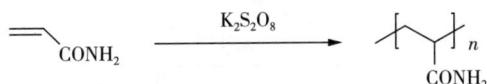

$$\overset{}{\underset{CONH_2}{\diagup\!\!\!\diagdown}} \xrightarrow{\text{K}_2\text{S}_2\text{O}_8} \left[\!\!\left[\underset{CONH_2}{}\right]\!\!\right]_n$$

2. 黏度法测定聚合物分子量的原理

黏度法是一种测定聚合物分子量的方法,其得到的分子量是一种统计平均值即黏均分子量。因为黏度法仪器设备简单、分子量适用范围大($10^4 \sim 10^7$),又有相当好的实验精度,所以成为分子量测定中最常用的实验技术。黏度法除测定分子量以外,还可以测定高分子在溶液中的尺寸、聚合物的溶度参数等。因此,黏度法在高分子研究和工业生产中都有非常广泛的应用。

聚合物稀溶液的黏度一般用毛细管黏度计来测定,最常用的是乌氏黏度计,也称三支管黏度计,如图 7-1 所示。在操作时把液体自 A 管吸至 B 管时,C 管是关闭的,在液体自 B 管流下前,先开启 C 管,此时空气进入 D 球,毛细管下端的液面下降,在毛细管内流下的液体形成一个气承悬浮液柱,液体出了毛细管下端就沿管壁流下,这样可以避免出口处产生湍流的可能,而且液柱高度与 A 管内液面的高低无关,因而流出时间与 A 管内试液的体积没有关系,这样可以直接在黏度计内对溶液进行一系列的稀释。

做黏度测定时,在 A 管中加入适量液体,C 管用橡皮管夹住,在 B 管口将液体吸至 G 球的一半,开启 C 管让溶液流下,记录液面流经两个界限 a、b 所需的时间 t(s)。

在毛细管黏度计中,液体的流动符合如下关系

$$\eta = \frac{\pi h g R^4 \rho t}{8lV} - \frac{m\rho V}{8\pi lt} \tag{7-1}$$

式中,h——等效平均液柱高度;

    g——重力加速度;

    R——毛细管半径;

    l——毛细管长度;

    V——流出体积;

    t——流出时间;

    ρ——液体的密度;

图 7-1 乌氏黏度计示意

    m——一个与黏度计几何形状有关的常数,其值接近于 1。

式(7-1)中,右边的第一项是指液体的重力消耗于流动的黏滞阻力的部分,而第二项则

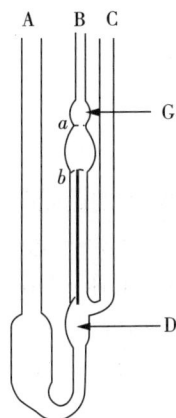

是指重力转化为流出毛细管液体的动能部分。

令仪器常数 $A=\dfrac{\pi hgR^4}{8lV}$，$B=\dfrac{mV}{8\pi l}$，则式（7-1）可简化为式（7-2）：

$$\frac{\eta}{\rho}=At-\frac{B}{t} \qquad (7-2)$$

对于聚合物稀溶液，我们关心的是黏度比或黏度相对增量，把（7-2）式代入（7-1）式得式（7-3）：

$$\eta_{\mathrm{r}}=\frac{\rho}{\rho_0}\cdot\frac{At-\dfrac{B}{t}}{At_0-\dfrac{B}{t_0}} \qquad (7-3)$$

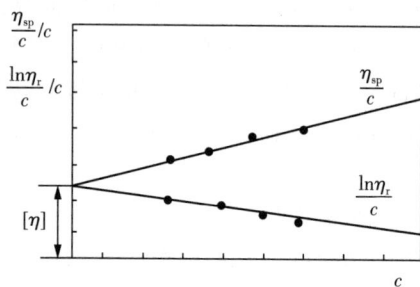

图 7-2 $\dfrac{h_{\mathrm{sp}}}{c}$、$\dfrac{\ln h_{\mathrm{r}}}{c}$ 与 c 的关系

式中，ρ、ρ_0——溶液和溶剂的密度；
t、t_0——溶液和溶剂流出毛细管的时间。

仪器常数 A、B 可以用两个已知黏度的液体进行标定。如果合理地根据稀溶液的黏度选择黏度计毛细管的半径，使得流出时间比较长，这样（7-2）式右边第二项变得很小，可以忽略。又因稀溶液浓度很稀，溶液和溶剂的密度很接近，可近似相等，则（7-3）式变得非常简单

$$\eta_{\mathrm{r}}=\frac{t}{t_0} \qquad (7-4)$$

于是，

$$\eta_{\mathrm{sp}}=\eta_{\mathrm{r}}-1=\frac{t-t_0}{t_0} \qquad (7-5)$$

把聚合物配成溶液并在黏度计中加以稀释，测得不同浓度溶液的流出时间，用（7-4）式、（7-5）式和 Huggins 方程以及 Kraemer 方程经浓度外推（见图 7-2）可求得特性黏数 $[\eta]$，利用 Mark-Houwink 方程即可计算出样品的黏均分子量。Mark-Houwink 方程中的常数 K 和 α 需要用一组已知分子量的样品进行订定，前人已对许多聚合物溶液体系做了订定并收入手册，但选用时必须注意聚合物结构、溶剂和温度的一致，以及分子量范围的适用性。

2. DSC 测定聚合物玻璃化转变温度原理

示差扫描量热法（Differential Scanning Calorimetry，DSC），它是在程序控温条件下，测量试样与参比的基准物质之间建立零温差所需单位时间内能量差（功率差）随温度变化的一种技术。DSC 曲线的模式如图 7-3 所示。

当温度升高到玻璃化转变温度 T_{g} 时，试样的热容增大，需要吸收更多的热量，使基线发

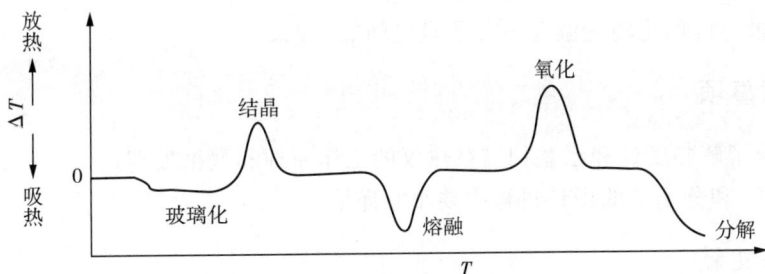

图 7-3　DSC 曲线的模式

生位移。如果试样能够结晶,并处于过冷的结晶态,那么在 T_g 以上就可以结晶,同时放出大量的结晶热而产生一个放热峰。进一步升温,结晶熔融吸热,出现吸热峰。再进一步升温,试样则可能发生氧化、交联反应而放热,出现放热峰,最后试样则发生分解,吸热,出现吸热峰。当然并不是所有的聚合物试样都存在上述全部物理变化和化学变化。

通常按图 7-4 的方法确定 T_g:由玻璃化转变前后的直线部分取切线,再在实验曲线上取一点,使其平分两切线间的距离 Δ,这一点所对应的温度即为 T_g。

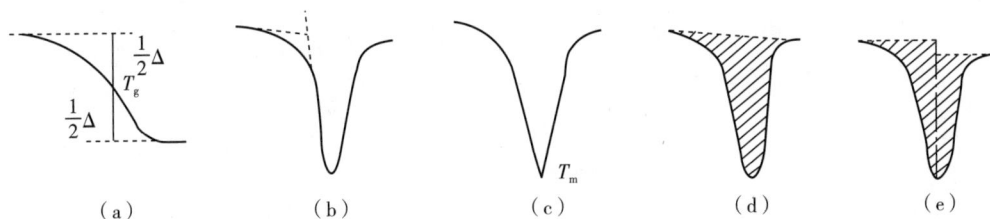

图 7-4　T_g 确定方法

四、仪器与试剂

1. 仪器

三口烧瓶、球形冷凝管、恒温水浴、搅拌器、温度计、量筒、烧杯、电炉、变压器、电子天平、乌氏黏度计、恒温水浴、秒表、25 mL 和 200 mL 容量瓶、50 mL 锥形瓶、5 mL 和 10 mL 移液管、洗耳球、3 号砂芯漏斗、示差扫描量热仪。

2. 试剂

丙烯酰胺、过硫酸钾、乙醇、去离子水、氯化钠、1 mol/L 氯化钠水溶液。

五、实验步骤

丙烯酰胺的水溶液聚合 → 黏度法测定聚合物分子量 → DSC测定PAM的T_g

六、实验报告提纲

参照实验 1,实验报告中着重讨论:

(1)不同引发剂用量对聚合速度的影响；

(2)分子量与玻璃化转变温度与分子量之间的关系。

七、注意事项

1. 要充分了解黏度计和示差扫描量热仪的工作原理和数据处理；

2. 测定 T_g 和分子量的操作过程中要小心谨慎。

八、参考文献

［1］杨睿,周啸,罗传秋,等．聚合物近代仪器分析［M］.3 版．北京:清华大学出版社,2010.

［2］Chou N J,Kowalczyk S P,Saraf R,et al. 聚合物的表征［M］. 哈尔滨:哈尔滨工业大学出版社,2014.

［3］沈新元．高分子材料与工程专业实验教程［M］.2 版．北京:中国纺织出版社,2016.

［4］徐文总．高分子材料与工程专业实验教程［M］. 合肥:合肥工业大学出版社,2017.

实验 8　窄相对分子质量分布聚苯乙烯的合成、相对分子质量及分布的测定

一、实验思路

本综合实验通过对窄相对分子质量分布聚苯乙烯的合成与测定,让学生更精细地掌握高分子聚合的相关知识。通过聚合机理、条件和方法的选择达到对高分子材料的分子量分布精确控制,得到窄分布的聚合物材料。

二、实验目的

1. 掌握合成窄分布聚合物的各种聚合机理;
2. 进行聚合机理和聚合方法的选择及确定;
3. 把握聚合配方和聚合反应条件,在确定体系组成原理、作用、配方设计、用量等方面得到初步锻炼;
4. 对聚合工艺条件的设置有所了解,进一步掌握聚合温度、反应时间等因素的确定;
5. 掌握测定相对分子质量的主要方法和原理;
6. 针对合成的特定聚合物选择合适的相对分子质量测定方法;
7. 根据选定的实验方法制定合理的实验步骤。

三、实验原理

苯乙烯是一种有 $\pi-\pi$ 结构的共轭单体,因此可用多种聚合机理及多种聚合方法进行合成。从传统的角度看,窄分布聚苯乙烯只能通过阴离子计量聚合合成,但从现在的角度看则可通过诸如活性自由基聚合、活性阳离子聚合等机理进行合成。

针对所合成的聚苯乙烯,可用多种分子量测定方法进行表征。可采用黏度法测定高分子溶液的相对分子质量,凝胶渗透色谱法测聚合物的相对分子质量及分布,气相渗透法测聚合物相对分子质量,渗透压法测定聚合物的相对分子质量,光散射法测定聚合物的相对分子质量等。根据现有的实验条件和设备,灵活掌握。

四、实验试剂

苯乙烯,有芳香气味的无色易燃液体。相对密度为 0.909(20/4 ℃),熔点为 33 ℃,沸点为 146 ℃,溶度参数为 8.7~9.1。聚苯乙烯、四氢呋喃、甲苯、氯仿等。

五、实验设计

目标产物:相对分子质量分布指数小于 1.1,相对分子质量为 10 000 的聚苯乙烯。

1. 阴离子聚合

(1)提示

① 反应装置:100 mL 聚合瓶,装料系数 60%~70%;

② 聚合方法:溶液聚合;

③ 聚合配方:单体浓度 5%(质量分数);

④ 聚合工艺:反应温度 55 ℃,搅拌速率约 120 r/min,反应时间 3 h。

(2)要求

① 论述阴离子溶液聚合法合成窄分布聚苯乙烯的优点与不足,写出聚合反应的基元反应;

② 根据提示计算出具体聚合配方;

③ 确定聚合装置及主要仪器,画出聚合装置简图;

④ 制定工艺流程,画出工艺流程框图;

⑤ 确定聚合工艺条件,给出简要解释。

2. 阳离子活性聚合

(1)提示

① 反应装置:100 mL 聚合瓶,装料系数 60%~70%;

② 聚合方法:溶液聚合;

③ 聚合配方:单体浓度 5%(质量分数);

④ 聚合工艺:反应温度 60 ℃,反应时间 3 h。

(2)要求

① 论述阳离子活性溶液聚合法合成窄分布聚苯乙烯的优点与不足,写出聚合反应的基元反应;

② 根据提示计算出具体聚合配方;

③ 确定聚合装置及主要仪器,画出聚合装置简图;

④ 制定工艺流程,画出工艺流程框图;

⑤ 确定聚合工艺条件,给出简要解释。

3. 自由基活性聚合

(1)提示

① 反应装置:100 mL 聚合瓶,装料系数 60%~70%;

② 聚合方法:溶液聚合;

③ 聚合配方:单体浓度 5%(质量分数);

④ 聚合工艺:反应温度 55 ℃,反应时间 8 h。

(2)要求

① 论述自由基活性溶液聚合法合成窄分布聚苯乙烯的优点与不足,写出聚合反应的基元反应;

② 根据提示计算出具体聚合配方;

③ 确定聚合装置及主要仪器,画出聚合装置简图;

④ 制定工艺流程,画出工艺流程框图;

⑤ 确定聚合工艺条件,给出简要解释。

4. 测定黏均、数均、重均相对分子质量及分布

五、实验报告提纲

参照实验 1,详情略。

六、注意事项

1. 单体可以按自己的设计方案来选择适宜的配比(与老师讨论确定实验方案和原料反应物的选择)。

2. 做实验时要注意避免身体与化学试剂的直接接触。

3. 所有实验员需要穿上实验白大褂,戴手套和防护眼镜进合成间。

七、参考文献

[1] 张兴英,李齐方. 高分子科学实验[M]. 北京:化学工业出版社,2003.

[2] 潘祖仁. 高分子化学[M].2 版. 北京:化学工业出版社,1997.

[3] 钱人元. 高聚物的分子量测定[M]. 北京:科学出版社,1958.

[4] 周其凤,胡汉杰. 高分子化学[M]. 北京:化学工业出版社,2001.

[5] 金日光,华幼卿. 高分子物理[M]. 北京:化学工业出版社,2000.

实验 9　苯乙烯的原子转移自由基聚合

一、实验设计思路

原子转移自由基聚合(ATRP)是一种活性自由基聚合,它的发现有效地改善了传统自由基聚合的聚合物分子量不可控的缺点,现已得到广泛使用。ATRP 的基本原理是通过一个交替的"促活—失活"可逆反应使得体系中的自由基浓度处于较低的状态,迫使不可逆终止反应被降到最低程度,从而实现"活性"可控自由基聚合。

苯乙烯是实验室常见的单体之一,聚苯乙烯(polystyrene,缩写 PS)是指由苯乙烯单体经自由基加聚反应合成的聚合物,是一种常见聚合物产品。本实验计划利用 ATRP 进行可控聚合,得到单分散的 PS 产品。

二、实验目的

1. 了解利用"活性"可控聚合制备聚合物的实验设计步骤及优缺点;
2. 掌握 ATRP 可控聚合法进行聚合反应的机理;
3. 理解投料配比、反应温度等对聚合反应的影响;
4. 掌握聚合物分子量及分布的表征方法。

三、实验原理

ATRP 是原子转移自由基聚合(Atom Transfer Radical Polymerization)的简称,是以简单的有机卤化物为引发剂,以过渡金属配合物为卤原子载体,通过氧化还原反应,在活性种与休眠种之间建立可逆的动态平衡,从而实现对聚合反应的控制。

典型的原子转移自由基聚合的基本原理如下:引发时处于低价态的过渡金属络合物 Mt_n 从有机卤化物(R—X)中夺取卤原子 X,生成自由基 R· 及高价态的金属络合物 Mt_{n+1}—X;链增长时,聚合物链末端的 C—X 键与 Mt_n 反应也可生成增长链自由基 M_n· 和 Mt_{n+1}—X。与此同时,自由基又可与 Mt_{n+1}—X 发生失活反应生成有机卤化物(R—X,M_n—X)和 Mt_n。换言之,在聚合反应过程中,存在着自由基活性种 M_n· 与有机大分子卤化物休眠种 M_n—X 之间的平衡反应。这种聚合反应包含着卤原子从有机卤化物→金属卤化物→有机卤化物反复循环的原子转移过程,且活性中心为自由基,故称之为原子转移自由基聚合。ATRP 聚合使反应体系处于自由基休眠种与活性种之间的平衡,降低了自由基浓度,迫使不可逆终止反应被降到最低程度,从而实现"活性"可控自由基聚合。利用 ATRP 聚合,可以得到一般自由基聚合难以得到的窄分布、分子量与理论分子量相近的聚合物,为自由基活性聚合开辟了一条崭新的途径。

ATRP 聚合体系的引发剂主要是卤代烷 R-X(X=Br、Cl),苄基卤化物,α-溴代酯,α-卤代酮,α-卤代腈等,也有采用芳基磺酰氯、偶氮二异丁腈等。R-X 的主要作用是定量产生增长链。α-碳上具有诱导或共轭结构的 R-X,末端含有类似结构的大分子(大分子引发剂)也可以用来引发,形成相应的嵌段共聚物。另一方面,R 的结构应尽量与增长链结构相似。卤素基团必须能快速且选择性地在增长链和转移金属之间交换。Br 和 Cl 均可以采用,采用 Br 的聚合速率大于 Cl。

过渡金属化合物也是不可或缺的组分,常用的有 Cu(Ⅰ)和 Ru(Ⅱ)等变价金属化合物。以有机卤化物 R-X(如 1-溴-1-苯基乙烷)为引发剂,以过渡金属卤化物[如溴化亚铜(CuBr)]为卤素载体即催化剂,联吡啶(bpy)为配体(L)以提高催化剂的溶解度,构成三元引发体系。链引发过程中,1-溴-1-苯基乙烷(R-X)与亚铜联吡啶配合物[Cu(Ⅰ)/L]反应,形成苯乙基自由基 R·和溴化铜联吡啶配合物[Cu(Ⅱ)X/L],其过程可用式(9-1)表示:

$$R\text{--}X + Cu(Ⅰ)/L \underset{k_{-d}}{\overset{k_d}{\rightleftharpoons}} R\cdot + Cu(Ⅱ)X/L$$

$$k_i \downarrow +M$$

$$R\text{--}M\text{--}X + Cu(Ⅰ)/L \rightleftharpoons R\text{--}M\cdot + Cu(Ⅱ)X/L \qquad (9\text{--}1)$$

卤代烃 R-X 单独较难均裂成为自由基,但亚铜却可夺取其卤原子而成为高价铜(CuX₂),同时使自由基 R·游离出来。R·引发单体聚合成增长自由基 R-Mₙ·,增长自由基 Pₙ·又从高价卤化铜获得卤原子而成休眠种 R-Mₙ-X,活性种和休眠种之间构成动态可逆平衡(式 9-2)。结果,降低了自由基浓度,抑制了链终止反应,形成可控/"活性"聚合。上述引发增长反应都是通过可逆的(卤)原子转移而完成的,因此,称作原子转移自由基聚合。

$$R\text{--}M_n\text{--}X + Cu(Ⅰ)/L \rightleftharpoons R\text{--}M_n\cdot + Cu(Ⅱ)X/L$$

$$\underset{+M}{\overset{}{\curvearrowright}} \qquad \underset{k_p}{\overset{}{\curvearrowright}}+M \qquad (9\text{--}2)$$

可适于 ATRP 的单体种类较多,大多数单体如甲基丙烯酸酯、丙烯酸酯、苯乙烯和电荷转移络合物等均可顺利地进行 ATRP,并已成功制得了活性均聚物、嵌段和接枝共聚物;另外,该方法适用于众多工业聚合方法,如本体聚合、溶液聚合、乳液聚合。但是,ATRP 的最大的缺点是过渡金属络合物在聚合过程中不消耗,难以提纯,残留在聚合物中容易导致聚合物老化等副作用。

四、实验内容

1. 单分散聚苯乙烯(设计聚合度为 50)的合成与表征。

2. 单分散聚苯乙烯(设计聚合度为 80)的合成与表征。

3. 单分散聚苯乙烯(设计聚合度为 100)的合成与表征。

4. 单分散聚苯乙烯(设计聚合度为 120)的合成与表征。

在前期文献调研的基础上,设计合理的实验方案,包括原料种类、投料比例、溶剂选择、实验温度等,尤其注意催化剂和配体的合理选择与配比,并在实验过程中多条件对比分析转化率和产品结构。

五、实验仪器与试剂

1. 实验仪器：封管、磁子、电磁搅拌器、油浴、火焰枪、液氮、油泵、真空泵、氮气、橡皮管、铁夹、小烧杯、漏斗。

2. 实验试剂：氯化苄、α-溴代乙苯、2,2-联吡啶(bpy)、溴化亚铜(CuBr)、苯乙烯、甲苯、氢氧化钠(NaOH)、四氢呋喃、甲醇、中性氧化铝。

六、实验步骤

1. 单体的纯化

苯乙烯：取单体 300 mL，过一碱性三氧化二铝短柱除去阻聚剂，将滤液转移至一 500 mL 的单口烧瓶内，加入一定量无水硫酸镁，磁力搅拌 30 min，过滤除去固体，滤液减压蒸馏，所得馏分密封置于冰箱内避光保存；其他各种溶剂也需干燥蒸馏纯化后使用。

2. ATRP 法聚合单体苯乙烯

参考方案：依次称取氯化苄 0.046 g、联二吡啶 0.110 g、苯乙烯 3.5 mL、适量溶剂，加入封管，加入磁子，将封管连上乳胶管，用液氮淬冷，在室温下用油泵抽，直至恢复室温，充氮气。称取 CuBr 0.035 g，加入封管后，用液氮淬冷后通氮抽真空，反复 3 次。在冷冻抽真空的条件下，用火焰枪将封管上端密封。将封管置于 110 ℃ 油浴下搅拌聚合 4～5 h。反应结束后，将封管打破，加入四氢呋喃稀释，过中性氧化铝柱子。将 5 倍于四氢呋喃体积的甲醇加入滤液后抽滤，得到白色聚苯乙烯固体。

3. 改变投料比，聚合不同目标聚合度的聚苯乙烯。

4. 产品分析与表征：取少量产物溶于 CDCl$_3$ 中，进行核磁共振氢谱测试，结合凝胶渗透色谱确定分子量和结构式。

七、实验报告提纲

参照实验 1，详请略。

八、参考文献

[1] Taghizadeh M J，Saadatinia A. Synthesis of a novel star - shaped polyethylene - co - polystyrene copolymer by using ATRP and click methods and investigation of its effects on mechanical thermal properties of epoxy resins[J]. Journal of Polymer Research，2022，29(2)，55.

[2] Discekici E H，Anastasaki A，Kaminkeret R，et al. Light - mediated atom transfer radical polymerization of semi - fluorinated (meth)acrylates：facile access to functional materials[J]. Journal of the American Chemical Society，2017，139(16)，5939 - 5945.

[3] Wang J S，Matyjaszewski K. Controlled Living Radical Polymerization - Atom - Transfer Radical Polymerization in the Presence of Transition - Metal Complexes. Journal of the American Chemical Society，1995，117(20)，5614 - 5615.

实验 10　甲基丙烯酸二甲氨基乙酯的可逆加成断裂链转移聚合

一、实验设计思路

自由基聚合简单易行,但由于聚合产物分子量及分布难以控制,限制了其发展和应用。活性自由基聚合能够有效地控制聚合反应的链增长过程,逐渐成为自由基聚合发展的新方向。其中,可逆加成断裂链转移(RAFT)聚合具备诸多优点,尤其在分子结构设计方面具有突出优势,成为当前最具有应用前景的聚合方法之一。

聚甲基丙烯酸二甲氨基乙酯(PDMAEMA)产品具有无毒、易降解等优点,其应用领域和发展空间都非常可观。但目前聚合产物质量欠佳,很难符合实际应用的标准。为了能发挥其强大的功能性,拓宽应用前景,必须摒弃以前烦琐的功能化过程,而且要使其产物后处理更高效化。在这种情况下,RAFT 聚合成为首选的用于改进 PDMAEMA 产品质量的聚合方法。本实验计划利用 RAFT 进行可控聚合,得到单分散的 PDMAEMA 产品。

二、实验目的

1. 了解利用活性可控聚合制备聚合物的实验设计步骤及优缺点;
2. 掌握 RAFT 可控聚合机理;
3. 理解投料配比、反应温度等对聚合反应的影响;
4. 掌握聚合物分子量及分布的表征方法。

三、实验原理

RAFT(Reversible Addition – Fragmentation Chain Transfer)聚合是一种通过链转移平衡实现活性聚合的反应方法,由 Rizzardo 等人首次报道。这种聚合方法在反应体系上,增加了特殊的链转移剂,其分子结构使得它具有良好的链转移特性,使聚合反应呈现活性特征,对得到的聚合产物的分子量及其分布进行了有效的控制。目前,该方法能针对聚合物分子设计功能性微结构,成为研究热点。

RAFT 机理的解释倾向于 Moad 研究理论的机理,如图 10 – 1 所示。目前,该种机理已得到较为充分的实验验证。I・为引发剂分解产生的自由基;M 为反应单体;m、n 是聚合的单体数量;P_n・和 P_m・分别是聚合度为 m、n 的活性增长链自由基;R・是从链转移剂上脱去而产生的新的活性自由基。

首先,自由基 I・经链引发、增长成为活性增长链自由基 P_n・。活性增长链自由基 P_n・可与链转移剂进行一种可逆反应,钝化成为没有活性的中间体休眠种 P_n–XC・(Z)X – R,休

Initiation:

$$I \cdot \xrightarrow{\text{monomer}} \xrightarrow{M} P_n \cdot$$

Chain   Transfer:

$$P_n \cdot + X = \underset{Z}{\overset{}{\text{C}}} \text{—R} \;\underset{-K_{add}}{\overset{K_{add}}{\rightleftharpoons}}\; P_n \text{—X} \overset{\cdot}{\underset{Z}{\text{C}}} \text{—R} \;\overset{K_\beta}{\rightleftharpoons}\; P_n \text{—X} = \underset{Z}{\overset{}{\text{C}}} \text{X} + R \cdot$$

Reinitiation:

$$R \cdot \xrightarrow{\text{monomer}} \xrightarrow{M} P_m \cdot$$

Chain Equilibration:

$$P_m \cdot + X = \underset{Z}{\overset{}{\text{C}}} \text{—}P_n \;\rightleftharpoons\; P_m \text{—X} \overset{\cdot}{\underset{Z}{\text{C}}} \text{—}P_n \;\overset{K_\beta}{\rightleftharpoons}\; P_m \text{—X} = \underset{Z}{\overset{}{\text{C}}} \text{X} + P_n \cdot$$

Termination:

$$P_n \cdot + P_m \cdot \xrightarrow{\hspace{2cm}} \text{Dead polymer}$$

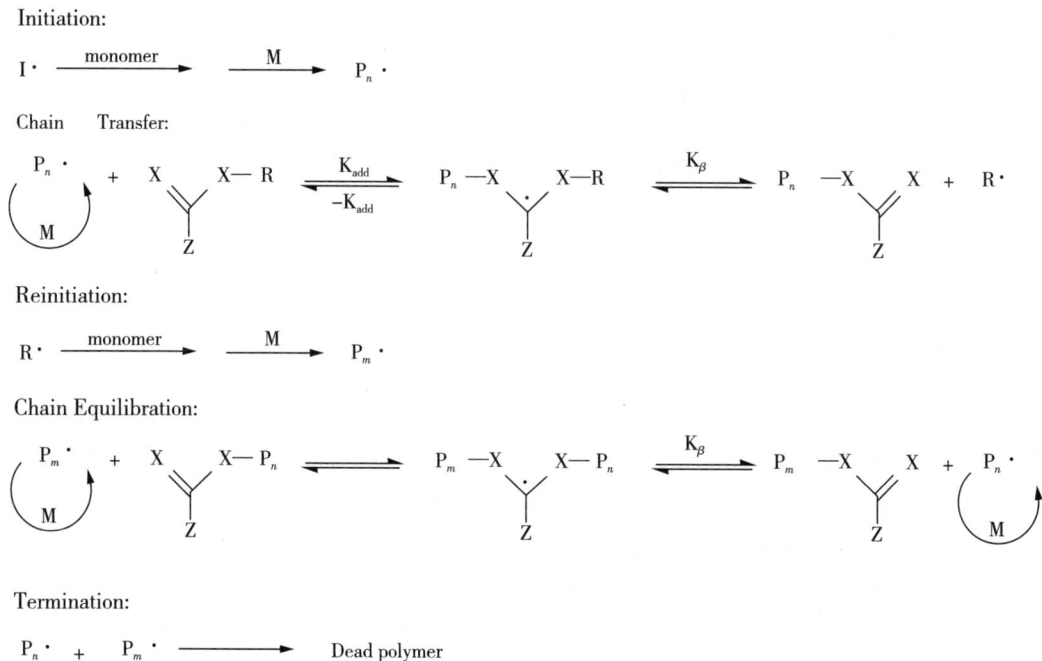

图 10-1　RAFT 聚合机理图

眠种可逆地脱去 R 基,分解产生一个新自由基 R·和新的链转移剂 P_n—XC(Z)=X。R·重新引发,生成的活性链增长自由基 P_m·与新的链转移剂 P_n—XC(Z)=X 可逆反应生成 P_m—XC·(Z)X—P_n,休眠种 P_m—XC·(Z)X—P_n 再继续分解产生活性自由基 P_n·和链转移剂 P_m—XC(Z)=X,需要说明的是,我们认为过程中总共出现过的三种链转移剂,它们在链转移能力上被认为是相同的,可以认为聚合反应达到了一种可循环的链平衡,实现了可逆断裂—加成链转移活性聚合。

　　RAFT 聚合能够成为目前最有发展前景的聚合方法之一,得益于它避开了 NMP、ATRP 等聚合方法的缺陷,同时又兼具传统自由基聚合和阴离子活性聚合的优势。具体优点主要包括:(1)可实施反应的单体范围较广。除了苯乙烯类,丙烯腈等一些常规单体外,还可以对一些功能性单体如丙烯酰胺、苯乙烯磺酸钠盐等实施聚合。Vosloo 等人第一次用 RAFT 方法合成了窄分散的聚苯乙烯聚合物。Severac 等发表了丙烯酸甲酯和偏二氯乙烯的 RAFT 聚合。(2)聚合反应的形式多样。RAFT 聚合不受聚合方法的限制,可进行本体聚合、在水相和有机相中聚合、乳液或悬浮聚合等。虽然本体聚合的聚合反应速率具有优势,但是其聚合过程中带来的自动加速问题仍限制了它的应用。乳液聚合的优势在于反应介质的去毒化,当前也在积极地被深入研究。随着试验技术的发展,还有新的聚合形式出现。(3)温和的聚合实施条件。其主要表现为反应温度在 40~160 ℃之间,相较 NMP 等方法而言,具有较宽的适用范围,并且在聚合过程中不需要保护与解保护。(4)分子结构设计能力强。它可以精确设计聚合产物的分子尺寸和空间构型,控制各种功能性端基的种类和组成,准确地预测聚合物的分子量,并且实现低的分散性。

　　RAFT 聚合也有自身的缺点。RAFT 的链转移剂必须携带一个高效的离去基团与硫原子相连接,而这些物质很难合成,产量低,且参与合成的原料及处理方法具有一定的危险性,最期望得到的产品通常是液体,而液体的除杂尤其是除去强烈的硫醇气味是很难的;另一个缺点是,想要将功能基团有效地连接在链转移剂上,需要有复杂的设计过程。

四、实验项目

1. 单分散聚甲基丙烯酸二甲氨基乙酯(设计聚合度为 50)的合成与表征;
2. 单分散聚甲基丙烯酸二甲氨基乙酯(设计聚合度为 80)的合成与表征;
3. 单分散聚甲基丙烯酸二甲氨基乙酯(设计聚合度为 100)的合成与表征;
4. 单分散聚甲基丙烯酸二甲氨基乙酯(设计聚合度为 120)的合成与表征。

在前期文献调研的基础上,设计合理的实验方案,包括原料种类、投料比例、溶剂选择、实验温度等,尤其注意催化剂和配体的合理选择与配比,并在实验过程中多条件对比分析转化率和产品结构。

五、实验仪器与试剂

1. 实验仪器

超声水浴仪、离心机、磁力搅拌台、真空干燥箱、电子天平、低温冷却水循环泵、旋转蒸发器、循环水式多用真空泵、层析柱、单口圆底烧瓶、恒压滴液漏斗、封管、K 式蒸馏头、直型冷凝管、转接头、温度计、缓冲瓶、硅胶板、柱层析分离柱、烧杯、量筒、分液漏斗、导气头、三颈圆底烧瓶、抽滤漏斗。

凝胶渗透色谱(Agress 1100 型)、核磁共振氢谱(300 Hz)。

2. 实验试剂

甲基丙烯酸二甲氨基乙酯、1-丙硫醇、二硫化碳、丙酮、溴异丁酸、氢氧化钾、浓盐酸、二氯甲烷、乙酸乙酯、正己烷、偶氮二异丁腈、四氢呋喃、氧化铝、乙醇、氢氧化钠、乙二醇、乙酸、硅胶。

六、实验步骤

1. 单体、引发剂、溶剂等原料精制;
2. 三硫酯小分子链转移剂的合成;
3. 改变投料比,聚合不同目标聚合度的聚甲基丙烯酸二甲氨基乙酯;
4. 产品分析与表征:取少量产物溶于 $CDCl_3$ 中,进行核磁共振氢谱测试,结合凝胶渗透色谱确定分子量和结构式。

七、实验报告提纲

参照实验 1,详情略。

八、参考文献

[1] Jesús - Téllez MAD, Rosa - García SDL, Medrano - Galindo I, et al. Antifungal properties of poly[2 -(dimethylamino)ethyl methacrylate](PDMAEMA) and quaternized

derivatives[J]. Reactive and Functional Polymers,2021,163,104887 – 104892.

　[2] Keddie D,Moad G,Rizzardo E,et al. RAFT agent design and synthesis[J]. Macromolecules,2012,45(13),5321 – 5342.

　[3] Vosloo J J,Wet – roos D D,Tonge M,et al. Controlled free radical polymerization in water – borne dispersion using reversible addition – fragmentation chain transfer(RAFT) [J]. Macromolecules,2002,35(13),4894 – 4902.

实验 11　双酚 A 型环氧树脂合成及环氧值测定

一、实验设计思路

双酚 A 型环氧树脂是环氧树脂中产量最大、使用最广的品种之一,具有树脂的工艺性好,固化时基本上不产生小分子挥发物,可低压成型,能溶于多种溶剂,固化物有很高的强度和黏接强度、较高的耐腐蚀性和电性能以及一定的韧性和耐热性等优点,广泛应用于涂料、胶黏剂、玻璃钢、层压板、电子浇铸、灌封、包封等领域。

本实验是由双酚 A 和环氧氯丙烷在氢氧化钠存在下反应生成的双酚 A 环氧树脂,并测定其环氧值。

二、实验目的

1. 掌握双酚 A 型环氧树脂的合成方法;
2. 掌握环氧值的测定方法。

三、实验原理

环氧树脂为含有环氧基团的聚合物,它的种类很多,如环氧氯丙烷与酚醛缩合物反应生成的酚醛环氧树脂,环氧氯丙烷与甘油反应生成的甘油环氧树脂,环氧氯丙烷与双酚 A(2,2 -二酚基丙烷)反应生成的双酚 A 型环氧树脂,其中以双酚 A 型环氧树脂产量最大,用途最为广泛。双酚 A 型环氧树脂的合成反应如式(11 - 1):

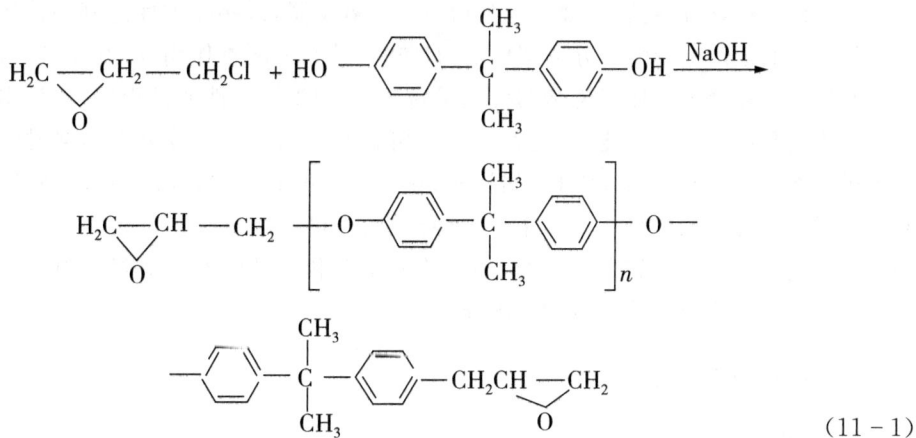

$$H_2C-CH_2-CH_2Cl \ + \ HO-\!\!\!\bigcirc\!\!\!-C\underset{CH_3}{\overset{CH_3}{|}}\!\!\!\bigcirc\!\!\!-OH \xrightarrow{NaOH}$$

$$H_2C-CH-CH_2\left[-O-\!\!\!\bigcirc\!\!\!-\underset{CH_3}{\overset{CH_3}{|}}C\!\!\!\bigcirc\!\!\!-O-\right]_n$$

$$-\!\!\!\bigcirc\!\!\!-\underset{CH_3}{\overset{CH_3}{|}}C\!\!\!\bigcirc\!\!\!-CH_2CH-CH_2$$

$$(11-1)$$

反应生成物是由环氧氯丙烷与双酚 A 在氢氧化钠作用下聚合而得的。原料配比不同、反应条件不同,可制得不同软化点、不同相对分子质量的环氧树脂。工业上将软化点低于 50 ℃(平均聚合度小于 2)的称为低相对分子质量树脂或软树脂;软化点在 50～95 ℃之间(平均聚合度在 2～5)的称为中等相对分子质量树脂;软化点高于 100 ℃(平均聚合度大于 5)的称为高相对分子质量树脂。环氧树脂在未固化前为热塑性的线形结构,强度低,使用时必须加入固化剂。固化剂与环氧基团反应,从而形成交联的网状结构,成为不溶不熔的热固性制品,具有良好的机械性能和尺寸稳定性。环氧树脂的固化剂种类很多,不同的固化剂相应的交联反应不同。乙二胺为室温固化剂,其固化机理见式(11-2):

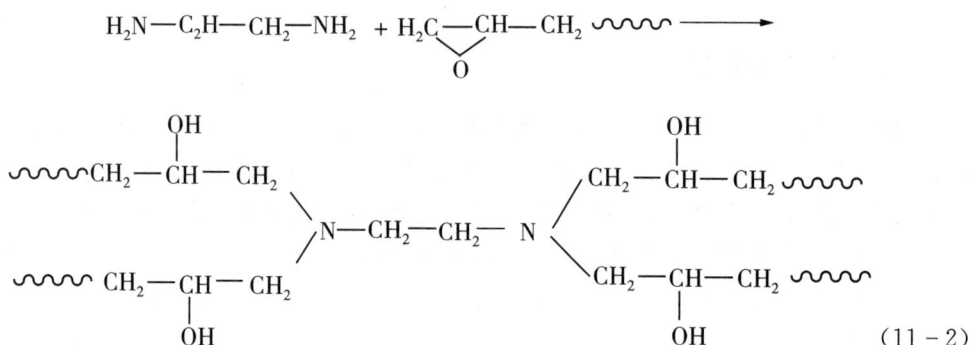

$$H_2N-C_2H-CH_2-NH_2 \ + \ H_2C\!\!-\!\!CH\!\!-\!\!CH_2 \sim\!\sim\!\sim \longrightarrow$$

$$\tag{11-2}$$

乙二胺的用量为:

$$G=\frac{M}{H_n}\times E=15E$$

式中, G——每 100 g 环氧树脂所需的乙二胺的质量;

M——乙二胺的相对分子质量;

H_n——乙二胺的活泼氢总数;

E——环氧树脂的环氧值。

固化剂的实际使用量一般为计算值的 1.1 倍。作为固化剂的还有其他多元胺,此外,多元硫醇、氰基胍、二异氰酸酯、邻苯二甲酸酐和酚醛预聚物等也可以作为固化剂。

环氧树脂中含有羟基、醚键和极为活泼的环氧基团,这些高极性的基团使环氧树脂与胶接材料的界面上产生较强的分子间作用力(氢键、路易斯酸碱作用等)和化学键,因此环氧树脂具有很强的黏合力。环氧树脂的抗化学腐蚀性、力学和电性能都很好,对许多不同的材料具有突出的黏结力,有"万能胶"之称。环氧树脂的应用可以大致分为涂覆材料和结构材料两大类。涂覆材料包括各种涂料,如汽车、仪器设备的底漆等,水性环氧树脂涂料用于啤酒和饮料罐的涂覆。结构材料主要用于导弹外套、飞机的舵及折翼,油、气和化学品运送管道等。层压制品用于电器和电子工业,如线路板基材和半导体器件的封装材料。本实验以环氧丙烷与双酚 A 作为原料制备环氧树脂。

四、实验仪器及试剂

1. 仪器

三口烧瓶、回流冷凝管、搅拌器、减压蒸馏装置、滴定管。

2. 试剂

环氧氯丙烷、双酚 A、氢氧化钠、盐酸、苯、盐酸丙酮溶液(0.2 mol/L)、氢氧化钠标准溶液(0.2 mol/L)、丙酮、酚酞溶液。

五、实验步骤

1. 环氧树脂的制备

(1)向装有搅拌器、回流冷凝管和温度计的 150 mL 三口烧瓶中加入 27.8 g 环氧氯丙烷(0.3 mol)和 13.7 g 双酚 A(约 0.06 mol)。水浴加热到 75 ℃,开动搅拌,使双酚 A 全部溶解。

(2)取 6 g 氢氧化钠溶于 15 mL 蒸馏水中配成碱液,将碱液加入滴液漏斗中,在回流冷凝管上方向三口烧瓶中缓慢滴加氢氧化钠溶液,保持温度在 70 ℃左右,约 0.5 h 滴加完毕。

(3)在 75~80 ℃继续反应 1.5~2 h,此时液体呈乳黄色。

(4)停止反应,冷却至室温,向反应瓶中加入蒸馏水 30 mL 和苯 60 mL,充分搅拌后用分液漏斗静置并分离出水分,再用蒸馏水洗涤数次,直至水相为中性且无氯离子。分出的有机层,常压蒸馏除去大部分苯,然后减压蒸馏除去剩余溶剂、水和未反应的环氧氯丙烷,得到淡黄色黏稠的环氧树脂。

2. 环氧值的测定

环氧值为每 100 g 环氧树脂中含环氧基团的物质的量。对于相对分子质量小于 1500 的环氧树脂,其环氧值可由盐酸-丙酮法测定。环氧基团在盐酸-丙酮溶液中被盐酸开环,消耗等物质的量的 HCl,通过测定消耗的 HCl 的量,就可以得到环氧值。

(1)准确称量 0.50 g 环氧树脂,放入 250 mL 磨口锥形瓶中,用移液管加入 0.2 mol/L 的盐酸-丙酮溶液 25 mL,装配上回流冷凝管和干燥管,缓慢搅拌使其溶解。

(2)用电热套加热回流 30 min,再用少量丙酮冲洗冷凝管,冷却至室温。

(3)加入 3~5 滴 0.1%的酚酞溶液作为指示剂,用 0.1~0.5 mol/L 的 KOH 或 NaOH 标准溶液滴定至浅粉红色(15~30 s 内不褪色)。用相同方法进行空白滴定,由此得到环氧值 E

$$E = (V_0 - V) \times M/10m$$

式中,V,V_0——样品滴定和空白样品滴定所消耗碱标准溶液的体积,mL;

   M——碱标准溶液的浓度,moL/L;

   m——聚合物样品的质量,g。

六、实验报告提纲

参照实验 1,实验报告中重点讨论:

1. 合成环氧树脂的原料及反应机理;

2. 环氧值测定的方法和测定结果,判断是否符合要求。

七、注意事项

1. 实验前做好预习工作,对实验过程中涉及的有机化学反应有清楚的认识;

2. 环氧值测试过程中操作务必小心。

八、参考文献

[1] 宋荣君,李加民. 高分子化学综合实验[M]. 北京:科学出版社,2017.
[2] 陆华,赵春霞. 双酚 A 型环氧树脂的合成[J]. 精细化工中间体,2016,(5):45-47.
[3] 潘祖仁. 高分子化学[M]. 北京:化学工业出版社,2014.

实验 12　聚酰亚胺类高分子材料的制备及性能测试

一、实验设计思路

采用二步法为合成方法制备聚酰亚胺材料,首先以双酚 A 二酐酸与双酚 A 二胺在非质子极性溶剂通过低温缩聚反应生成聚酰胺酸,再通过热酰亚胺法脱水生成目标产物聚酰亚胺。通过对聚酰亚胺结构与性能的测试与表征,建立对结构与性能之间关系的认识。

二、实验目的

1. 学习聚酰亚胺材料的制备原理和方法;
2. 通过缩聚和热酰亚胺化反应制备聚酰亚胺,加深对缩聚反应的认识;
3. 通过凝胶渗透色谱法、热重分析法、差示扫描量热法、X 射线衍射法的表征,初步了解聚酰胺的平均分子质量、分子量分布、热性能及结构等性质。

三、实验原理

聚酰亚胺最常用的合成方法是一步法和二步法。所谓二步法,以二酐和二胺为单体,先通过缩聚反应生成聚酰亚胺(PI)前驱体聚酰胺酸(PAA),再通过亚胺化处理生成聚酰亚胺。而一步法是直接用二酐和二胺通过缩聚反应生成聚酰亚胺,没有二步法中聚酰胺酸中间体这个过程。一步法步骤比较少,操作简单,但是所制备的聚酰亚胺可溶性差、加工困难,并且所用的酚类溶剂毒性大、味道难闻、污染环境。二步法的最大优点是所生成的聚酰亚胺前驱体聚酰胺酸具有良好的溶解性能,可以溶解在大多数极性非质子溶剂中,如 N-甲基吡咯烷酮(NMP)、N,N-二甲基甲酰胺(DMF)、N,N-二甲基乙酰胺(DMAc)、二甲基亚砜(DMSO)等,便于制备加工。因此,本实验采用二步法合成聚酰亚胺。

首先将双酚 A 二酐和双酚 A 二胺在非质子极性溶剂如 DMAc、DMF、DMSO、NMP 中进行低温缩聚反应,制备聚酰胺酸溶液;然后通过热酰亚胺法脱水得到聚酰亚胺。其反应式如下:

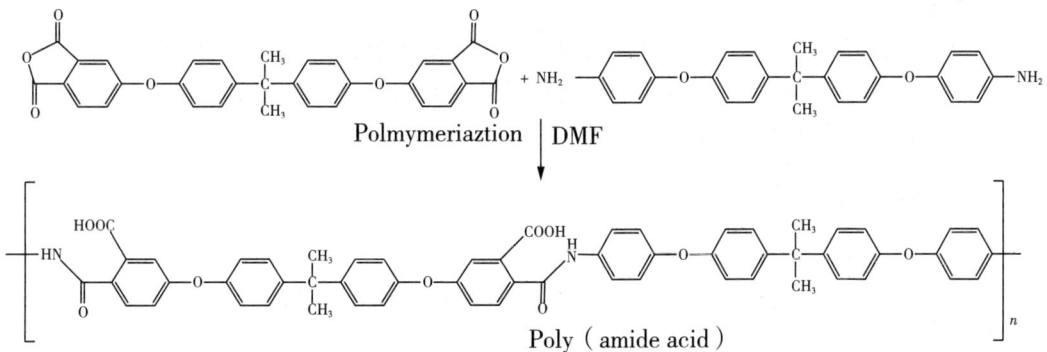

Poly（amide acid）

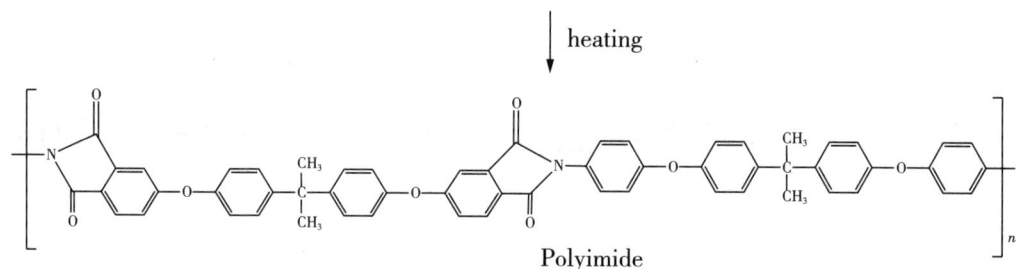

Polyimide

$$(12-1)$$

四、仪器与药品

1. 仪器

磁力搅拌器、真空干燥箱、蒸馏装置、布氏漏斗、抽滤瓶、圆底烧瓶(100 mL)、烧杯(20 mL,400 mL)、量筒、特制水平玻璃片。

2. 药品

双酚 A 二酐、双酚 A 二胺、N,N-二甲基甲酰胺(使用前重新蒸馏)、甲醇、盐酸、二甲苯。

五、实验步骤

1. 聚酰胺酸的合成

双酚 A 二酐(2.30 g,6 mmol)溶解于 DMF 中形成饱和溶液,置于用氮气冲洗过的干燥的 100 mL 圆底烧瓶中,加入等物质的量的双酚 A 二胺(2.46 g,6 mmol)的 DMF 饱和溶液,氮气保护下,电磁搅拌,室温下反应 24 h,生成聚酰胺酸溶液。本实验约需 24 h。

2. 聚酰亚胺的合成

方法一:向第 1 步制备出的聚酰胺酸溶液中加入 16 mL 二甲苯溶液,再将此聚酰胺酸溶液在 160 ℃左右热环化 6 h,热环化产生的水被二甲苯以共沸物的形式蒸出,将反应后的溶液滴到 200 mL 甲醇/水(体积比为 1∶1)及 2 mL HCl(2 mol/L)的混合溶液中析出沉淀,抽滤,60 ℃下真空干燥 2 h,得到浅黄色聚酰亚胺。本实验约需 8 h。

方法二:将第 1 步制备出的聚酰胺酸溶液浇注在特制水平玻璃片上,放在烘箱中,通过如下升温过程:60 ℃(20 min)→120 ℃(30 min)→165 ℃(2 h)→200 ℃(30 min)→250 ℃(20 min)→300 ℃(10 min),制备出浅黄色聚酰亚胺薄膜。本实验约需 4 h。

3. 聚酰亚胺的表征

(1)利用凝胶渗透色谱法测量聚酰亚胺的数均分子质量、质均分子质量及分子量分布;

(2)利用热重分析法和差示扫描量热法测量聚酰亚胺的热分解温度和玻璃化转变温度;

(3)利用 X 射线衍射法测量聚酰亚胺的无定形结构。

六、实验报告提纲

参照实验 1,实验报告中着重讨论:

1. 聚酰亚胺的合成路线、实验具体操作,以及产物结构和性质的表征;

2. 二步法的机理。

七、注意事项

1. 实验前做好预习工作,对二步法反应有清楚的认识。

2. 通过查阅资料了解产物表征方法以及操作时的重难点。

3. 二酐单体极易水解,在称量、溶解、加料过程中应防潮,保持器皿干燥。

4. 聚酰胺酸的合成是一个亲核取代反应。二胺单体氨基上的 N 原子含有一对孤对电子,具有一定的亲核性。二酐单体酰基上的 C 原子由于氧原子的吸电子作用而具有一定的正电性,二胺单体 N 原子提供孤对电子进攻二酐单体酰基上带有部分正电荷的 C,发生亲核取代反应。另外,生成聚酰胺酸的反应是一个放热反应,降低温度将会有利于反应的进行。

八、思考题

1. 制备聚酰亚胺所采用的一步法和二步法各有什么特点?

2. 简述由二酐和二胺单体通过缩聚反应制备聚酰胺酸的反应机理。

3. 合成聚酰胺酸时,为什么必须采用干燥的圆底烧瓶?

九、参考文献

[1] Mittal K L. Polyimides:synthesis,characterization,and applications[M]. Springer Science & Business Media,2013.

[2] Patil Y S,Salunkhe P H,Mahindrakar J N,et al. Synthesis and characterization of aromatic polyimides containing tetraphenylfuran – thiazole moiety[J]. Journal of Thermal Analysis and Calorimetry,2019,135(6):3057 – 3068.

[3] Qiu G,Ma W,Wu L. Low dielectric constant polyimide mixtures fabricated by polyimide matrix and polyimide microsphere fillers[J]. Polymer International,2020,69(5):485 – 491.

[4] 刘勇军,周丽云,洪慧铭,等. ODA 二胺单体双酮酐型聚酰亚胺的合成与性能[J]. 高分子材料科学与工程,2018,34(11):27 – 36.

[5] 李从严,伊朗,徐舒婷,等. 含叔丁基、醚键和双酚 A 单元可溶性聚酰亚胺的合成与表征[J]. 高分子学报,2016,15(07):938 – 945.

实验 13　甲基丙烯酸甲酯本体聚合及玻璃化转变温度和分子量的测定

一、实验设计思路

聚甲基丙烯酸甲酯(polymethyl methacrylate,PMMA)为非晶态聚合物,无色、透明,具有优异的透光性,故又称有机玻璃。PMMA 轻而强韧,密度为 1.19 g/cm³,是普通玻璃的一半左右,但是其强韧性可与无机强化玻璃相媲美。当 PMMA 载体(板、棒)弯曲度<48°时可传导光线;聚合物为无规立构型,但存在着相互隔离的短程有序排列,因而拉伸定向产品有结晶构型,有良好的抗银纹性及抗银纹增长和冲击韧性;质轻、坚韧,常温下有较高的机械强度,而且受温度的影响小,只有当接近软化点和玻璃化转变温度 T_g 时强度才急剧下降;表面光泽优良,着色力强,尺寸稳定性好,但表面硬度和抗刻痕性差,冲击强度较低,电性能良好,但随频率的增大而下降,吸水性小,耐水溶性无机盐及某些稀酸,耐长链烷烃、醚、脂肪、油类,不耐浓酸和热碱;抗老化性好,无毒,燃烧时无火焰。性能优异的 PMMA 透明材料广泛应用在灯具、照明器材、光学玻璃、制备光导纤、制造飞机座舱玻璃、飞机和汽车的防弹玻璃(需带有中间夹层材料)和各种医用、军用、建筑用玻璃等方面。

本实验采用本体聚合制备 PMMA。PMMA 为线性非结晶性聚合物,其使用性能与分子量及其分布有关,也与其玻璃化温度密切相关。本实验通过示差扫描量热计(DSC)测量 PMMA 玻璃化转变温度(T_g),通过凝胶渗透色谱仪测量聚甲基丙烯酸甲酯的分子量及其分布。

二、实验目的

1. 加深对本体聚合的基本原理、具体操作、基本配方和特点的理解;
2. 熟悉有机玻璃的制备方法,了解其工艺过程;
3. 掌握示差扫描量热计(DSC)测量聚合物玻璃化转变温度(T_g)的方法;
4. 掌握测定高分子相对分子量的方法,熟练运用凝胶渗透色谱仪测量聚甲基丙烯酸甲酯的分子量及其分布。

三、实验原理

1. 本体聚合原理

本体聚合是指单体仅在少量的引发剂存在下进行的聚合反应,或者直接在热、光和辐射作用下进行的聚合反应。本体聚合具有产品纯度高和无需后处理等优点,可直接聚合成各种规格的型材。在实验室实施本体聚合的容器可以选择试管、玻璃安瓿、封管、玻璃膨胀计、玻璃烧瓶、特定的聚合模等。除了玻璃烧瓶可以采用电动搅拌外,其余均可不用搅拌而置于恒温水浴或烘箱中即可。需要注意的是,如果没有采用搅拌装置,聚合以前则必须将单体和引发剂充分混合均匀。本体聚合存在的最大困难是如何能够在较快的聚合反应速度条件下解决散热的问题。聚合反应温度过高往往会在聚合物内部产生气泡。因此通常都在较低的温度条件下聚合较长时间。

甲基丙烯酸甲酯在引发剂引发下,按自由基聚合反应的历程进行聚合反应;引发剂通常为偶氮二异丁腈(AIBN)或过氧化二苯甲酰(BPO)。其反应通式为:

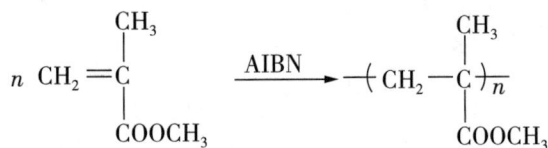

$$n\ CH_2{=}\underset{\underset{COOCH_3}{|}}{\overset{\overset{CH_3}{|}}{C}} \xrightarrow{\quad AIBN \quad} {-}\!\!\left(\!CH_2{-}\underset{\underset{COOCH_3}{|}}{\overset{\overset{CH_3}{|}}{C}}\!\right)_{\!\!n}$$

甲基丙烯酸甲酯单体密度只有 $0.94\ g/cm^3$,而其聚合物密度为 $1.17\ g/cm^3$,所以在聚合过程中会有较大的体积收缩。为了避免体积收缩和解决本体聚合散热问题,工业生产中往往采用两步法制备有机玻璃。在引发剂引发下,甲基丙烯酸甲酯聚合初期平稳反应,当转化率达到20%左右时,聚合速率显著加快,聚合体系黏度增加,称为自加速现象;此时应停止第一阶段(预聚)反应,将聚合浆液转移到模具中,低温反应较长时间。当转化率达到90%以上,聚合物已基本成型,可以升温使单体完全聚合。

2. DSC 测定聚合物玻璃化转变温度

3. 凝胶渗透色谱确定聚甲基丙烯酸甲酯的分子量

四、实验仪器与试剂

合成仪器:单颈瓶(100 mL/24 mm)一只,温度计(100 ℃)一支,恒温水浴槽,硅胶干燥器,加热套(500 mL)一个,温控装置一套,电动搅拌装置一套,试管及配套橡皮塞各两只,橡皮膏若干,示差扫描量热仪,凝胶渗透色谱仪。

五、实验步骤

1. PMMA 棒材的制备;

2. DSC 测定 PMMA 的 T_g;

3. PMMA 分子量测定。

六、实验报告提纲

参考实验1,实验报告中着重讨论部分:

(1)不同引发剂用量对本体聚合聚合速度的影响;

(2)分子量与性能间的关系。

七、注意事项

1. 本体聚合时要注意控制好反应程度,以免发生爆聚;

2. 测定 T_g 和分子量的操作过程中要小心谨慎。

八、参考资料

[1] 王国建,肖丽. 高分子基础实验[M]. 上海:同济大学出版社,1999.

[2] 杨睿,周啸,罗传秋,等. 聚合物近代仪器分析[M]. 北京:清华大学出版社,2010.

[3] 沈新元. 高分子材料与工程专业实验教程[M].2 版. 北京:中国纺织出版社,2016.

实验 14　聚酰胺－胺树枝状高分子的制备及性能研究

一、实验设计思路

以乙二胺(EDA)和丙烯酸甲酯(MA)为单体,通过交替进行 Michael 加成反应和酰胺化反应制备聚酰胺-胺树枝状高分子(PAMAM),通过透析膜分离法对整代的 PAMAM 进行分离提纯。通过差示扫描量热法(DSC)、凝胶渗透色谱法(GPC),对合成的产物进行性能检测。

二、实验目的

1. 了解树枝状高分子的结构特点,学习发散法合成树枝状高分子的实验技术;
2. 学习聚酰胺-胺树枝状高分子的合成及纯化方法;
3. 通过差示扫描量热法(DSC)、凝胶渗透色谱法(GPC),初步了解聚酰胺-胺树枝状高分子的热稳定性相对分子质量的大小及分子量分布宽度。

三、实验原理

树枝状高分子(dendrimers)是由美国密歇根化学研究所 Tomalia 博士等最早合成的一类新型高分子化合物的统称。它由中心核、内层重复单元和外层端基组成,其结构如图 14－1 所示。树枝状高分子具有高度的几何对称性、精确的分子结构、大量的表面官能团和内部空腔,而且分子链的增长可控,其粒径尺寸在 1～13 nm。与传统高分子聚合物的明显区别在于:

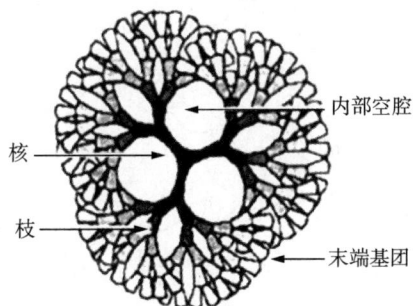

图 14－1　树枝状高分子结构示意图

树枝状高分子本质上呈单分散性,相对分子质量能达到 $5 \times 10^5 \sim 10 \times 10^5$,且在大小、形状上是均一的;同时又具有低黏度、高溶解性、可混合性以及高反应性等特点。树枝状高分子是一类新型的纳米级聚合物,因高度支化的结构和独特的单分散性,具有一系列特殊的性质和行为,引起了化学家们浓厚的研究兴趣,在众多领域中显示出良好的应用前景。其中,聚酰胺胺(PAMAM)是研究较为广泛的树枝状高分子之一,既具有树枝状高分子的共性,又不失自身特色,因其形状及表面氨基的精细设置,故有"人工球状蛋白"之美称。

本实验以乙二胺(EDA)为引发核,采用发散法,逐步合成不同代数的 PAMAM 树枝状高分子。第一步,以乙二胺为核,与丙烯酸甲酯(MA)进行 Michael 加成反应,制得 0.5G

PAMAM;第二步,用 0.5G PAMAM 与过量的乙二胺进行酰胺化反应,制得 1.0G PAMAM;第三步,交替进行 Michael 加成反应和酰胺化反应,制得 1.5G PAMAM 和 2.0G PAMAM 树枝状高分子。PAMAM 树枝状高分子合成反应式如下:

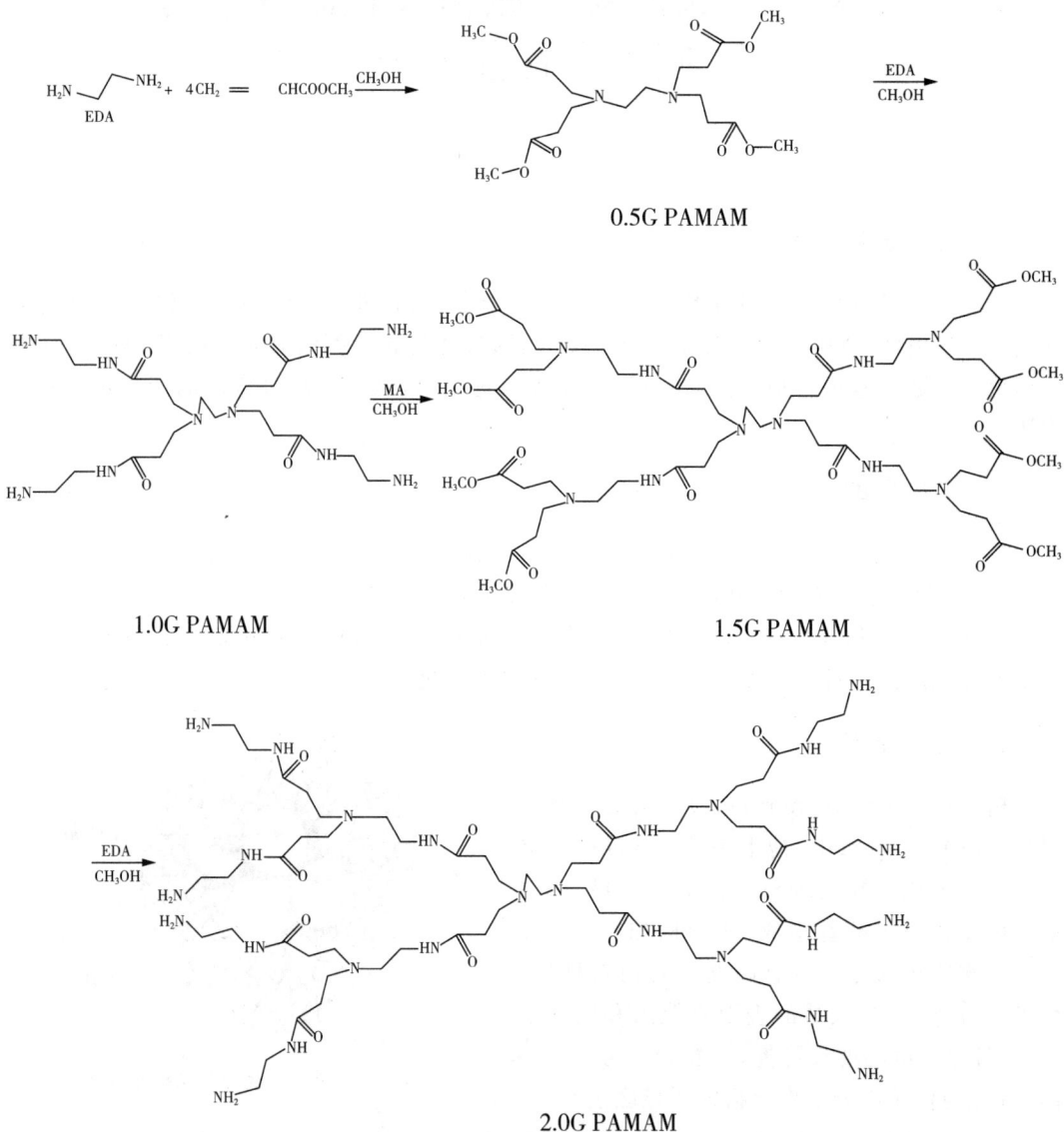

0.5G PAMAM

1.0G PAMAM   1.5G PAMAM

2.0G PAMAM

$$(14-1)$$

四、仪器与药品

1. 仪器

三颈烧瓶(250 mL)、控温磁力搅拌器、磁力搅拌器、电子天平、循环水式真空泵、旋转蒸发仪、柱色谱、真空干燥箱、核磁共振仪、傅里叶变换红外光谱仪、质谱仪、热重分析仪、高效液相色谱分析仪、透析膜。

2. 药品

乙二胺(EDA)、丙烯酸甲酯(MA)、甲醇、二氯甲烷、三乙胺、柱层析硅胶(200～300 目)、氘代氯仿。

五、实验步骤

1. 0.5G PAMAM 树枝状高分子的合成

在干燥的装有回流冷凝管、恒压滴液漏斗和温度计的 250 mL 三颈烧瓶中,加入乙二胺 (18.0 g,0.30 mol)和甲醇(64.0 g,2.0 mol),磁力搅拌均匀后,置于冰水浴中,缓慢滴加丙烯酸甲酯(206.6 g,2.4 mol),控制滴加速度,使反应体系温度不超过 20 ℃,30 min 内滴加完毕。通氮气搅拌脱氧 20 min,密封后置于油浴中,升温至 35 ℃,反应 24 h。旋转蒸发除去溶剂甲醇和过量的原料,得到淡黄色黏稠状液体 0.5G PAMAM,产率约 98.1%。

2. 1.0G PAMAM 树枝状高分子的合成

取 0.5G PAMAM(20.2 g,0.05 mol)和甲醇(64.0 g,2.0 mol)加入带有回流冷凝管和温度计的 250 mL 三颈烧瓶中,磁力搅拌均匀并使其溶解,置于冰水浴中,滴加乙二胺 (72.0 g,1.2 mol),控制滴加速度使反应温度不超过 20 ℃,30 min 内滴加完毕。通氮气搅拌脱氧 20 min,置于 25 ℃恒温油浴中反应 24 h。产物在不高于 60 ℃条件下减压蒸增,除去溶剂甲醇和过量的乙二胺(加入少量正丁醇作为共沸剂);再用油泵在负压下(1mm Hg)抽至恒重,得到黄色黏稠状液体 1.0G PAMAM 树枝状高分子,产率约 98.2%。

3. 1.5G PAMAM 和 2.0G PAMAM 树枝状高分子的合成

分别按上述反应步骤的加料比例和操作条件,重复 Michael 加成和酰胺化反应,得到 1.5G PAMAM 和 2.0G PAMAM。半代产物以酯基封端,为淡黄色黏稠状液体,整代产物以氨基封端,为黄色黏稠状液体。

4. 半代 PAMAM 树枝状高分子的纯化

半代 PAMAM 树枝状高分子粗产物采用吸附柱色谱进行分离提纯。将粗产物溶于二氯甲烷中,加入适量硅胶混合均匀,在红外灯下烘干呈细粉末状,使样品吸附在硅胶上。干法装柱,柱色谱分离纯化。所采用的展开剂为:0.5G PAMAM(silica gel,CH₂Cl₂∶MeOH 为 15∶1),1.5G PAMAM(silica gel,CH₂Cl₂∶MeOH 为 12∶1)。将各组分从硅胶上洗脱下来,用玻璃试管接液,薄层点样法检测;以 20 mL 淋出液为一个单位点样,碘蒸气显色法来确定分离产物,收集相同组分的淋出液。旋转蒸发仪浓缩所收集的淋出液,得到纯化后的半代数 PAMAM 树枝状高分子。

5. 整代 PAMAM 树枝状高分子的纯化

由于整代数 PAMAM 树枝状高分子末端为强极性氨基,用柱色谱法很难找到合适的展开剂对其进行分离,选用透析膜分离法提纯整代 PAMAM 树枝状高分子,相对分子质量不同的 PAMAM 选择不同孔径的透析膜。使用透析膜分离法提纯 PAMAM 树枝状高分子时,主要难点在于:高代数的 PAMAM 黏度大,黏在透析膜上,样品回收率不高,无法收集微量样品。具体操作步骤如下:

(1)将 PAMAM 树枝状高分子样品溶解在甲醇中并装入透析膜内,透析膜两端用夹子夹紧。置于大烧杯中,并在烧杯中加入 10～15 倍量的透析液(甲醇)浸没透析膜。采用机械搅拌器搅拌甲醇,使之呈流动状态。

(2)每 6 h 更换一次透析液,保持透析膜两侧的小分子浓度差,持续透析 48 h。

(3)将透析膜取出,放入 40 ℃恒温真空干燥箱内除去溶剂甲醇;而且由于压力作用,进一步使反应原料及低代数小分子从透析膜中渗出,最终实现产物的分离提纯。

6. 不同代数 PAMAM 树枝状高分子的表征

利用红外光谱仪(采用溴化钾压片法,将少量不同代数 PAMAM 树枝状高分子和乙二胺分别涂在溴化钾压片上,在红外灯下烘干)、核磁共振氢谱 ^1H - NMR 和核磁共振碳谱 ^{13}C - NMR(观测频率为 500 MHz,氘代氯仿 $CDCl_3$ 作溶剂)验证不同代数 PAMAM 树枝状高分子的结构。

利用质谱仪对提纯后的 PAMAM 样品进行分子量表征,溶剂为甲醇,毛细管温度为 220 ℃,毛细管电压为 45 V,喷雾电压为 5.2 kV,进样速度为 1 μL/min,碰撞气体为高纯氮气,溶剂为氯仿。

采用热重法(TG)测试提纯后的不同代数 PAMAM 的热分解行为。每个样品约 20 mg, N_2 氛围,实验温度范围为 50～800 ℃,升温速度为 20 ℃/min,样品池为铝坩埚加盖。

利用高效液相色谱仪对不同代数 PAMAM 树枝状高分子进行高效液相色谱分析。色谱柱为 Sepelco LC - 18 柱(250 mm×4.6 mm),检测器为 UV - 100 可变波长紫外检测器, λ =210 nm。

六、思考题

1. 采用发散法合成 PAMAM 树枝状高分子的过程中,可能存在的主要副反应有哪些?

2. 分析不同代数 PAMAM 树枝状高分子的红外光谱图、核磁共振氢谱图,总结半代、整代 PAMAM 的结构特点。

3. 树枝状高分子是否可以采用 GPC 测定其相对分子质量?为什么?

七、实验报告提纲

参照实验 1,实验报告中着重讨论:

1. PAMAM 合成路线、实验具体操作步骤及聚合物结构表征结果,包括聚合物合成路线示意图、合成过程、聚合物核磁共振氢谱和碳谱的峰的归属判定;

2. PAMAM 分离纯化方法及操作要点;

3. PAMAM 热稳定性与其结构对应关系的分析。

八、注意事项

1. 实验前做好预习工作,对实验过程中涉及的有机化学反应有清楚的认识;

2. 材料测试过程中需对材料性能表征方法及仪器设备的使用有全面的了解。

九、参考文献

[1] 徐珍霞,孙程,陈福生.富含氨基的聚酰胺-胺树枝状大分子的合成与表征[J].安徽农业大学学报,2018,45(4):772 - 776.

[2] 马立莉,马克存,霍宏亮,等. 系列聚酰胺-胺型树枝状大分子的合成与表征[J]. 精细石油化工进展,2017,18(5):41-43.

[3] 彭晓春,彭晓宏,林裕卫. 聚氧乙烯链封端的聚酰胺——胺树状聚合物的合成与表征[J]. 精细化工,2010,12(6):525-528.

[4] 张春庆,李战胜,唐萍. 高分子化学与物理实验[M]. 大连:大连理工大学出版社,2014.

[5] 郭玲香,宁春花. 高分子化学与物理实验[M]. 南京:南京大学出版社,2014.

实验 15　等离子体引发聚丙烯膜表面接枝聚合

一、实验设计思路

通过等离子体对聚丙烯膜表面进行处理使其表面产生含氧官能团,与空气反应生成过氧化物,引发丙烯酸单体聚合从而实现在聚丙烯表面接枝改性。通过接枝前后聚丙烯膜质量和水接触角变化,分析聚丙烯膜表面接枝改性情况。

二、实验目的

1. 了解等离子体引发接枝聚合的原理和特点;
2. 掌握聚合物表面改性的基本实验技术。

三、实验原理

通过等离子体技术引发表面接枝聚合,是不含反应性基团的聚合物材料表面改性的有效方法之一,可赋予聚合物表面高功能化。同化学接枝法、高能电子束辐照接枝法相比,等离子体引发接枝仅限于聚合物表面或很浅的表层,进行等离子体辐照不会对聚合物基材产生本体交联作用,因此不影响聚合物的本体性质。由于可接枝的单体种类繁多,性质不同,因此常常可以通过选择单体在表面引入功能基团,从而改善聚合物性能,如亲水性、疏水性、黏结性等,引入具有生物活性的分子或生物酶,则是提高聚合物材料生物相容性的常用方法。

聚丙烯具有良好的力学性能、电性能、化学性能等,被广泛应用于日常生活、工农业和军事等许多领域。但聚丙烯是典型的非极性聚合物,其亲水性、黏合性、抗静电性以及与其他极性聚合物的相容性差,限制了聚丙烯的应用。在饱和聚丙烯大分子骨架上,利用化学方法进行接枝改性,常用的方法有溶液共聚法、熔融接枝法等,用来接枝的单体主要有马来酸酐、丙烯酸、甲基丙烯酸、丙烯腈、丙烯酰胺、苯乙烯、甲基丙烯酸缩水甘油酯等。然而这些方法通常要求反应温度在 200 ℃左右,易引起聚丙烯的热降解,而且接枝率较低,对反应设备要求较高。通过等离子体引发聚丙烯表面接枝共聚,既能完成化学合成法难以进行的固态表面接枝改性,又无需引发剂即可得到接枝共聚物,接枝单体选择范围更加广泛,接枝率更高。

等离子体引发接枝聚合采用非反应性气体对聚合物材料表面进行等离子体处理,非反应性气体(如 H_2,He,Ar)等离子体的高能粒子轰击聚合物材料表面时传递能量,使材料表面产生大量自由基。相邻高分子自由基可能复合而交联,也可能脱氢或脱去其他原子而形成双键,或者与等离子体中活性种反应生成一系列新的官能团,与反应器中的氧或处理完毕后接触到空气中的氧反应,从而在高分子材料表面引入含氧官能团。如果高聚物本身含有氧,则由大分子断裂分解而形成大分子碎片,进入等离子体内形成活性氧,其效果与氧等离子体处理相当。所以非反应性气体等离子体处理含氧高分子材料表面时,将出现交联、刻蚀、引入极性基团三者的竞争反应。对于不含氧的高分子材料,只是处理后与空气中的氧作用而引入极性基因。等离子体引发功能性单体,在聚合物表面接枝通常有三种方法:①气相法。聚合物表面经等离子体处理后,接触汽化单体进行接枝聚合。此法由于单体浓度低,与材料表面活性点接触机会少,故接枝率低。②脱气液相法。材料表面经等离子体处理后,不与空气接触,直接进入液态单体内进行接枝聚合。此法可提高接枝率,但同时产生均聚物而影响效果。③常压液相法。材料经表面等离子体处理后,接触大气,形成过氧化物,再进入液体单体,过氧化物受热分解成活性自由基,从而引发聚合,进行表面接枝改性。

四、仪器与药品

1. 仪器

HD-1A 型冷等离子体仪、Impact 400D 型傅立叶红外光谱仪、JC98A 接触角测量仪、恒温水浴、磁力搅拌器、三颈烧瓶(250 mL)。

2. 药品

聚丙烯熔喷纤维膜、丙烯酸(分析纯)、无水乙醇(分析纯)。

五、实验步骤

1. 聚丙烯膜的等离子体处理

对聚丙烯熔喷纤维膜进行预处理,用无水乙醇浸泡 1 h,超声波洗涤 30 min,用蒸馏水反复清洗,除去纤维膜表面杂质。

将干燥后的聚丙烯膜置于 HD-1A 型冷等离子体仪反应室的下电极上,关闭各路阀门,抽至一定真空,通入氩气,调节气体流量使真空计压力达到 25～30 Pa,启动射频电源,进行辉光放电,调节处理功率为 70 W,处理时间为 3 min。等离子体表面处理后的聚丙烯膜在空气中放置 5 min。

2. 聚丙烯膜的表面接枝聚合

将等离子体表面处理后的聚丙烯膜置于设有回流冷凝管和体积分数为 50% 的丙烯酸溶液的 250 mL 三颈烧瓶中,高纯氮气保护,三颈烧瓶放入设定温度的恒温水浴中,磁力搅拌下接枝聚合反应 2 h,反应温度控制在 50 ℃ 左右。

将反应后的聚丙烯膜用去离子水反复清洗,超声波洗涤 30 min,以除去聚丙烯膜上残留的未反应单体和均聚物,纯化后的膜,再次干燥至恒重后,测定接枝率和表面水接触角等。

采用称重法,接枝前后的样品均干燥至恒重,称重,根据下式计算接枝率:

$$G(\%) = \frac{M_g - M_0}{M_0} \times 100\% \tag{15-1}$$

式中:G——接枝率,%;

M_0、M_g——聚丙烯膜接枝前和接枝后的质量,g。

3. 接枝改性聚丙烯膜的表面分析

采用 Impact 400D 型博立叶红外光谱仪分析样品表面化学结构,改性聚丙烯膜测试采用衰减全反射红外光谱法,扫描范围 4000~400 cm⁻¹,分辨率 4 cm⁻¹。

采用 JC98A 接触角测量仪测定蒸馏水与改性聚丙烯膜表面的接触角,控制每滴液体量约 2 μL,接触后 30 s 内完成测试,在膜上 10 个不同位置进行测试,取测试结果的平均值。

六、实验报告提纲

参照实验 1,实验报告中着重讨论:

1. 等离子体处理聚丙烯膜表面工艺的设定,分析处理工艺后与表面接枝结果的关系;

2. 通过红外分析改性后聚丙烯膜的表面的基团组成,分析表面基团组成与水接触角的联系。

七、注意事项

1. 实验前需做好充分的预习工作,对实验过程中涉及的仪器设备有清楚的了解,并掌握相关的安全防护措施;

2. 需对材料测试中涉及仪器设备的使用方法有充分的认识,且需按照规定的操作步骤来进行操作。

八、思考题

1. 等离子体引发表面接枝聚合中,影响接枝率的主要参数有哪些?

2. 根据计算的接枝率,讨论接枝改性对聚丙烯膜亲水性的影响。

3. 随着等离子体处理时间的延长,聚合物材料的接枝率增大,但增至一定值后,再延长处理时间,接枝率反而逐步降低。请从材料表面自由基角度进行解释。

九、参考文献

[1] 周月,汪思孝,黄健. 等离子体引发的 RAFT 接枝聚合对聚丙烯多孔膜的表面改性[J]. 南京工业大学学报(自然科学版),212,34(1):71-75.

[2] 王月然,王振欣,魏俊富,等. 低温等离子体引发聚丙烯薄膜气相接枝丙烯酸[J]. 纺织学报,2011,32(5):10-15.

[3] Ping X,Wang M,Ge X. Surface modification of poly(ethylene terephthalate) (PET)film by gamma-ray induced grafting of poly(acrylic acid)and its application in anti-bacterial hybrid film[J]. Radiation Physics and Chemistry,2011,80(4):567-572.

实验 16　熔融法制备聚乳酸及扩链研究

一、实验设计思路

通过熔融缩聚法制备低分子量聚乳酸(PLA),并使用二苯基甲烷二异氰酸酯(MDI)对其进行扩链,通过设计和改变实验条件,对聚乳酸的分子量进行调节和控制。

二、实验目的

1. 掌握熔融法聚合制备聚乳酸的原理与实验方法(主要为合成反应实施路线和条件设计、产物合成与结构确定);

2. 掌握聚乳酸扩链的原理与实验方法(主要为合成反应实施路线和条件设计、产物合成与结构确定);

3. 掌握聚合物分子量的测试评价方法。

三、实验原理

聚乳酸(PLA)是一类脂肪族聚酯,结构式如图 16-1 所示,具有优良的生物相容性、生物可降解性,最终的降解产物是二氧化碳和水,不会对环境造成污染。这使之在以环境和发展为主题的今天越来越受到人们的重视,并对其在工农业领域、生物医药领域、食品包装领域的应用展开了广泛的研究。

人们对于聚乳酸合成方法进行了大量的研究,逐步得出了两条路线,即开环聚合法和直接缩聚法。

1. 开环聚合法

通过该方法制备聚乳酸一般采用两步法:第一步,由乳酸脱水环化制得丙交酯;第二步,由精制过的丙交酯开环聚合制得相对分子质量较高的聚乳酸(图 16-2)。

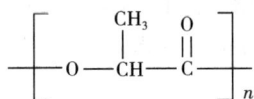

图 16-1　聚乳酸结构式　　　　图 16-2　丙交酯开环聚合

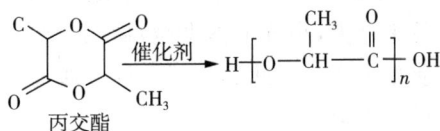

丙交酯开环聚合是迄今为止研究最充分的一种聚合方法,通过此法制得的聚乳酸的相

对分子质量可达 70 万至 100 万。

影响开环聚合的因素有很多,如单体纯度、聚合真空度、温度、时间、催化剂等,其中关键在于丙交酯的提纯和催化剂的选择。丙交酯的制备需要在高温(200 ℃以上)和高真空(1 mmHg以下)进行,同时丙交酯的提纯需要多次重结晶,所用的溶剂损耗大,且流程冗长。

虽然采用开环聚合的方法可以获得分子量很高的 PLA,但由于其路线长,工艺复杂,导致聚乳酸价格昂贵,难以与通用塑料竞争。目前,国内外对聚乳酸的研究都转向了工艺路线简单的直接缩聚法。

2. 直接缩聚法

该方法是通过乳酸分子间脱水、酯化、逐步缩合聚合成聚乳酸,如图 16-3 所示。

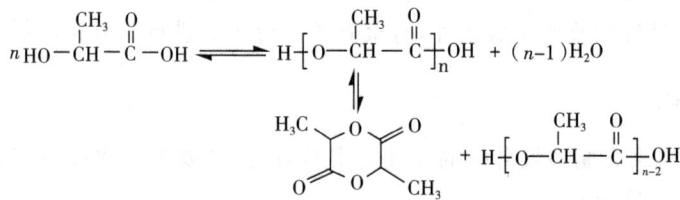

图 16-3　乳酸分子聚合

该法合成出的聚乳酸的相对分子量往往小于 4000,强度低,实用价值不高,而聚乳酸的分子量只有在大于 25000 时才具有较好的物理机械性能。由反应式可知,此反应中存在着游离乳酸、水、聚合物以及副产物丙交酯间的复杂平衡,要想获得高分子量的聚乳酸,就必须尽量脱出反应生成的小分子水,使反应向聚合物生成方向移动。此外,在反应后期,聚合物可能会降解成丙交酯,从而限制了 PLA 相对分子量的提高。因此,水分的脱出及抑制聚合物的降解是直接法的关键。

近几年来聚乳酸直接缩聚合成方法的研究有了较多的报道,主要可分为溶液聚合和熔融聚合。

(1)溶液聚合

溶液聚合就是在反应中采用一种不参与聚合反应、能够溶解聚合物的高沸点的有机溶剂与单体乳酸、水进行共沸回流除水,从而获得较高相对分子质量的聚乳酸。该方法虽然能合成出较高分子质量的聚乳酸,但后处理相对复杂,成本仍较高,且最终产物中残留的溶剂难以除尽。

(2)熔融聚合

熔融聚合是一种发生在聚合物熔点温度以上、不采用任何介质的本体聚合。得到的产物纯净,不需要分离介质。熔融聚合法虽然可以得到较纯净的产物,但是随着反应的进行,体系的黏度越来越大,小分子越来越难以排出,平衡难以向聚合方向移动,导致了最终产物的相对分子质量不高。因此近几年出现了通过扩链反应和固相聚合来进一步提高聚乳酸的分子质量的研究报道。

3. 扩链反应

扩链剂主要是一些具有双官能团的高活性小分子化合物,通过扩链剂的活性基团与聚酯的端羟基或端羧基反应来提高聚酯的相对分子质量。选用芳香族异氰酸酯(甲苯二异氰酸酯、二苯基甲烷二异氰酸酯和三官能团异氰酸酯)作为扩链剂,对乳酸进行扩链,所得聚合物的相对分子质量可高达十几万。

四、实验仪器与试剂

1. 实验仪器

磁力搅拌恒温加热器、250 mL 三颈瓶、温度计(300 ℃)、烧杯(100 mL、200 mL、400 mL)、单口圆底烧瓶、真空缓冲瓶、分水器、球形冷凝管、直形冷凝管、真空尾接管、蒸馏头等。傅立叶变换红外光谱仪、核磁共振谱仪、凝胶渗透色谱仪等。

2. 实验试剂

DL -乳酸(85.5%~90%)、辛酸亚锡 $Sn(Oct)_2$、三氯甲烷 $CHCl_3$、甲醇 CH_3OH、无水乙醇 CH_3CH_2OH、氢氧化钠 $NaOH$、二苯基甲烷二异氰酸酯 MDI 等。

五、实验步骤

1. 低分子量聚乳酸的合成与结构表征;
2. 二苯基甲烷二异氰酸酯扩链聚乳酸的合成与结构表征;
3. 二苯基甲烷二异氰酸酯扩链聚乳酸的分子量测试与评价。

六、实验报告提纲

参照实验 1,详情略。

七、参考文献

[1] 孙正谦 . 微波辅助聚乳酸合成及其机理研究[D]. 郑州:河南工业大学,2018.

[2] 王岚,王李定鹏,王龙耀 . 直接法合成 PLA 研究进展[J]. 塑料科技,2018,46(6):123-126.

[3] 石朔,顾林,杨义浒,等 . 低相对分子质量线型和星形聚乳酸及其共聚物多元醇的合成、结构与性能[J]. 高分子材料科学与工程,2016,32(4):1-6.

[4] Moon S I,Lee C W,Miyamoto M,et al. Melt polycondensation of L - lactic acid with Sn(II)catalysts activated by various proton acids:a direct manufacturing route to high molecular weight poly(L - lactic acid)[J]. Journal of Polymer Science Part A Polymer Chemistry,2015,38(9):1673-1679.

[5] 吴涛 . 一步法合成聚乳酸及其扩链交联的研究[D]. 武汉:湖北工业大学,2014.

[6] 吴笛青,温变英 . 聚乳酸扩链改性研究进展[J]. 高分子通报,2014(6):32-39.

实验 17　聚氨酯弹性体的制备与性能研究

一、实验设计思路

聚氨酯弹性体(简称 PUE)是以多异氰酸酯和聚醚或聚酯多元醇为主要原料,以小分子多元醇、多元胺或水等为扩链剂或交联剂通过逐步加成聚合制成的聚合物,弹性体的性质受多异氰酸酯、聚醚、聚酯及扩链剂的种类和组成的影响。本实验设计制备不同分子量的聚醚、聚酯型聚氨酯弹性体,并研究异氰酸酯指数、扩链系数等因素对其性能的影响。

二、实验目的

1. 掌握聚氨酯弹性体的制备方法;
2. 通过聚氨酯弹性体性能测试,研究分析影响聚氨酯弹性体性能的因素;
3. 提高学生的文献查阅能力、方案设计能力、实验操作能力以及问题综合分析能力。

三、实验原理及聚氨酯弹性体的制备过程

1. 实验原理

与通用橡胶相比,聚氨酯弹性体的特点是分子中含有大量的极性基团,分子链之间不仅以化学键交联,而且由于氨基甲酸酯的作用使分子键之间形成较强的氢键交联,这样能够有效地防止在应力作用下分子链之间的滑移,使 PUE 不仅具有很高的力学性能、突出的耐磨性,而且还具有耐磨、耐臭氧、耐辐射、气密性好、耐低温和良好的生物相容性等特点。因此,其可广泛应用于矿山、建筑、汽车、医疗等行业。

聚氨酯弹性体的合成,包含低分子量预聚体的合成、预聚体通过扩链反应生成可溶性的高分子聚合物,以及将高分子聚合物通过交联反应生存网状交联结构的弹性体等反应过程。

预聚体的合成:预聚体的合成通常是通过二异氰酸酯和带有端羟基的聚醚、聚酯多元醇、聚烯烃等通过加成反应制得。在合成的过程中,可以根据异氰酸酯指数 R(异氰酸酯与羟基的当量比,NCO/OH)数值的不同,制成端基为异氰酸酯基、羟基的预聚物。

根据 R 数值的不同,生成的预聚物的结构也有所不同:

(1)当 $R>2$ 时:预聚物由以异氰酸酯封端的低聚物多元醇和游离的二异氰酸酯组成;

(2)当 $R=2$ 时:预聚物是以异氰酸酯封端的聚酯(醚)多元醇;

(3)当 $1<R<2$ 时:预聚物是低聚物多元醇并以二异氰酸酯扩链的产物。

$$OCN-R-NCO + HO \wedge\!\!\!\wedge OH \xrightarrow{-NCO过量} OCN-R-\overset{\overset{O}{\|}}{N}HCO \wedge\!\!\!\wedge O\overset{\overset{O}{\|}}{C}N-R-NCO$$

（多羟基化合物）　　　　　　　　　（端基为-NCO基的预聚体）

$$或者\ OCN-R-NCO + HO \wedge\!\!\!\wedge OH \xrightarrow{-OH过量} OH \wedge\!\!\!\wedge O\overset{\overset{O}{\|}}{C}NH-R-N\overset{\overset{O}{\|}}{C}O \wedge\!\!\!\wedge OH$$

（多羟基化合物）　　　　　　　　　（端基为-NCO基的预聚体）

预聚体的扩链反应:端基带有异氰酸酯基团的预聚体,能与带有活泼氢的化合物如水、二元醇、二元胺等,进行扩链反应进而生成可溶性的高分子聚合物。

与水反应:生成取代脲基同时释放出 CO_2。

$$2OCN-R-N\overset{\overset{O}{\|}}{H}CO \wedge\!\!\!\wedge O\overset{\overset{O}{\|}}{C}N-R-NCO+H_2O \longrightarrow \begin{matrix} OCN-R-NHCO \wedge\!\!\!\wedge OCN-R-NH \\ \qquad\qquad\qquad\qquad\qquad C=O \\ OCN-R-NHCO \wedge\!\!\!\wedge OCN-R-NH \end{matrix} + CO_2\uparrow$$

与二元醇反应:生成氨基甲酸酯基

$$2OCN-R-N\overset{\overset{O}{\|}}{H}CO \wedge\!\!\!\wedge O\overset{\overset{O}{\|}}{C}N-R-NCO+HO-R'-OH \longrightarrow \begin{matrix} OCN-R-NHCO \wedge\!\!\!\wedge OCN-R-NHCO \\ \qquad\qquad\qquad\qquad\qquad\qquad\qquad R' \\ OCN-R-NHCO \wedge\!\!\!\wedge OCN-R-NHCO \end{matrix}$$

与二元胺反应:生成双取代脲基

$$2OCN-R-N\overset{\overset{O}{\|}}{H}CO \wedge\!\!\!\wedge O\overset{\overset{O}{\|}}{C}N-R-NCO+H_2N-R'-NH_2 \longrightarrow \begin{matrix} OCN-R-NHCO \wedge\!\!\!\wedge OCN-R-NHCONH \\ \qquad\qquad\qquad\qquad\qquad\qquad\qquad\quad R' \\ OCN-R-NHCO \wedge\!\!\!\wedge OCN-R-NHCONH \end{matrix}$$

聚氨酯弹性体的交联反应:聚氨酯的交联方式有多种,常用的有用交联剂交联、加热交联和利用氢键交联三种方式,但通常情况下主要是采用在交联剂存在的情况下加热进行交联。

多元醇交联:用三元醇,例如三羟甲基丙烷、甘油等,在加热情况下,生成氨基甲酸酯基而交联。

$$3OCN \sim\!\!\sim\!\!\sim NCO + HO-\overset{OH}{\underset{}{|}}-OH \xrightarrow{\triangle} NCO \sim\!\!\sim\!\!\sim \overset{H}{\underset{}{N}}-\overset{O}{\underset{}{C}}-O-\overset{O}{\underset{}{C}}-\overset{H}{\underset{}{N}} \sim\!\!\sim\!\!\sim NCO$$

（预聚体端基带异氰酸酯基）　（三元醇）

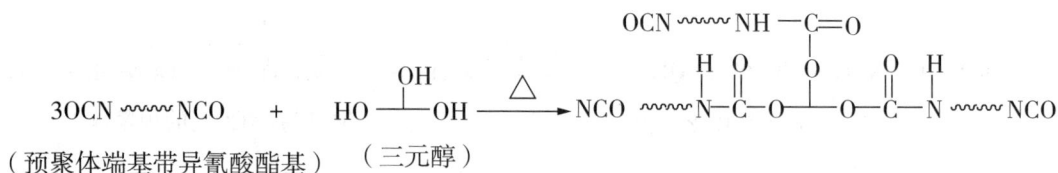

过量的二异氰酸酯作交联剂：在合成预聚体时，根据计算，过量一部分二异氰酸酯，加热时，过量部分的二异氰酸酯与聚合物中的脲基、氨基甲酸酯基、酰胺基等基团中的活泼氢反应，生成缩二脲、脲基甲酸酯基、酰脲基进行交联。

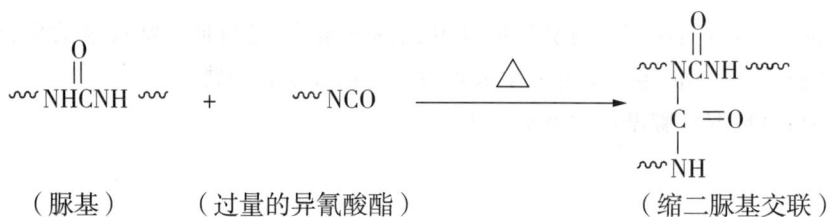

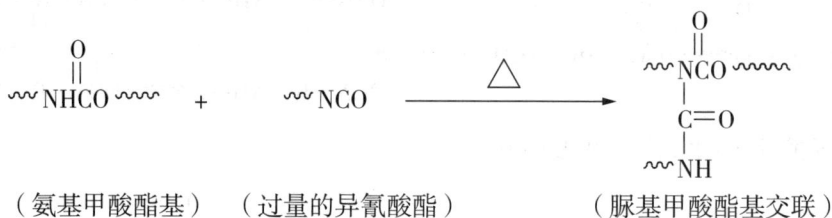

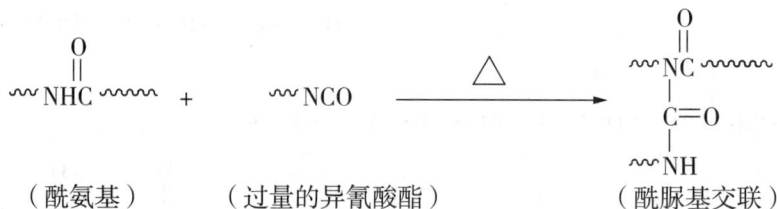

$$\underset{(脲基)}{\sim\!\!\sim NH\overset{O}{\overset{||}{C}}NH \sim\!\!\sim} + \underset{(过量的异氰酸酯)}{\sim\!\!\sim NCO} \xrightarrow{\triangle} \underset{(缩二脲基交联)}{}$$

$$\underset{(氨基甲酸酯基)}{\sim\!\!\sim NH\overset{O}{\overset{||}{C}}O \sim\!\!\sim} + \underset{(过量的异氰酸酯)}{\sim\!\!\sim NCO} \xrightarrow{\triangle} \underset{(脲基甲酸酯基交联)}{}$$

$$\underset{(酰氨基)}{\sim\!\!\sim NH\overset{O}{\overset{||}{C}} \sim\!\!\sim} + \underset{(过量的异氰酸酯)}{\sim\!\!\sim NCO} \xrightarrow{\triangle} \underset{(酰脲基交联)}{}$$

在含有氨基甲酸酯基、脲基及异氰酸酯基的聚合物中，由于氨基甲酸酯基、脲基与异氰酸酯基的反应活性都非常小，所以，只有加热到 $120\sim150$ ℃时，它们才会各自发生化学反应，并且，如果没有催化剂的作用，那么，几乎不生成脲基甲酸酯，只发生缩二脲的交联反应。

另外，还可以用过氧化物（如过氧化二异丙苯，DCP）、硫黄（聚合物中需要有不饱和键）作为交联剂进行交联。

在聚氨酯中，羰基上的氧原子有活泼的未共用电子对，非常容易与分子链上半径小又没有内层电子的极性氢原子靠近，它们之间以一种很大的静电相互吸引，形成"氢键"。正是由于氢键的作用，使得 PU 弹性体具有较好的物理机械性能，如高模量、高的抗张强度。

2. 聚氨酯弹性体的制备过程

（1）聚酯（醚）二元醇脱水处理：如前所述，水与二异氰酸酯会很容易发生反应，消耗掉二异氰酸酯，生成取代脲基同时释放出 CO_2，因此，制备预聚体之前，聚酯（醚）二元醇必须脱水处理。

取一定量的聚酯（醚）二元醇放在特制的容积为 1 L 的四颈玻璃反应器中，加热使聚酯（醚）二元醇熔融，保持温度 110 ℃，抽真空至 50 Pa，持续 2 小时，结束后降温放在干燥洁净的塑料瓶中密封保存。

(2)预聚体的合成:取一定量经过脱水处理的聚酯(醚)二元醇放在自制的四颈玻璃反应器中,加热熔融,根据异氰酸酯指数 R 不同,加入相应重量的甲苯二异氰酸酯(TDI),充氮气保护,温度维持在 80 ℃反应 2 小时,抽真空脱气泡,标定预聚体中—NCO 基团的实际含量,预聚体密封保存。

(3)弹性体的制备:称量一定重量的扩链剂 3,3′-二氯-4,4′-二氨基二苯基甲烷(MOCA),放在烘箱中加热熔化,同时将模具放在烘箱中预热,在特制的带搅拌、抽真空装置的四口玻璃反应器中加入预聚体,加热升温至 70~80 ℃,抽真空 20~30 分钟,充氮气解去真空,将预先熔化的扩链剂快速加入,猛烈搅拌 2~3 分钟,使预聚体与扩链剂混合均匀,抽真空脱泡,然后立即将混合均匀的混合物倒入模具中,将模具放入 100 ℃的烘箱中加热 2 小时,升高烘箱温度至 120 ℃再硫化 4 小时,脱模,即得到要制备的聚氨酯弹性体。

根据预聚物的—NCO 基团的百分含量和设定的扩链系数,计算所需加入扩链剂的量:

$$m = \frac{m_0 \times NCO\% \times F}{42} \times M$$

其中:m_0——预聚体的量,g;

F——扩链系数(NH_2/NCO 的摩尔比);

NCO%——预聚体中—NCO 基团的百分含量;

42——NCO 基团的摩尔质量,g/mol;

M——扩链剂的摩尔质量,g/mol。

预聚法合成聚氨酯弹性体的工艺过程如下:

OCN—R—NCO + HO〜〜OH —NCO过量→ OCN—R—NHCO〜〜OCN—R—NCO

(多羟基化合物) (端基为-NCO基的预聚体)

或者 OCN—R—NCO + HO〜〜OH —OH过量→ OH〜〜OCNH—R—NCO〜〜OH

(多羟基化合物) (端基为-NCO基的预聚体)

四、实验仪器与原料

1. 仪器

减压抽气装置 1 套、电动搅拌器 1 套、带控温仪的加热套 1 套、开口反应釜(500 mL)1 套、聚四氟乙烯搅拌棒 1 个、温度计(200 ℃)1 个、24#玻璃塞若干、长颈漏斗 1 个、50 mL 烧杯若干、称量天平 1 台、夹子若干、50 mL 酸式滴定管 1 个、25 mL 移液管 1 个、分析天平 1 台、具塞锥形瓶 4 个、1000 mL 容量瓶 2 个、100 mL 容量瓶 1 个、100 mL 量筒、玻璃棒若干、烘箱、热重分析仪、拉力实验机等。

2. 主要原料

聚酯(醚)多元醇,如聚酯 1975、PTMEG2000 等,甲苯二异氰酸酯(TDI),3,3′-二氯-4,4′-二氨基二苯基甲烷(MOCA)。

3. 主要试剂

甲苯(AR)、异丙醇(AR)、正二丁胺(AR)、浓盐酸、溴酚蓝(AR)、氢氧化钠(AR)、碳酸钠(AR)、工业酒精等。

五、实验步骤

1. 实验方案的确定

查阅文献,确定反应原料、投料比与反应条件。

2. 预聚体的制备

根据方案制备出聚氨酯弹性体的预聚体,根据《聚氨酯预聚体中异氰酸酯含量的测定标准》测定—NCO 基团含量。

3. 弹性体的合成

根据—NCO 基团含量,选择合适的扩链系数进行扩链反应,制备出聚氨酯弹性体。

4. 性能测试

测试聚氨酯弹性体的热性能、力学性能等。

六、实验报告内容

参照实验1,详情略。

七、注意事项

1. 根据实验室要求,规范操作、注意安全,本实验中涉及甲苯二异氰酸酯,具有一定的毒性,应引起高度关注。

2. 弹性体制备过程中,容易产生气泡,必须采取合适的方法予以除去,否则对力学性能会产生影响。

八、参考文献

[1] 刘益军. 聚氨酯树脂及其应用[M]. 北京:化学工业出版社,2012.

[2] 黄茂松,贾润萍. 后金融危机下我国聚氨酯弹性体发展之路探讨[J]. 化学推进剂与高分子材料,2011,9(1):10-17.

[3] 张亮,段雪影,刘超,等. 医用聚氨酯弹性体的制备与性能[J]. 弹性体,2020,30(2):36-40.

[4] 卢珣,徐敏,李志鹏,等. 宽温域高阻尼聚氨酯弹性体的制备[J]. 北京科技大学学报,2020,4(3):365-371.

[5] 刘超奇,刘凉冰,晏苗,等. 微孔聚醚型聚氨酯弹性体的制备与力学性能研究[J]. 聚氨酯工业,2020,35(1):42-45.

实验 18　静电纺丝制备尼龙-6 纤维及其对有机染料吸附性能研究

一、实验设计思路

尼龙-6 作为目前最受欢迎的一种商品化纤维材料,以其优良的性能备受关注。最突出的优点为耐磨性和弹性。日常生活中的衣物、毛毯、窗帘等,以及生产中的渔网、滤布和缆绳等都离不开尼龙-6。除此之外,其吸湿性和染色性较为卓越,在印染工业生产中,尼龙-6 纤维得到了广泛的运用。

尼龙-6 纤维的高吸湿性、优良染色性的功能主要来源于其强极性且亲水的酰胺基团。因此,尼龙-6 同样可以通过静电纺丝制成网络状纤维膜用作吸附材料。本项目采用静电纺丝法制备尼龙-6 纳米纤维膜,并研究尼龙-6 纤维膜对有机染料的吸附性能,以此拓展尼龙-6 纤维膜在过滤、分离等领域的应用。通过紫外可见分光光度计吸光度的测试评估尼龙-6 纤维的吸附效果。研究内容涉及有机化学,高分子化学,仪器表征方面知识。

二、实验目的

1. 掌握静电纺丝的原理;
2. 学习高压静电纺丝机的使用以及纺丝参数对尼龙-6 纤维形貌结构的影响;
3. 学会纺丝参数的合理调控以及材料分析表征方法。

三、实验原理

静电纺丝法即聚合物喷射静电拉伸纺丝法,是将聚合物溶液或熔体带上几千至上万伏高压静电,带电的聚合物液滴在电场力的作用下基于毛细管的 Taylor 锥顶点被加速。当电场力足够大时,聚合物液滴克服表面张力形成喷射细流。细流在喷射过程中溶剂蒸发而固化,最终落在接收装置上,形成非织造布状的纤维毡。在静电纺丝过程中,液滴通常处于一个电场当中,因此,当射流从毛细管末端向接收装置运动时,都会出现加速现象,从而导致了射流在电场中的拉伸。静电纺丝法制备纳米纤维的影响因素可分为溶液性质因素,如黏度、弹性、电导率和表面张力;外部影响因素,如毛细管中的静电压、毛细管口的电势和毛细管口与收集器之间的距离;环境参数,如溶液温度、纺丝环境中的空气湿度和温度、气流速度等。

有机染料是一类能溶于水,对纤维具有亲和力的有色物,因此可以被尼龙-6 纳米纤维膜吸附使其着色。因为利用静电纺丝法合成的尼龙-6 纤维具有大比表面积、多孔的特点,因此适用于吸附水相中的有色染料。

本项目具体思路如图 18-1 所示:

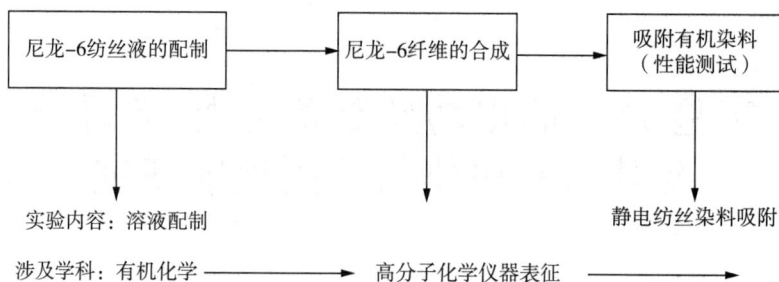

图 18-1 静电纺丝制备尼龙-6纤维及其对有机染料吸附性能研究设计思路

染料浓度的分析检测利用紫外可见分光光度计进行，依据朗伯比尔定律式(18-1)：

$$A = \lg(1/T) = Kbc \tag{18-1}$$

其中，A——吸光度；

T——透射比(透光度)，是出射光强度(I)与入射光强度(I_0)的比值；

K——摩尔吸收系数，它与吸收物质的性质及入射光的波长 λ 有关；

c——吸光物质的浓度；

b——吸收层厚度。

因此，通过已知浓度染料的吸光度，再测量待测溶液的吸光度，即可得出待测液的浓度。

四、仪器与试剂

1. 尼龙-6 纤维膜的制备及表征所需试剂和仪器

尼龙-6($M_n \geqslant 15000, M_w \geqslant 30000$)，甲酸，去离子水。

高压静电纺丝机(FM-1206)，磁力搅拌器，电子天平，带盖玻璃瓶，量筒，直尺(20 cm)，真空干燥箱，傅立叶红外光谱，扫描电子显微镜。

2. 有色染料吸附实验所需试剂与仪器

甲基橙(MO)，亚甲基蓝(MB)。

恒温水浴锅，电子天平，带盖玻璃瓶若干，紫外可见分光光度计(T6)。

五、实验步骤

1. 尼龙-6 纺丝液的配制

(1)用电子天平称取尼龙-6，用量筒量取甲酸，配制质量分数 wt% 为 15% 的纺丝前驱体溶液；

(2)将纺丝前液置于 80 ℃恒温水浴锅中，搅拌溶解得到均匀液体。

2. 静电纺丝法制备尼龙-6 纤维膜及表征

(1)将配制的尼龙-6 纺丝前液装入注射泵中，排出注射器内的空气；

(2)设置电压为 25 kV，喷丝头距离滚筒接收器的距离为 20 cm，纺丝液的推进速度为 0.020 mm/s 进行纺丝，得到纤维膜；

(3)用去离子水洗涤所得的尼龙-6 纤维膜，并置于真空干燥箱内干燥，以彻底除去甲酸

溶剂;

（4）利用傅立叶红外光谱和扫描电子显微镜表征所得纤维膜的结构和形貌。

3. 有机染料的吸附

（1）用电子天平称取 20 mg 干燥的尼龙-6 纤维膜 2 份,备用;

（2）分别配制 5 mg/L 的阴离子染料甲基橙和阳离子染料亚甲基蓝水溶液,并量取 50 mL;

（3）将 20 mg 尼龙-6 纤维膜分别投入 50 mL 甲基橙和亚甲基蓝溶液中,调控吸附液的 pH 值,在 0.5 h、1 h、2 h、4 h 时间点下各取 5 mL 吸附后的溶液于离心管中待测;

（4）用紫外可见分光光度计测试吸光度计算不同时间点吸附后染料浓度。

六、实验报告提纲

1. 实验目的

2. 知识背景

（1）静电纺丝技术文献综述;

（2）静电纺丝法制备尼龙 6 纤维膜原理和实验设计。

注:列出参考文献 8～10 篇。

3. 实验内容及数据记录

（1）实验方案(包括所用仪器设备及型号等);

（2）实验步骤及现象;

（3）数据记录(单独用记录纸,教师签字)(见表 18-1)。

表 18-1　实验数据记录样表

时间	MO(吸光度,浓度)	MB(吸光度,浓度)
0 h		
0.5 h		
1 h		
2 h		
4 h		

4. 结果与讨论

（1）制备得到尼龙-6 纤维膜的 SEM 和 FTIR 表征;

（2）用 origin 软件绘制尼龙-6 纤维膜对亚甲基蓝和甲基橙吸附动力学曲线;

（3）对比电纺制备得到的尼龙-6 纤维膜对亚甲基蓝和甲基橙的吸附效果

（4）重点讨论内容:

① 尼龙-6 纤维膜的形貌特征和功能基团的特征红外光谱;

② 从分子结构入手,讨论尼龙-6 纤维膜对有机染料吸附的机理,解释其对两种不同染料分子吸附性能的差异和 pH 值的影响。

注:讨论部分应另外列出参考文献 8～10 篇。

5. *产品使用前景和可持续性评估*

注:高效并合理地评价高分子纤维膜对社会的周期效益及隐患。

七、注意事项

1. 在纺丝液配制过程中,需要借助水浴的辅助使其溶解;
2. 有机溶剂易挥发,因此在配制尼龙-6纺丝液时,应注意在通风橱内进行;
3. 电纺制得尼龙-6纤维后,应当先用乙醇洗涤,再用去离子水洗涤以除去甲酸;
4. 实验过程中需要保证玻璃罩关闭以防触电。

八、参考文献

［1］Chen X,Yang T,Lei J,et al. Clustering - triggered emission and luminescence regulation by molecular arrangement of nonaromatic polyamide - 6［J］. The Journal of Physical Chemistry B,2020,124(20),8928 - 8936.

［2］Zagar E,Cesarek U,Drincic A,et al. Quantitative determination of PA6 and/or PA66 content in polyamide - containing wastes［J］. ACS Sustainable Chemistry & Engineering,2020,8(31),11818 - 11826.

［3］Yan S,Yu Y,Ma R,et al. The formation of ultrafine polyamide 6 nanofiber membranes with needleless electrospinning for air filtration［J］. Polymers for Advanced Technologies,2019,30(7),1635 - 1643.

实验 19　PS 多孔纤维膜的电纺制备及其吸油性能研究

一、实验设计思路

随着社会的快速发展,工业和生活的油污污染给水生生态系统带来了严重的破坏。考虑到可重复使用性能,设计具有特殊润湿性的吸附膜对于从含油废水中高效分离油水起着关键作用。用于油水分离的吸附材料包括无机矿物材料和天然/合成有机材料,其中合成高分子纤维由于亲疏水性可控、制造简单、成本低等优势而脱颖而出,尤其是比表面积大的多孔纤维,可以提高吸附油的效率和容量。聚苯乙烯(PS)因其良好的机械性能、化学稳定性和水稳定性,被认为是最重要的工程材料之一。更重要的是,PS 具有疏水亲油性,特别适用于油水分离。

静电纺丝是一种方便通用的方法,通过聚合物溶液性质、加工参数及环境湿度的调控,可以直接生产出具有高表面积的连续纤维,而且赋予了纤维本身多孔结构,如表面凸起、褶皱、孔洞以及内部孔隙等,大幅度提高了纤维的比表面积和孔体积,从而使其具有传统纤维所不具备的结构特征。本实验使用 DMSO 和 THF 作为溶剂对 PS 进行静电纺丝,通过调节纺丝溶液中两种溶剂的体积比改变纤维的微观形态,借助扫描电子显微镜和接触角测量等表征手段了解相分离机制对 PS 纤维多孔结构的影响。实验包括聚合物与溶剂选定,纺丝参数设定及表征,亲水性测试,以及油水分离测试四个方面。涉及有机化学,高分子化学和物理化学方面知识。具体思路如图 19-1 所示:

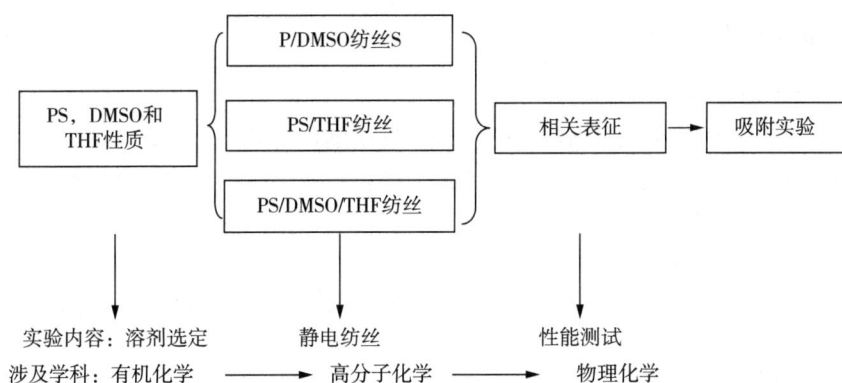

图 19-1　PS 多孔纤维膜的电纺制备及其吸油性能设计思路

二、实验目的

1. 通过查阅文献,充分认识 PS、DMSO 和 THF 的物理化学性质以及相分离原理在静电纺丝技术中的应用,掌握 PS 纳米纤维的静电纺丝制备工艺和参数;

2. 掌握高压静电纺丝技术,学会使用静电纺丝机,了解静电纺丝参数变化对纺丝结果的影响,并能针对出现的问题作出正确的措施;

3. 通过扫描电镜表征,掌握不同溶剂体积比配比下纺得的纤维微观结构;

4. 通过接触角测量仪的使用,观察不同 PS 纤维样品与水的接触效果,了解表面基团和多孔结构对纤维表面湿润性能的影响。

三、实验原理

静电纺丝是一种特殊的纤维制造工艺,即聚合物溶液或熔体在强电场中进行喷射纺丝。在电场作用下,针头处的液滴会由球形变为圆锥形(即"泰勒锥"),当溶液所受到的电场力大于表面张力,则溶液会从圆锥尖端喷出形成细流并得到纤维细丝。这种方式可以生产出纳米级直径的聚合物纤维。

电纺纤维的一个独特的特性是其高孔隙率,然而这种"多孔电纺膜"通常指相互连通的纤维网之间自然形成的空隙,在纤维表面形成多孔结构可以进一步提高纤维膜的孔隙率和比表面。已经有许多报道使用静电纺丝制备多孔纤维膜,比如在电纺过程中加入氯化钠(NaCl)和碳酸钙($CaCO_3$)颗粒,再分别用去离子水和盐酸(HCl)浸出后可用于生产多孔 PCL 纤维;将水溶性 PVP 与其他非水溶性聚合物混合电纺后水洗去除 PVP 可以得到多孔 PS、PAN 和 PVDF 等。然而这种去除牺牲组分的方法操作复杂且孔隙不均匀。基于相分离原理可以一步制备多孔聚合物纤维,在聚合物溶液中混合适量的不良溶剂,在静电纺丝之前不会引起相分离。在随后的纺丝固化过程中,由于溶剂和非溶剂之间的挥发性不同使溶液并落入相分离区域,并形成多孔结构。因此,本实验通过将 PS 溶于 DMSO/THF 混合溶剂中电纺,采用扫描电子显微镜、接触角测量等表征手段探究相分离过程对所得到纤维微观结构和表面亲疏水性能的影响。揭示纤维的多孔结构形成机理及调控机制,并将获得的纤维应用于油水分离,探讨了纤维吸油机理与过程,研究了纤维结构与吸油性能之间的关系。

四、实验仪器与试剂

1. 静电纺丝制备纳米纤维的试剂与仪器

PS($M_w = 280000$),二甲基亚砜(DMSO),四氢呋喃(THF),去离子水。

磁力搅拌器一个,静电纺丝机一台,恒温干燥箱一个,电子天平一个,带盖玻璃瓶若干个,量筒一个。

2. 纤维膜表征所用仪器

扫描电子纤维镜一台,微量进样器一个,接触角测量仪一台(CHD-JCJ180)。

五、实验步骤

1. PS/DMSO/THF 纺丝液的配制

(1)称取 1 g 的 PS 加入带盖玻璃瓶中,向其中加入 10.1 mL 的四氢呋喃,搅拌 8 h 直至溶解完全;

(2)按照 DMSO∶THF 体积比为 1∶9,2∶8,3∶7 的比例配制多组相同 PS 质量分数的纺丝液;

2. PS/DMSO/THF 的静电纺丝

(1)将配制的聚合物纺丝液装入微量注射泵,并固定在静电纺丝机上;

(2)设置电压为 20 kV,接收距离为 20 cm,纺丝液推进速度 0.01 mm/s,进行纺丝。具体要依据纺丝情况设置电压,接收距离和推进速度;

(3)将纺得的纤维用乙醇和离子水分别洗涤,洗涤干净后置于真空干燥箱内干燥。

3. PS 多孔纤维膜扫描电镜测试

采用场发射扫描电子纤维镜(SEM)测试不同 PS 多孔纤维膜的表面,并讨论溶剂/非溶剂的比例对表面接触角的影响。

4. PS 多孔纤维膜接触角测量实验

(1)将不同溶剂比的 PS 多孔纤维膜剪成同样大小备用;

(2)每个比例的多孔纤维膜取三个不同地方测量接触角,取平均值。

5. PS 多孔纤维膜的吸附实验

(1)称取 20 mg 的多孔纤维膜样品浸入含有 10 g 46♯机油的 100 mL 水中;

(2)分别在吸附 10 s、30 s、1 min、2 min、5 min 时刻使用镊子轻轻夹出纤维膜,在空气中悬挂 1 min 使质量稳定并称重。

(3)计算 PS 多孔纤维膜吸油能力 Q_t(g/g),重复所有实验 3 次以控制再现性。

$$Q_t = \frac{m_t - m_0}{m_0} \tag{19-1}$$

其中,m_t——纤维膜吸附 t 时刻后的质量;

　m_0——纤维膜初始重量。

六、实验报告提纲

1. 目的

2. 知识背景

(1)静电纺丝技术文献综述;

(2)相分离制备 PS 多孔纤维膜原理。

注:列出参考文献 8~10 篇。

3. 实验内容及数据记录

(1)实验方案(包括所用仪器设备及型号等);

(2)实验步骤及现象;

(3)数据记录(单独用记录纸,教师签字,见表 19-1)。

表 19-1　实验数据记录样表

样品名	水滴接触角 θ/°
样品 1	
样品 2	
样品 3	
样品 4	

表 19 - 2　实验数据记录样表

时间	样品 1 Q_t (g/g)	样品 2 Q_t (g/g)	样品 3 Q_t (g/g)	样品 4 Q_t (g/g)
$t=0$ s				
$t=10$ s				
$t=30$ s				
$t=60$ s				
$t=120$ s				
$t=300$ s				

4．结果与讨论

（1）不同溶剂体积配比的 PS 纺丝液，对电纺后纤维表面微观形貌的影响；

（2）不同溶剂体积配比的 PS 纺丝液，对电纺后纤维表面亲/疏水性的影响；

（3）不同溶剂体积配比的 PS 多孔纤维膜对油水分离过程中吸附能力的影响；

（4）用 origin 软件绘制不同溶剂体积配比的 PS 多孔纤维膜表面湿润性变化趋势的柱状图和对机油的吸附动力学；

（5）重点讨论内容：

除了以上参数外，还有哪些参数影响着纤维表面的孔结构；纤维表面的微观形态和孔结构如何影响接触角和对油的吸附能力。

注：讨论部分应另外列出参考文献 8～10 篇。

5．产品使用前景和可持续性评估（高效并合理地评价高分子纤维膜对社会的周期效益及隐患）

七、注意事项

1．做实验前做好预习工作，对所用到仪器的使用方法及试剂的物理化学性质要了解。

2．实验过程中注意仔细观察，尤其是纤维纺丝的现象，在纺丝机工作期间可能会出现喷丝头有液滴滴落现象，解释其原因并作出对应的解决措施。

3．由于静电纺丝是在高电压的环境下完成，因此在纺丝过程中，注意电纺的电压，切记关闭纺丝机的玻璃罩，确保安全实验。

4．聚苯乙烯是溶解在二甲基亚砜和四氢呋喃中制成纺丝液，而在电纺过程中，由于二甲基亚砜沸点很高，不容易挥发完全。因此，为得到纯净的 PS 纳米纤维，在电纺结束后需要洗涤纤维以除去多余的溶剂。

5．在进行接触角测量实验时，注意保护镜头和注射器，操作过程需小心谨慎，为了接触角测量实验的准确性，纤维膜一定要铺平，同一个比例的纤维膜要取不同地方的点测量后取平均值。

6．参考文献格式统一按照作者，题名，刊名，年，卷（期），始末页码的格式列出。

八、参考文献

［1］ Wang J C，Lou H，Cui Z H，et al. Fabrication of porous polyacrylamide ／ polystyrene fibrous membranes for efficient oil－water separation［J］. Separation and Purification Technology,2019,222(1),278－283.

［2］ Chen P，Tung S. One step electrospinning to produce nonsolvent－induced macroporous fibers with ultrahigh oil adsorption capability［J］. Macromolecules,2017,50 (6):2528－2534.

实验 20　苯丙乳液的合成及性能测试

一、实验设计思路

利用苯乙烯、甲基丙烯酸甲酯、丙烯酸丁酯、丙烯酸为单体,以过硫酸钾为引发剂,阴离子型十二烷基硫酸钠和非离子型 OP-10 为混合乳化剂,通过聚合工艺的控制,实现苯丙乳液的制备,对产物后处理并进行相关性能测试。

二、实验目的

1. 了解自由基共聚合反应;
2. 掌握乳液聚合的一般原理和合成方法;
3. 掌握乳液聚合的预乳化法制备工艺;
4. 掌握乳液稳定性的测试方法及相关操作。

三、实验原理

苯丙乳液是苯乙烯、丙烯酸酯类、丙烯酸类的多元共聚物的简称,是一大类容易制备、性能优良、应用广泛且符合环保要求的聚合物乳液。

单体是形成聚合物的基础,决定着其乳液产品的物理化学及机械性能。合成苯丙乳液的共聚单体中,苯乙烯、甲基丙烯酸甲酯等为硬单体,赋予乳胶膜内聚力而使其具有一定的硬度耐磨性和结构强度;丙烯酸丁酯、丙烯酸乙酯等为软单体,赋予乳胶膜一定的柔韧性和耐久性。丙烯酸为功能性单体,可提高附着力、润湿性和乳液稳定性,并赋予乳液一定的反应特性,如亲水性、交联性等。除了丙烯酸以外,功能性单体还有丙烯酰胺、N-羟甲基丙烯酰胺、丙烯腈等。

单体的组成,特别是硬单体与软单体的比例,会使苯丙乳液的许多性能发生变化。其中最重要的是乳胶膜硬度和乳液的最低成膜温度会产生显著变化。共聚单体的组成与所得共聚物的玻璃化温度 T_g 之间的关系如式(20-1)所示:

$$\frac{1}{T_g} = \frac{\omega_1}{T_{g1}} + \frac{\omega_2}{T_{g2}} + \cdots + \frac{\omega_i}{T_{gi}} \tag{20-1}$$

式中:ω_i——共聚物中各单体的质量分数;

T_g——共聚物玻璃化温度(K);

T_{gi}——共聚物中各单体对应均聚物的玻璃化温度。

共聚物的玻璃化温度 T_g 越高,膜越硬;反之,共聚物的玻璃化温度 T_g 越低,膜越软。调节苯丙乳液共聚单体的种类及它们之间的比例,可合成具有不同玻璃化温度 T_g 的乳液。苯丙乳液作为一类重要的中间产品或原料,可用作水性防锈涂料、荧光材料、水性上光油、建筑涂料、纸张黏合剂等,用途非常广泛。

本实验用苯乙烯、甲基丙烯酸甲酯、丙烯酸丁酯、丙烯酸进行四元乳液共聚,合成苯丙乳液。聚合引发剂为过硫酸钾,采用阴离子型十二烷基硫酸钠和非离子型 OP-10 的混合乳化剂,碳酸氢钠为 pH 调节剂,聚合工艺采用单体预乳化法,并连续滴加预乳化单体和引发剂溶液。

四、仪器与药品

1. 仪器

四颈烧瓶(250 mL)、圆底烧瓶(500 mL)、恒压滴液漏斗、Y 型管、温度计、球形冷凝管、锥形瓶、烧杯(50 mL、100 mL、250 mL)、培养皿、电动搅拌器、恒温浴、分析天平、烘箱、冰箱、红外光谱仪。

2. 药品

苯乙烯、甲基丙烯酸甲酯、丙烯酸丁酯、丙烯酸、OP-10、十二烷基硫酸钠、碳酸氢钠、过硫酸钾、氨水、对苯二酚、氯化钙。

五、实验步骤

1. 单体预乳化

在 500 mL 圆底烧瓶中,加入 100 mL 去离子水,1.5 g 碳酸氢钠,3.4 g 十二烷基硫酸钠,3.4 g OP-10,搅拌溶解后再依次加入 2.7 g(2.8 mL)丙烯酸,12.7 g(13.2 mL)甲基丙烯酸甲酯、27.5 g(31.1 mL)丙烯酸丁酯、28.3 g(31.4 mL)苯乙烯,室温下搅拌 30 min。

2. 聚合

称取 1.5 g 过硫酸钾,置于锥形瓶中,用 30 mL 水溶解配制引发剂溶液,置于冰箱中备用。

在图 20-1 所示的聚合反应装置中,加入 40 mL 单体预乳化液,搅拌并升温至 78 ℃,滴加 8 mL 引发剂溶液,约 20 min 滴完。然后同时分别滴加剩余的单体预乳化液和 14 mL 引发剂溶液,2.5 h 内滴加完毕。再在 30 min 内滴完剩余的 8 mL 引发剂溶液。缓慢升温至 90 ℃,熟化 1 h,冷却反应液温度至 60 ℃,加氨水调节 pH 至 8,出料。

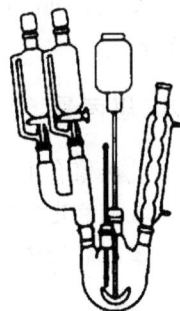

图 20-1 苯丙乳液聚合反应装置

3. 性能测定

(1)固含量测定

称取少量苯丙乳液(约 2 g)于培养皿中,再加入微量阻聚剂对苯二酚,置于 20 ℃烘箱中,干燥 2 h,取出冷却后再称重(精确至 0.001 g),计算固含量。

$$固含量 = \frac{干燥后乳液质量}{干燥前乳液质量} \times 100\% \tag{20-2}$$

(2)凝胶率测定

将制备的苯丙乳液过滤,残余物置于烘箱中烘干称重,则凝胶率为:

$$凝胶率 = \frac{凝胶物质量}{单体总质量} \times 100\% \qquad (20-3)$$

(3)化学稳定性测定

在 20 mL 刻度试管中,加入 16 mL 苯丙乳液,再加 4 mL 5‰ CaCl₂ 溶液,摇匀,静置 48 h,观察是否出现沉淀或分层等不稳定现象。若不出现凝胶,且无分层现象,则化学稳定性合格。若有分层现象,量取上层清液和下层沉淀高度,清液和沉淀高度越高,则钙离子稳定性越差。

(4)放置稳定性测定

在试剂瓶中倒入约 10 mL 苯丙乳液,置于 50 ℃ 烘箱中恒温放置 1~4 周,观察乳液是否有沉淀或分层等不稳定现象。

4. 结构表征

聚合物经四氢呋喃溶解后,采用涂膜法进行红外光谱测定,指出聚苯乙烯、聚甲基丙烯酸甲酯、聚丙烯酸丁酯的特征吸收峰。本实验约需 8 h。

六、实验报告提纲

参照实验 1,实验报告中着重讨论:

1. 该体系乳液共聚中涉及的各组分的主要作用,以及实验过程中的具体操作;

2. 聚合工艺对目标产物结构与性能的影响以及影响机理。

七、注意事项

1. 实验前做好预习工作,对实验过程中涉及的聚合反应原理有清楚的认识;

2. 材料测试过程中需对材料性能表征方法及仪器设备的使用有全面的了解;

3. Y 型管同时接上两只恒压滴液漏斗,一只用于滴加单体预乳化液,另一只用于滴加引发剂溶液。

八、思考题

1. 乳液聚合中单体为什么采用滴加方式?

2. 乳液稳定性的影响因素有哪些? 如何控制?

3. 苯丙乳液中各组分的作用是什么?

九、参考文献

[1] 段红军,肖新颜. 纳米 TiO₂/含氟苯丙乳液的制备及性能研究[J]. 新型建筑材料,2011,38(1):43-47.

[2] Zhong Z, Yu Q, Yao H. Study of the styrene-acrylic emulsion modified by hydroxyl-phosphate ester and its stoving varnish[J]. Progress in Organic Coatings,2013,76(5):858-862.

[3] Alam M M,Peng H,Jack K S,et al. Reactivity Ratios and Sequence Distribution Characterization by Quantitative 13C NMR for RAFT Synthesis of Styrene – Acrylonitrile Copolymers[J].Journal of Polymer Science Part A：Polymer Chemistry,2017,55(5)：919 – 927.

[4] 黄嗣桐,何冰,李涵.苯丙乳液的制备及其对纸张施胶研究[J].广东化工,2018,45(20):24 – 26.

[5] 白鑫,白龙,张霄,等.单组分核壳型苯丙乳液制备及其木材黏接性能研究[J].中国胶黏剂,2018,27(09):28 – 32.

实验 21 醋酸乙烯酯乳液聚合——白乳胶的制备

一、实验设计思路

醋酸乙烯酯的乳液聚合产物白乳胶是一种重要的高分子材料,其乳胶粒粒径以及乳液稳定性是影响产物性能的重要因素。本实验根据种子乳液聚合原理,以醋酸乙烯酯为单体,采用非离子型乳化剂聚乙烯醇及助乳化剂 OP-10,通过对其合成工艺及条件的控制,制备出目标产物白乳胶,并进一步研究乳液的性质及各物理化学参数的表征方法。

二、实验目的

1. 掌握醋酸乙烯酯白胶乳的制备方法及用途;
2. 了解乳液的性质及表征方法。

三、实验原理

醋酸乙烯酯(VAc)乳液聚合产物——白胶乳,可用于漆、涂料和胶黏剂。该胶乳作为漆,具有水基漆的特点:黏度小,不用有机溶剂;作为涂料,对于纸张、织物、地板及墙壁等均可涂用;作为胶黏剂,无论木材纸张及织物,凡是多孔性表面均可使用。因此,聚醋酸乙烯酯胶乳是很重要的高分子材料。

醋酸乙烯酯的乳液聚合机理与一般乳液聚合相同。采用水溶性的过硫酸盐为引发剂,为使反应平稳进行,单体和引发剂均需分批加入。乳液聚合常用的乳化剂有阳离子型、阴离子型和非离子型。阳离子型乳化剂能力差,且影响引发剂分解。阴离子型乳化剂在碱性溶液中稳定,但本实验反应后乳液略带酸性,故不适用。非离子型乳化剂形成的乳胶粒粒径较大,不利于长期稳定。因此本实验采用非离子型乳化剂聚乙烯醇(PVA),为了增加乳化效果,OP-10作助乳化剂;为了提高乳液的稳定性,加入少量十二烷基磺酸钠。

本实验采用种子乳液聚合方法,即将单体、引发剂等分两步加入,第一步加入少许单体、引发剂和乳化剂进行预聚合,生成粒径很小的乳胶粒,即种子。第二步均匀滴入单体和引发剂,可避免产生大量聚合热,有利于反应平衡进行。

四、仪器与药品

1. 仪器

四颈烧瓶(250 mL)、滴液漏斗(125 mL)、球形冷凝管、移液管(1 mL、10 mL)、烧杯(100 mL、250 mL)、量筒(25 mL、50 mL)、温度计(100 ℃)、加热装置、搅拌装置、水浴锅。

2. 药品

醋酸乙烯酯(精制)、聚乙烯醇、过硫酸钾、去离子水、OP-10、十二烷基磺酸钠、氢氧化钠、邻苯二甲酸二丁酯。

五、实验步骤

1. 乳化剂的制备

在装有搅拌器、球形冷凝管、恒压滴液漏斗和温度计的 250 mL 四颈烧瓶中,加入 40 mL 去离子水、5 g 聚乙烯醇及 1 mL 10％的氢氧化钠溶液(用移液管吸取),开始搅拌,水浴加热,升温至 90 ℃左右,使 PVA 溶解,当 PVA 溶解后,将体系冷却至 75～78 ℃。

2. 引发剂溶液的配制

称取过硫酸钾 0.4000～0.4500 g,放入洁净干燥的 100 mL 烧杯中,用移液管准确吸取去离子水 40～45 mL,使引发剂溶液的浓度为 10 mg $K_2S_2O_8$/1 mL H_2O,溶解后备用。

3. 白乳胶的制备

在上述四口瓶中加入 1 g 十二烷基磺酸钠和 0.5 g OP‐10,搅拌溶解后,加入 10 mL 醋酸乙烯酯、15 mL 过硫酸钾溶液,加热回流 0.5 h,保持反应温度为 75～78 ℃。40 mL 醋酸乙酸酯逐滴加入反应瓶中(滴加速度为 1 滴/秒)。单体滴加完毕,再加入 15 mL 过硫酸钾溶液,然后缓慢升温至 90 ℃(控制升温速率为 1 ℃/3min),反应 0.5 h,聚合完毕。将体系冷却至 50 ℃,加入 3 g 邻苯二甲酸二丁酯,搅拌 5～15 min,充分混合后,停止搅拌,出料(pH＝4～6),得到白色黏稠的、均匀而无明显粒子的白乳胶,可稀释使用。

4. 乳液性能测定

(1)固含量的测定

取 2 g 乳浊液(精确到 0.002 g)置于已烘至恒重的玻璃表面皿上,于 100 ℃烘箱中,烘至恒重,计算固含量(约 4 h)。

$$固含量 = \frac{干燥后样品质量}{干燥前样品质量} \times 100\% \tag{21-1}$$

(2)转化率的测定

$$转化率 = \frac{固含量 \times 产品质量 - 聚乙烯醇质量}{单体质量} \times 100\% \tag{21-2}$$

(3)pH 测定

用 pH 试纸测试乳液的 pH。

(4)黏度测定

用 NDJ‐79 旋转黏度计测定乳液黏度。选用 1 号转子,测试温度为 25 ℃。本实验约需 8 h。

六、实验报告提纲

参照实验 1,实验报告中着重讨论:

1. 该种子乳液聚合体系中各组分的主要作用及其作用机理;
2. 白乳胶制备过程中的工艺条件的准确控制对白乳胶性能的影响。

七、注意事项

1. 实验前做好预习工作,对实验过程中涉及的有机化学反应有清楚的认识;

2. 材料测试过程中需对材料性能表征方法及仪器设备的使用有全面的了解;

3. 醋酸乙烯酯单体必须是新蒸馏过的,因醛类和酸类有显著的阻聚作用,聚合物的相对分子质量增大,使聚合反应复杂化;

4. 严格控制滴加速度,如果初始阶段满加过快,乳液中出现块状物,导致实验失败。

八、思考题

1. 以过硫酸盐作为引发剂进行乳液聚合时,为什么要控制乳液的 pH? 如何控制?

2. 在实验操作中,单体为什么要分批加入?

3. PVA 所起的作用是什么? 其用量是否越多越好?

九、参考文献

[1] 刘天水,熊国宣,邓雪萍. 聚合物乳液固化方法与性能间关系的研究[J]. 化工新型材料,2011,39(8):92-102.

[2] 陈红瑞,刘平,李华宁,等. 降低水性涂料成膜温度方法探讨[J]. 天津科技,2014,41(6):12-13.

[3] Li Y P,Deng J G,Zhang J H. A new-style poly(vinyl alcohol)gel prepared by automatic hydrolysis of poly(vinyl acetate)emulsion[J]. Journal of Applied Polymer Science,2018,135(47):25-30.

[4] Guan Y,Li J J,Shao L S,et al. Controlled synthesis of poly(vinyl acetate)by traditional radical emulsion polymerization[J]. Polymer International,2016,65(12):35-41.

[5] 匡佳,崔一鸣,于广明,等. 反应性乳化剂在聚醋酸乙烯乳液中的应用研究[J]. 广东化工,2016,43(11):8-9.

实验 22　木材黏结用环保型脲醛树脂的合成及胶合性能的测定

一、实验设计思路

本实验基于经典的尿素与甲醛经加成聚合反应制备热固性脲醛树脂的原理,通过降低甲醛与尿素的物质的量的比,并添加三聚氰胺来降低脲醛树脂中甲醛的释放量,实现环保型脲醛树脂的合成与制备,并进一步对该脲醛树脂的胶合性能进行测试与评价。

二、实验目的

1. 理解逐步加成的反应机理,掌握环保型脲醛树脂的合成方法和胶合实验;
2. 掌握平板硫化机和电子万能试验机的使用方法;
3. 掌握木材胶黏剂用树脂胶合强度的测定方法。

三、实验原理

随着木材加工行业的迅速发展,人们对木材工业用胶黏剂的需求量也大大增加。脲醛树脂胶黏剂(UF)、酚醛树脂胶黏剂(PF)、密胺树脂胶黏剂(MF)因原料充足、价格低廉而被广泛运用于木材加工行业中。其中脲醛树脂胶合强度高、固化快、操作性好,是用量最大的一种胶黏剂,约占 80% 以上。但脲醛树脂黏合剂的突出缺点之一是游离甲醛含量高,在加工过程中释放出刺激性有毒气体,危害健康,污染环境。因此,研究环保型脲醛树脂的合成及木材胶合试验具有非常重要的现实意义。本实验通过降低甲醛和尿素的物质的量的比(F/U),并添加三聚氰胺改性剂来降低脲醛树脂甲醛的释放量。

脲醛树脂是由尿素与甲醛经加成聚合反应制得的热固性树脂,主要分为两个阶段,第一个阶段羟甲基脲生成,为加成反应阶段;第二阶段树脂化,为缩聚反应阶段。

1. 加成反应阶段

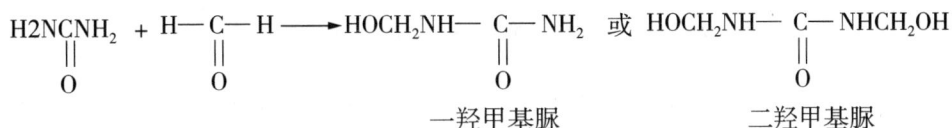

$$H_2NCNH_2 + H-C-H \longrightarrow HOCH_2NH-C-NH_2 \ \text{或}\ HOCH_2NH-C-NHCH_2OH$$

一羟甲基脲　　　　　　二羟甲基脲

尿素与甲醛在中性或弱碱性介质(pH7~8)中进行羟基化反应。当甲醛与尿素的物质的量的比(F/U)≤1时生成稳定的一羟甲基脲;然后再与甲醛反应生成二羟甲基脲;还可以生成少量的三羟甲基脲、四羟甲基脲,但是到目前为止,还未分离出四羟甲基脲。

2. 缩聚反应阶段

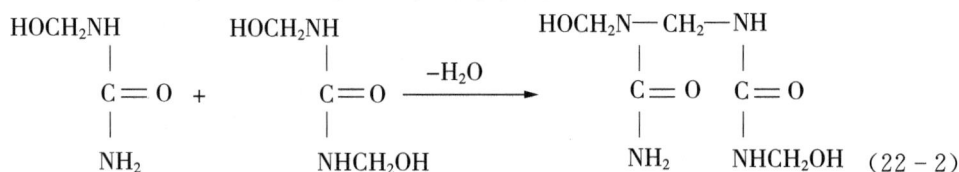

$$\begin{array}{c}
\text{HOCH}_2\text{NH} \quad\quad\quad \text{HOCH}_2\text{NH} \\
| \quad\quad\quad\quad\quad\quad | \\
\text{C}{=}\text{O} \ + \ \text{C}{=}\text{O} \ \xrightarrow{-\text{H}_2\text{O}} \\
| \quad\quad\quad\quad\quad\quad | \\
\text{NH}_2 \quad\quad\quad\quad \text{NHCH}_2\text{OH}
\end{array}
\quad
\begin{array}{c}
\text{HOCH}_2\text{N}{-}\text{CH}_2{-}\text{NH} \\
| \quad\quad\quad\quad | \\
\text{C}{=}\text{O} \quad \text{C}{=}\text{O} \\
| \quad\quad\quad\quad | \\
\text{NH}_2 \quad\quad \text{NHCH}_2\text{OH}
\end{array}
\quad (22-2)$$

也可以早羟甲基与羟甲基间脱水缩合:

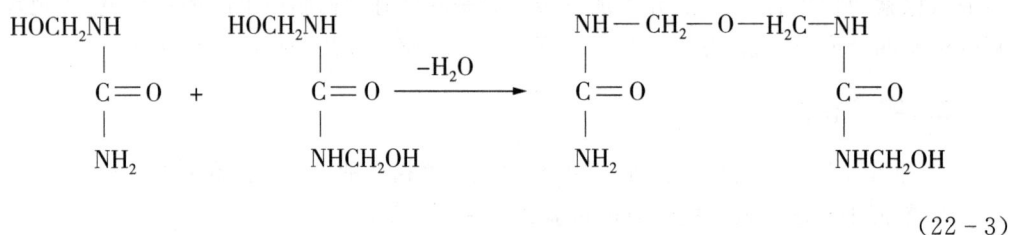

$$\begin{array}{c}
\text{HOCH}_2\text{NH} \quad\quad\quad \text{HOCH}_2\text{NH} \\
| \quad\quad\quad\quad\quad\quad | \\
\text{C}{=}\text{O} \ + \ \text{C}{=}\text{O} \ \xrightarrow{-\text{H}_2\text{O}} \\
| \quad\quad\quad\quad\quad\quad | \\
\text{NH}_2 \quad\quad\quad\quad \text{NHCH}_2\text{OH}
\end{array}
\quad
\begin{array}{c}
\text{NH}{-}\text{CH}_2{-}\text{O}{-}\text{H}_2\text{C}{-}\text{NH} \\
| \quad\quad\quad\quad\quad\quad | \\
\text{C}{=}\text{O} \quad\quad\quad \text{C}{=}\text{O} \\
| \quad\quad\quad\quad\quad\quad | \\
\text{NH}_2 \quad\quad\quad\quad \text{NHCH}_2\text{OH}
\end{array}$$

$$(22-3)$$

此外,还有甲醛与亚氨基间的缩合,均可生成低相对分子质量的线型和低交联度的脲醛树脂:

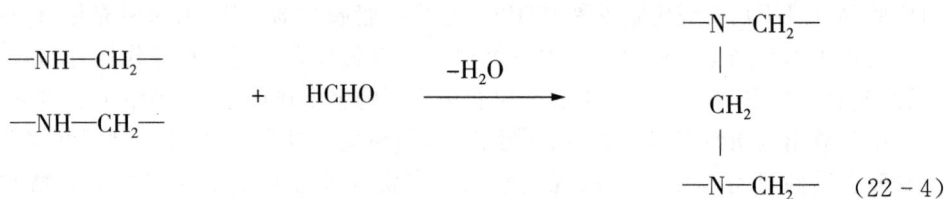

$$\begin{array}{c}
{-}\text{NH}{-}\text{CH}_2{-} \\
\\
{-}\text{NH}{-}\text{CH}_2{-}
\end{array}
\ + \ \text{HCHO} \ \xrightarrow{-\text{H}_2\text{O}} \
\begin{array}{c}
{-}\text{N}{-}\text{CH}_2{-} \\
| \\
\text{CH}_2 \\
| \\
{-}\text{N}{-}\text{CH}_2{-}
\end{array}
\quad (22-4)$$

脲醛树脂的结构尚未完全确定,可认为其分子主链上还有以下结构:

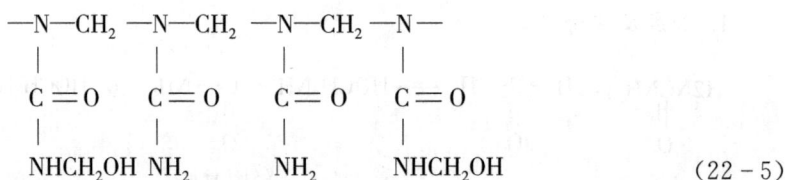

$$\begin{array}{c}
{-}\text{N}{-}\text{CH}_2{-}\text{N}{-}\text{CH}_2{-}\text{N}{-}\text{CH}_2{-}\text{N}{-} \\
| \quad\quad\quad | \quad\quad\quad | \quad\quad\quad | \\
\text{C}{=}\text{O} \quad \text{C}{=}\text{O} \quad \text{C}{=}\text{O} \quad \text{C}{=}\text{O} \\
| \quad\quad\quad | \quad\quad\quad | \quad\quad\quad | \\
\text{NHCH}_2\text{OH} \ \text{NH}_2 \quad\quad \text{NH}_2 \quad\quad \text{NHCH}_2\text{OH}
\end{array}
\quad (22-5)$$

上述中间产物中含有易溶于水的羟甲基,可做胶黏剂使用,当进一步加热,或者在固化剂作用下,羟甲基与氨基进一步缩合交联成复杂的网状体型结构。

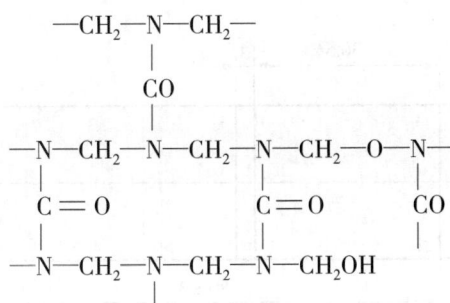

$$—CH_2—N—CH_2—$$

（结构式）

$$(22-6)$$

四、仪器与药品

1. 仪器

电动搅拌器、水浴锅、三颈烧瓶（250 mL）、球形冷凝管、温度计、木板、游标卡尺、电子万能试验机、平板硫化机等。

2. 药品

甲醛、尿素、氢氧化钠、甲酸、三聚氰胺、氯化铵等。

五、实验步骤

1. 量取甲醛水溶液 37 mL，加入带有搅拌器、温度计、球形冷凝管的 250 mL 三颈烧瓶中，开动搅拌器，同时用水浴缓慢加热，开始升温至 45～50 ℃，用 5% NaOH 溶液调节 pH 至 7.5～8.0（不能超过 8.0），再加入第一批尿素约 20 g，升温至 85～90 ℃，反应 40 min。

2. 加入第二批尿素约 2.5 g，反应 30 min，然后用 5% 甲酸溶液调节 pH 至 4.5～5.0，控制温度 85～90 ℃继续反应。此后不间断地用胶头滴管吸取少量脲醛胶液滴入冷水中，观察胶液在冷水中是否出现雾化现象。

3. 当出现雾化现象后，产生白色不溶颗粒物或悬浊时，用 5% NaOH 调节 pH 至 7.5～8.0 左右，加入第三批尿素约 2.5 g，然后降温至 6 ℃，再加入 0.25 g 三聚氰胺，继续反应约 30 min。

4. 迅速冷却至 35～40 ℃，用 5% NaOH 溶液调 pH 至 6.5～7.5，即可出料。

5. 在小烧杯内称取 100 g 树脂试样（精确到 0.1 g），加入 1 g 氯化铵（精确到 0.1 g），搅拌均匀，在试材的胶合面分别涂胶，涂胶量为 250 g/m²（单面）。然后将两片试材平行顺纹对合在一起；陈放时间：30 min；预压压力（1.0±0.1）MPa，预压时间：30 min；热压压力（1.0±0.1）MPa，热压温度：110 ℃，热压时间：1 min。

胶合后的试材按图 22-1 的规格锯切成试件。

6. 胶合强度的测定

（1）用游标卡尺测量试件胶接面的宽度与长度。

（2）将试件夹在带有活动夹头的拉力试验机上，放置试件时，应使其纵轴与试验机的活动夹头的轴线一致，并保持试件上下夹持部位与胶接部位距离相等。试验以 5880 N/M 的速度均匀加荷，直至试件破坏。读取最大破坏荷重，读数应精确至 5 N。

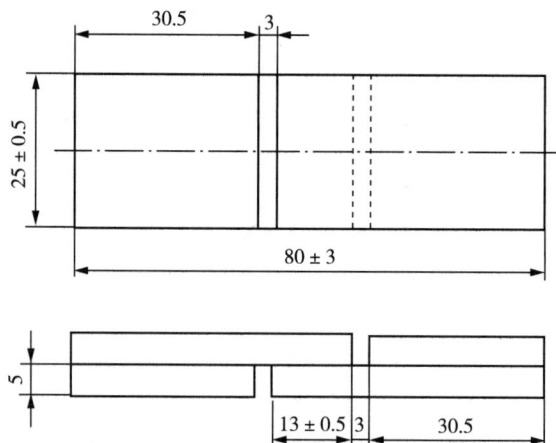

图 22-1　试件规格示意图

（3）胶合强度按下式计算：

$$\sigma = \frac{p}{a \cdot b} \qquad\qquad (22-6)$$

测定胶合强度的试件不应少于 3 个，取其平均值。

式中：σ——胶合强度，N/mm^2；

　　　p——试件破坏时的最大荷重，N；

　　　a,b——试件胶接面的长度和宽度，mm。

本方法约需 8 h。

六、实验报告提纲

参照实验 1，实验报告中着重讨论：

1. 脲醛树脂合成配方的设计以及各组分的作用；
2. 脲醛树脂的合成原理，以及各反应阶段的合成条件的确定与控制；
3. 脲醛树脂胶合性能测定的具体实验步骤。

七、注意事项

1. 实验前做好预习工作，对实验过程中涉及的逐步加成反应有清楚的认识；
2. 性能测试过程中所需仪器的操作方法以及使用安全事项；
3. 配制氢氧化钠和甲酸溶液的浓度不能太高，否则易导致 pH 变化太大，不易控制；
4. 调节 pH 时，速度定要缓慢，不宜过酸过碱。特别是在酸性阶段，过酸会发生暴聚，生成不溶性物质；
5. 注意控制温度，缩聚阶段反应放热，温度太高，反应过程不易控制，易出现凝胶现象；温度太低，反应时间加长，影响树脂的聚合度；
6. 脲醛树脂在碱性条件下可发生水解，温度越高，水解越严重，故在反应结束后，要迅速降温至 40 ℃以下。

八、思考题

1. 如何判断脲醛树脂合成反应的终点？
2. 使用脲醛树脂胶接时，为什么要加固化剂？常用的固化剂有哪些？
3. 为什么脲醛树脂具有黏结木、竹的能力？

九、参考文献

［1］Ayrilmis N，Lee Y K，Kwon J H. Formaldehyde emission and VOCs from LVLs produced with three grades of urea – formaldehyde resin modified with nanocellulose ［J］. Building and environment，2016，97(4)：82 – 87.

［2］沈介发，陈代祥，马晓明，等．固化体系对脲醛树脂黏接强度的影响［J］.中国胶黏剂，2018，27(2)：7 – 10.

［3］段红云．环保型脲醛树脂胶黏剂及甲醛控释研究［D］.北京：北京化工大学，2015.

［4］Qu P，Huang H，Wu G，Sun E. Hydrolyzed soy protein isolates modified urea – formaldehyde resins as adhesives and its biodegradability ［J］. Journal of Adhesion Science and Technology，2015，29(21)：2381 – 2398.

［5］Deepak T，Haripada B，Pramod K. Adsorption of CO_2 on KOH activated，N – enriched carbon derived from urea formaldehyde resin：kinetics，isotherm and thermodynamic studies ［J］. Applied Surface Science，2018，49(5)：760 – 771.

实验 23　异氰酸酯胶黏剂的制备与性能

一、实验设计思路

水性聚氨酯是一种以水代替有机溶剂作为分散介质的新型聚氨酯体系,作为一种绿色环保的聚氨酯材料,在涂料、胶黏剂、织物涂层与整理剂、皮革涂饰剂、纸张表面处理剂、纤维表面处理剂和灌浆材料等方面得到了广泛应用。

本实验制备水性高分子异氰酸酯胶黏剂,并对其性能进行了测试分析。

二、实验目的

1. 学习高分子胶黏剂的合成原理;
2. 研究异氰酸酯胶黏剂制备过程中的要点。

三、实验原理

异氰酸酯是一大类含有异氰酸酯基团(—N═C═O)的有机化合物,可与多元醇反应形成不同相对分子质量的聚合物,具有较好的渗透性和与木材的相溶性。异氰酸酯胶黏剂有时也称聚氨酯胶黏剂,一般是体系中含有相当数量的氨基甲酸酯基团及适量的异氰酸酯基团的一类胶黏剂,主要是以聚酯或聚醚多元醇与多异氰酸酯反应生成高分子化合物的反应为主,异氰酸酯基团与木材中的纤维素、木素、半纤维素和水在一定条件下生成氨基甲酸酯和取代的反应,是异氰酸酯类胶黏剂与木材胶接的基础反应。异氰酸酯胶黏剂由于具有无甲醛、施胶量少、胶接强度高等诸多优点,其使用量在木材工业中迅速增加,已经成为一种重要的木材工业胶黏剂。作为聚氨酯胶黏剂的早期产品,因含有极性很强、化学活性很高的异氰酸酯基团和氨基甲酸酯基团,它与含有活泼氢的材料,如泡沫塑料、木材、皮革、织物、纸张、陶瓷等多孔性材料和金属、玻璃、橡胶、塑料等表面光洁的材料都有着优良的界面化学黏合力;而聚氨酯基与被黏结材料之间还存在氢键作用,从而使黏接更加牢固。此外,聚氨酯胶黏剂还具有软硬段可调节性黏接工艺简便、极佳的耐低温性及优良的稳定性等特点,近年来已成为国内外发展最快的胶黏剂。

异氰酸酯胶黏剂在木材工业中的应用具有多方面的意义,国家实施"天然林保护工程"后,木材加工原料发生了根本性变化,速生材、小径木、劣质木、抚育间伐材将成为主要木材加工原料,同时麦秸、稻秸等农业剩余物将成为替代资源。甲醛系胶黏剂已不能完全满足这些材料的制备工艺。异氰酸酯胶黏剂具有很高的反应活性,将其用于木材加工,可以实现"以植代木、劣材优用、小材大用"。将异氰酸酯胶黏剂作为木材胶黏剂使用,可彻底解决游离甲醛与游离酚污染环境的问题,制得高强度、高耐水性的优质板材,可大幅度降低胶黏剂的用量、缩短热压周期、提高生产效率,尤其是对普通树脂胶黏剂难于胶接的农产品剩余物,如麦草、稻草、稻壳等具有良好的胶接性能。目前,异氰酸酯胶已在刨花板、复合板、层积材及人造板二次加工等生产中进行了工业性试验,结果表明,异氰酸酯胶黏剂具有多方面的优良性能,因此,它可以用在一般胶种不适用的地方。

四、实验仪器及试剂

1. 实验仪器

四口烧瓶,恒温水浴锅,搅拌器,球形冷凝管,温度计,恒压滴液漏斗,电子分析天平,KXCI-MW28 型超声波发生器,MHR-01 型微波发生器,T-20A 型万能实验机,NDJ-型旋转式黏度计,Pyrisl TGA 热分析仪,傅里叶变换红外光谱仪,核磁共振仪 Broker AV400MHz,Agilent Technologies6850N 反相气相色谱仪,酸式滴定管,移液管,磁力搅拌器,pH 测定仪,热压机,圆台锯等。

2. 主要试剂

聚乙酸乙烯酯-N-羟甲基丙烯酰胺(PVAc-NMA)乳液,土豆淀粉,乙酰淀粉,聚乙酸乙烯酯。

五、实验步骤

1. 水性高分子异氰酸酯的制备

水性高分子异氰酸酯胶黏剂主剂的制备:主要采用合成的乳液为连续相,以原淀粉或乙酰淀粉为填料,并加入一定量的助剂,在 40 ℃温度下进行共混而制得。

本实验主要制备了以下四种类型的水性高分子异氰酸酯胶黏剂主剂;主剂一:将一定比例的乙酰淀粉分散液加入 PVAC-NMA 乳液中,并添加助剂在 40 ℃下用高速搅拌机搅拌均匀,即得 API 胶主剂;主剂二:将一定比例的乙酰淀粉分散液加入 PVAc 乳液中,并添加助剂,在 40 ℃下用高速搅拌机搅拌均匀,即得 API 胶主剂;主剂三:将一定比例的原淀粉分散液加入 PVAc-NMA 乳液中,并添加助剂,在 40 ℃下用高速搅拌机搅拌均匀,即得 API 胶主剂;主剂四:将一定比例的原淀粉分散液加入 PVAc 乳液中,并添加助剂,在 40 ℃用高速搅拌机搅拌均匀,即得 API 胶主剂。将上述的水性高分子异氰酸酯胶黏剂主剂和未经封闭的固化剂 PAPI 按 100:(9~15)的配比加入烧杯中,室温下用搅拌机快速搅拌混匀,即得水性高分子异氰酸酯胶黏剂。

2. 水性聚氨酯性能测试

(1)水性高分子异氰酸酯胶黏剂活性期的测定

活性期是指在胶液配制后能维持其可用性能的时间。活性期的长短决定了胶液使用时间的长短,也影响加压等工艺操作。活性期在很大程度上受温度的影响,本实验活性期的测试温度为 25 ℃。具体操作步骤:将 API 主剂和 PAPI 共混后,暴露在空气中,静止搅动,观测胶液多长时间失去流动性。

(2)水性高分子异氰酸酯胶黏剂固体含量的测定

按照 GB/T 2793—1995 采用称量法进行测试,称取 1~2 g 乳液样品,放入已恒量的锡纸盒中,在 105 ℃ 的烘箱中,烘至恒量,称量,计算乳液的固体含量。

$$X = m - m_1$$

式中,X——不挥发物质量;

m_1——加热后试样的质量,g;

m——加热前试样的质量,g。

(3)水性高分子异氰酸酯胶黏剂黏度的测定

按照 GB/T 10247—2008 采用 DNJ-7 型旋转式黏度计测量黏度。

(4)水性高分子异氰酸酯胶黏剂 pH 的测定

按照 GB/T 14518—1993 对水性高分子异氰酸酯胶黏剂的 pH 进行测定。

六、实验报告提纲

参照实验 1,详情略。

七、注意事项

1. 室温下用搅拌机搅拌时,一定要快速,从而使其搅拌混匀;

2. 活性期的观测受温度的影响很大,因此必须在 25 ℃ 观测胶液多长时间失去流动性;

3. 烘干时,一定要放入已恒量的锡纸盒中加以保护。

八、参考文献

[1] 宋荣君,李加民. 高分子化学综合实验[M]. 北京:科学出版社,2017.

[2] 胡修波,吴欣怡,吕鑫,等. 异氰酸酯胶黏剂的改性及研究进展[J]. 广州化工,2019,47(6),14-15.

[3] 吴一帆,赵海鹏. 国内水性聚氨酯研究进展[J]. 中外能源,2018,23(5),64-72.

[4] 王国建,肖丽. 高分子基础实验[M]. 上海:同济大学出版社,1999.

[5] 潘祖仁. 高分子化学[M]. 北京:化学工业出版社,2014.

实验 24　乙撑二氧噻吩的合成及其聚合物的电致变色性能

一、实验设计思路

通过在噻吩结构中引入 3,4-二氧基取代基团,利用氧原子的给电子性质对聚合物氧化态的稳定作用,使聚合物薄膜在电化学氧化还原过程中获得更高的可见光区透过率,从而合成具有着色-透明变色性能的电致变色材料。

二、实验目的

1. 掌握电化学氧化聚合制备共轭聚合物的原理与实验方法(主要为合成反应实施路线和条件设计、聚合物合成与结构确定)。

2. 掌握材料光谱电化学性质以及电致变色性能(光学对比度、响应时间、着色效率、循环稳定性等)的测试评价方法。

三、实验原理

电致变色(Electrochromism)是指材料在交替的高低或正负外电场的作用下,通过注入或抽取电荷(离子或电子)发生氧化还原反应,从而在低透射率的着色态和高透射率的消色态之间发生可逆变化的一种特殊现象,在外观上则表现为颜色及透明度的可逆变化。

20 世纪 80 年代以后电致变色材料与器件得到长足发展(其发展历程如图 24-1 所示)。1999 年德国德累斯顿的一座新建筑物建成了欧洲第一面用电致变色玻璃制成的可控制外墙。2005 年法拉利 Superamerica 敞篷跑车的挡风玻璃和天窗玻璃采用了电致变色技术。2008 年波音 787 客机的舷窗玻璃淘汰了机械式塑料遮光板,取而代之的是电致变色智能窗。2011 年 Gentex 公司的汽车防眩目后视镜占到了市场份额的 87%,同时可应用于飞机舷窗的电致变色玻璃产品也已逐步推向市场,年销售额已达 10 亿美元。Sage Glass 从 2006 年开始小批量生产大面积电致变色玻璃,现正在美国明尼苏达州建立一个近 3 万平方米的新厂房,主要采用磁控溅射镀膜技术,但由于制作成本高而尚难实现大批量应用,该公司目前已被圣戈班公司收购。目前仅仅部分电致变色技术成果的转化已带来巨大的产业价值,足见其开发和应用前景不可估量。

电致变色技术中的核心技术是电致变色材料。目前已知的电致变色材料已超过了 2000种。在众多种类的电致变色材料中,无机电致变色材料主要以 WO_3、MoO_3、NiO 等过渡金属氧化物为代表,其光吸收变化是因为离子和电子的双注入和双抽取而引起的。有机电致变色材料则以有机小分子紫精和 π-共轭聚合物如聚苯胺、聚吡咯、聚噻吩等为代表,其光吸

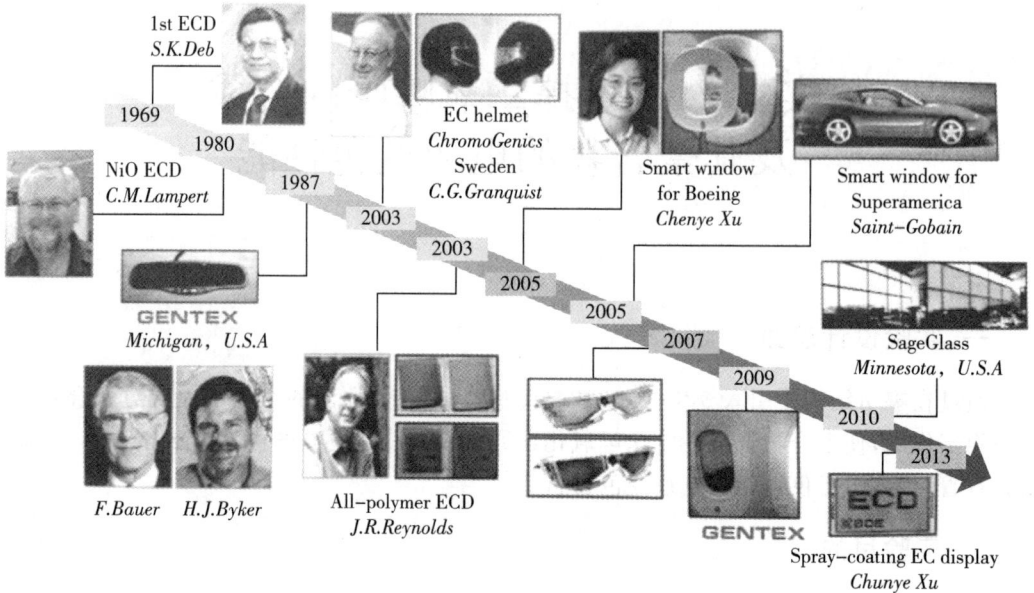

图 24-1　电致变色材料应用与发展示意图

收变化来自氧化还原反应,这类材料色彩丰富,容易进行分子设计,因而更加受到研究者的青睐。特别是 3,4-二氧基噻吩(如 3,4-乙撑二氧噻吩 EDOT 及其衍生物,分子结构如图 24-2 所示),由于电子给体的二氧基在高 p-掺杂水平下能够稳定封闭壳双极化子结构,因而为聚(3,4-亚烷基二氧基噻吩)提供了高导电性和透明氧化态,电致变色材料无论是应用于智能窗还是显示器,都需要材料具有透明态(可接近完全褪色),因而这一发现促进了3,4-二氧基噻吩聚合物的广泛应用。

聚合物主链刚性及分子链间 π-π 堆积作用使得 π-共轭聚合物具有不熔不溶的特性,因此在利用 π-共轭聚合物制备电致变色器件时研究者们通常采用电化学聚合的方法使得到的聚合物直接沉积于电极表面形成聚合物薄膜。电聚合是利用外加电压使单体在阳极发生电化学氧化反应,通过自由基间逐步偶合形成共轭聚合物。

相对于以三氯化铁为氧化剂的化学氧化聚合以及以钯络合物为催化剂的偶联聚合反应,电聚合方法合成共轭聚合物具有以下优点:(1)电聚合可以在适宜电压下通过阳极氧化反应直接得到聚合物,而不需要另外添加氧化剂或催化剂,减少共轭聚合物的合成成本;(2)电聚合过程中掺杂入共轭聚合物的电解质可以方便地通过施加负电压去掺杂(还原)反应去除,使得到的聚合物更加纯净;(3)电聚合得到的共轭聚合物可以直接沉积在导电基底上,而不需要对聚合物做进一步成膜加工,降低了共轭聚合物薄膜在应用于有机光电子学器件时的加工费用和难度。

图 24-2　3,4-乙撑二氧噻吩衍生物分子结构

基于此,乙撑二氧噻吩及其衍生物的电聚合成为有机光电子学材料领域的研究者获得新颖的电致变色材料最常采用的合成方法。

在电致变色材料的诸多应用中,电致变色调光窗器件需要快速、稳定、节能、显著变色的材料,因此合成具有较大光学对比度、较快响应时间、较长循环寿命、较高着色效率的电致变色材料一直是电致变色研究领域的热点之一。

　　本实验通过在噻吩结构中引入 3,4-二氧基取代基团,利用氧原子的给电子性质对聚合物氧化态的稳定作用,使聚合物薄膜在电化学氧化还原过程中获得更高的可见光区透过率,从而合成具有着色-透明变色性能的电致变色材料(如图 24-3)。

图 24-3　聚乙撑二氧噻吩分子结构

四、仪器与试剂

　　1. 仪器

　　磁力搅拌恒温加热器、三口烧瓶、直型冷凝管、球形冷凝管、厚壁乳胶管、滴液漏斗、分液漏斗、烧杯等;

　　层析柱、比色管、柱层析硅胶(200～300 目)、薄层色谱硅胶板(GF254)、点样管、手持式紫外灯、样品瓶、导电玻璃等;

　　紫外可见光谱仪、电化学工作站等。

　　2. 试剂

　　噻吩、溴素、氯仿、冰醋酸、锌粉、甲醇、甲醇钠、对甲苯磺酸、甲苯、4A 分子筛、乙二酸二乙酯、乙醇钠、碘化钾、N,N-二甲基甲酰胺、三氯化铁、碳酸丙烯酯、色谱纯乙腈、乙酸乙酯、石油醚(60～90)等。

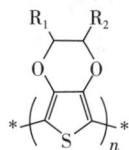

五、实验步骤

　　1. 乙撑二氧噻吩单体的合成与结构表征。
　　2. 聚乙撑二氧噻吩的合成与结构表征。
　　3. 聚乙撑二氧噻吩薄膜的电致变色性能评价。
　　注:具体实验方案由学生查阅文献提出,指导老师修正确定。

六、实验报告提纲

参照实验 1,实验报告中着重讨论:
(1)单体合成路线、实验具体操作步骤及各步产物结构表征结果。
包括单体合成路线示意图、合成过程、有机化合物核磁共振谱及谱峰归属判定。
(2)聚乙撑二氧噻吩合成路线、实验具体操作步骤及聚合物结构表征结果。
包括聚乙撑二氧噻吩合成路线示意图、合成过程、聚合物红外光谱及谱峰归属判定。
(3)聚乙撑二氧噻吩薄膜的电致变色性能。

七、注意事项

　　1. 实验前做好预习工作,对实验过程中涉及的有机化学反应有清楚的认识;
　　2. 材料测试过程中需对材料性能表征方法及仪器设备的使用有全面的了解。

八、参考文献

[1] Lu X, Li W, Ouyang M, et al. Polymeric electrochromic materials with donor-

acceptor structures[J]. Journal of Materials Chemistry C,2017,5,12 - 28.

　　[2] Teran N B,Reynolds J R. Discrete donor - acceptor conjugated systems in neutral and oxidized states:implications toward molecular design for high contrast electrochromics [J]. Chemistry of Materials,2017,29,1290 - 1301.

　　[3] 金珊珊,陈宏书,王结良,等. 聚噻吩类电致变色材料的研究进展[J]. 高分子通报, 2014,3,65 - 74.

实验 25　D-A 交替共聚型导电聚合物的合成及电化学性质表征

一、实验设计思路

导电高分子材料因它广阔的应用和前景在功能高分子材料中一直占据着很重要的作用,如可用在有机聚合物太阳能电池(Organic Solar Cell,OSC)、有机发光二极管(Organic Light - Emitting Diode,OLED)和有机场效应晶体管(Organic Field - Effect Transistor,OFET)等光电器件中。本实验利用催化偶联的方法合成得到给(Donor)受(Acceptor)体交替共聚产物。这样的交替共轭聚合物材料为电子的转移和传输提供良好的通道在导电聚合物材料中具有很广的应用前景。

二、实验目的

1. 掌握制备导电高分子材料中所需要单体的有机合成,包括给受体单体的合成和单体端基引入聚合反应所需官能团。

2. 了解并掌握利用钯催化偶联的方法进行缩合聚合反应。并熟悉如何将高分子产物分离提纯。

3. 熟悉有机合成和高分子化学的通用结构表征方法,结构检测仪器的原理。

4. 了解聚合物在光电器件中的应用原理并对导电聚合物的光电性能进行表征。

三、实验原理

导电高分子材料一直以来都是一类很重要的功能高分子材料,它的应用前景十分广泛,而这种 D-A 交替共聚型共轭导电聚合物材料以其良好的光电特性在有机聚合物太阳能电池领域发挥着重要的作用。通常的有机太阳能电池的结构与有机发光二极管类似,它们的器件都是类三明治型的结构组成。而具有光电转化性能的聚合物导电材料作为活化层被上部的铝电极和下层的氧化铟锡电极夹于其间,如图 25-1 所示。(氧化铟锡电极外围涂有一层聚合物空穴传输层,一般为聚 4-乙烯苯磺酸与 3,4-乙烯二氧噻吩的嵌段共聚物)

由给受体共聚组成的聚合物太阳能

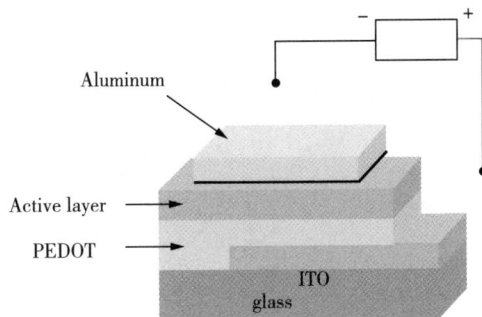

图 25-1　有机太阳能电池器件构造

电池材料的工作原理一般如图 25-2 所示,整个光生伏特效应过程由几个基本步骤组成。第一步:是材料对光子的吸收,激发给体的最高占用分子轨道的电子。第二步:被激发的电子(此时被称为激子)从最高占用分子轨道跃升到最低未占用分子轨道。第三步:在给体高能级的激发轨道跃迁到受体的最低未占用分子轨道。最后电子在界面处分离成游离的电荷并传输到相应电极并在外电路中做功。

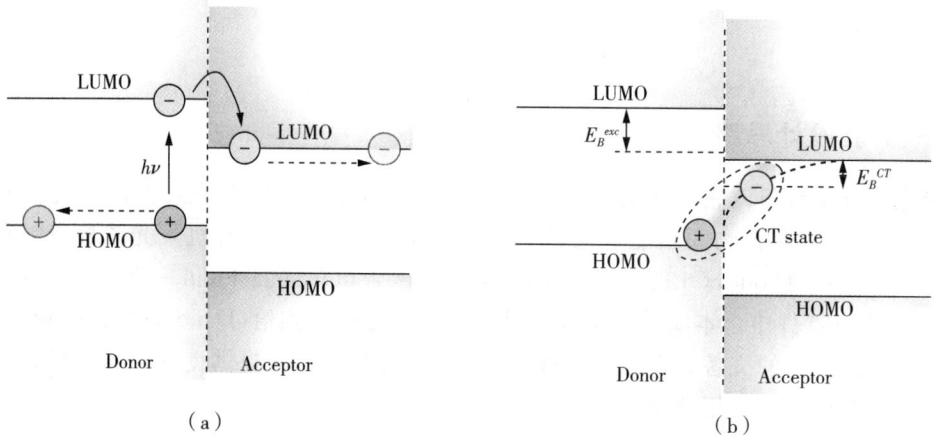

图 25-2 给受体聚合物材料的光电转化原理

而在合成原理方面,用高效的钯催化偶联反应可以很好地得到聚合物材料,同时由于反应的转化率高可以得到较高的聚合物分子量。二将两种单体(给受体)进行缩合前的功能化,形成 A-A、B-B 式的两种单体共聚,可以有效地缩合出交替共聚高分子材料。而作为有机半导体材料的能带(energy gap)大小是与共轭结构长短有关联的。(从导体到半导体再到绝缘体)

参考方案:合成路径如图 25-3 所示。

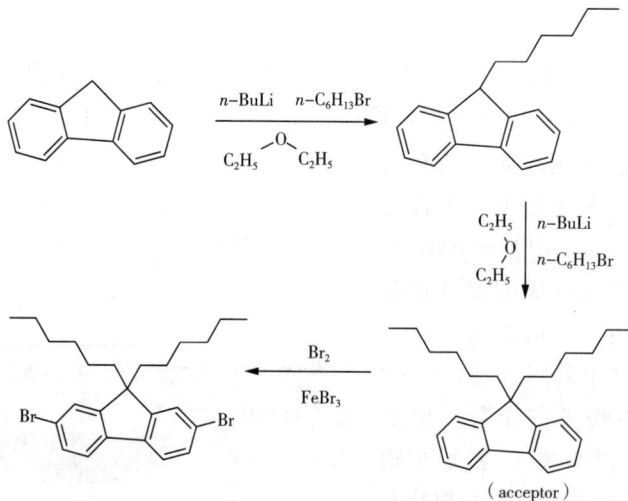

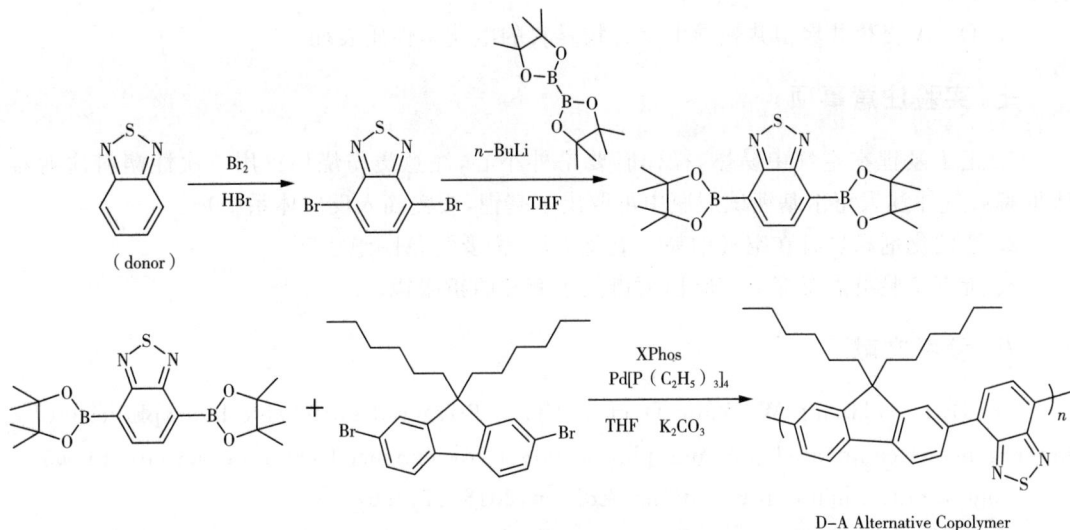

图 25-3　单体与聚合物的合成路径

四、实验仪器与原料

1. 实验仪器

双排管系统(抽真空惰性气体保护)、恒温加热器(磁力搅拌，油浴锅)、旋转蒸发仪、烧瓶、冷凝管、分液漏斗、层析硅胶色谱柱、锥形瓶、烧杯、玻璃棒、真空塞、橡胶塞、一次性塑料注射器和针头、点样管、点样瓶、薄层色谱板(TLC)、手持式紫外灯。

电化学工作站(循环伏安)、紫外可见光谱仪和各类结构表征仪器。

2. 实验原料

芴、苯并噻二唑、正丁基锂试剂、溴代正己烷、液溴、三溴化铁、氢溴酸、联硼酸频那醇脂、四三苯基膦钯、2-二环己基磷-2,4,6-三异丙基联苯、碳酸钾、乙醚、四氢呋喃、丙酮、氯仿、氯苯、甲苯、硅胶。

五、实验步骤

1. 9,9-二己基-2,7-二溴代芴的合成与表征。
2. 4,7-二硼酸频那醇脂-2,1,3-苯并噻二唑的合成与表征。
3. 通过缩合聚合将两种单体进行交替共聚并对聚合产物进行结构表征。
4. 对新合成出的导电聚合物的光电性能进行表征。

六、实验报告提纲

参照实验 1,其中着重讨论:

(1)单体合成路线、实验具体操作步骤及各步产物结构表征结果。(包括单体合成路线示意图、合成过程、有机结构表征与分析)

(2)交替共聚物材料的合成化学反应方程式、实验具体操作步骤及聚合物结构表征与分析。

（3）D－A 交替共聚型共轭导电聚合物材料的电化学性质表征。

七、实验注意事项

1. 正丁基锂在空气中易燃，操作时要格外小心，注意烫伤烧伤；（用一次性塑料注射器吸取稀有气体注入正丁基锂试剂瓶中再取出丁基锂，缓慢滴入反应体系中）

2. 钯催化剂昂贵且在空气中易被氧化失活，需要尽量隔绝空气；

3. 所有实验员需要穿上实验白大褂戴手套和防护眼镜。

八、参考文献

[1] Byun J, Huang W, Wang D, et al. CO₂ – Triggered switchable hydrophilicity of a heterogeneous conjugated polymer photocatalyst for enhanced catalytic activity in water [J]. Angewandte Chemie International Edition, 2018, 57, 2967 – 2971.

［2］ Wang Z J, Ghasimi S, Landfester K, et al. Molecular structural design of conjugated microporous poly (benzooxadiazole) networks for enhanced photocatalytic activity with visible Light[J]. Advanced Materials, 2015, 27, 6265 – 6270.

［3］ Yang C, Ma B C, Zhang L, et al. Molecular engineering of conjugated polybenzothiadiazoles for enhanced hydrogen production by photosynthesis. ［J］ Angewandte Chemie International Edition, 2016, 55, 9202 – 9206.

实验 26 多共轭自由基结构的合成
及其自旋磁性的研究

一、实验设计思路

通过研究自由基在噻吩结构的不同位取代,分析共轭结构对氮氧自由基自旋磁性影响。噻吩分子中存在大的共轭 π 键,并且噻吩中硫存在孤对电子,本工作选择噻吩作为核心骨架,将同时具有自旋磁性的氮氧自由基引入单体结构,是为了在其 2,3-位引入不同的取代基,以调节单体的磁性质,进而分析出噻吩共轭结构对自由基磁性的影响,为下一步合成和研究多共轭噻吩自由基体系做好理论基础和结构铺垫。

二、实验目的

1. 掌握有机单体的一般合成,尤其是引入氮氧自由基的合成。
2. 熟悉如何通过调控不同的取代位置,得到不同的磁性有机分子磁体。
3. 培养学生如何根据自由基在噻吩不同位置的取代情况,分析噻吩共轭对自旋磁性的影响。
4. 初步掌握如何对噻吩类结构有机分子磁性能进行检测表征。

三、实验原理

随着高新技术的发展,对磁性材料不断提出了更高的要求,例如在电子工业的微型化以及空动力系统,宇宙航行控制系统,隐身材料等方面,需要轻质的磁性材料,因而对高分子或有机铁磁性材料的研究越来越引起重视。氮氧自由基是含有 N—O 基团且有一个未成对单电子在 π* 轨道上的有机自由基。Ullman 自由基是被广泛应用的一类自由基,有一些文献也涉及它的还原型自由基(IMR)如图 26-1 所示。

通过调控取代基 R 得到具有不同结构和多种配位方式的氮氧自由基,来由此获得多种不同磁性的自由基单体。π 共轭系统的电子自旋间交换相互作用比小分子级别的有机自由基的空间相互作用强得多。合成 π 共轭的大分子有望成为一个能在较高温度,甚至在室温下具有良好磁性能的新型有机磁体。

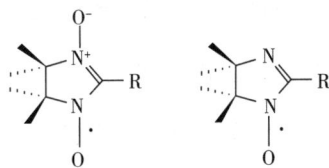

图 26-1 常见的氮氧自由基

本综合实验采用噻吩为调控基团,选用不同取代位的噻吩醛通过与 BHA(2,3-二甲基-2,3-羟胺基丁烷)进行加热脱水缩合,通过柱层析法分离提纯出缩合的中间产物,将分离的产物再利用高碘酸钠进行氧化,合成一种具有特征颜色的溶液,最后通过柱层析法分离提纯得到自由基单体。后续通过核磁谱图、紫外谱图确定合成的结构。合成路径示意图如图 26-2 所示。

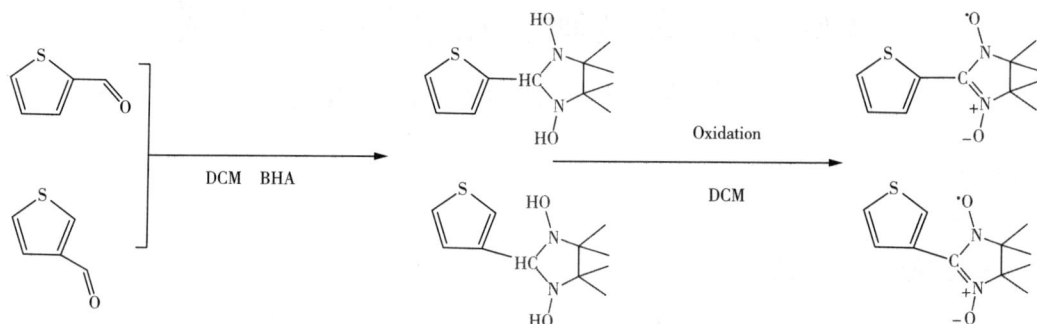

图 26-2 氮氧自由基单体的合成路径

四、实验仪器与原料

1. 实验仪器

磁力加热搅拌器 JB-1B 雷磁-上海仪电科学仪器股份有限公司、循环水真空泵 SHZ-D(Ⅲ)防腐型湖南力辰仪器科技有限公司、电子天平、旋转蒸发仪、冷凝管、氮气钢瓶、层析柱、圆底烧瓶等。

核磁共振仪、紫外-可见光谱仪和电子顺磁共振波谱仪各类结构和性能表征仪器。

2. 实验原料

2-噻吩甲醛、3-噻吩甲醛、2,3-二甲基-2,3-羟胺基丁烷(简称 BHA)、高碘酸钠、二氯甲烷、甲醇、硅胶。

五、实验步骤

1. 噻吩醛与 BHA 的缩合。
2. 缩合中间体的分离提纯。
3. 中间体的结构表征。
4. 噻吩型氮氧自由基的合成与分离。
5. 噻吩型氮氧自由基的自旋磁性表征。
6. 通过磁性能的分析研究共轭结构对自旋磁性的影响。

六、实验报告提纲

参照实验 1,其中着重讨论:

(1)噻吩类自由基单体的合成路线、实验具体操作步骤及各步产物结构表征结果。

(2)研究配合 TLC 板柱层析法分离有机物的操作。

(3)合成后的两种噻吩类氮氧自由基的磁性表征与讨论。

七、实验注意事项

1. 氮氧自由基单体可以按自己的设计方案来选择适宜的分子结构和分子量,(与老师讨论确定实验方案和原料反应物的选择)。

2. 做噻吩醛与 BHA 缩合时要防止生成物质被氧化,因此要控制好温度和时间。

3. 所有实验员需要穿上实验白大褂戴手套和防护眼镜。

八、参考文献

［1］Ratera I, Veciana J. Playing with organic radicals as building blocks for functional molecular materials[J]. Chemical Society Reviews 2012,41,303 - 349.

［2］Roessler MM,Salvadori E. Principles and applications of EPR spectroscopy in the Chemical Sciences[J]. Chemical Society Reviews 2018,47,2534 - 2553.

实验 27　多自由基大分子结构的合成及其自旋磁性的研究

一、实验设计思路

有机分子磁性材料是一种新型的功能材料,其中结构型有机分子磁性材料具有复合型磁性材料不可比拟的优点,如磁性能随温度的变化很小、结构多样、磁损耗低,磁性衰减不明显、易于加工成型及密度低等特点,在超高频装置、高密度存贮材料、吸波材料和微电子工业等需要轻质磁性材料的领域具有很好的应用前景。本实验采用传统的 PEG 链作为自旋磁性载体,以氮氧自由基为顺磁中心,合成具有大分子链的氮氧自由基。

二、实验目的

1. 掌握由醇变成醛的一般氧化过程。
2. 熟悉引入氮氧自由基大分子链的合成。
3. 培养学生如何合成出更多新的长链自由基分子。
4. 初步掌握如何进行多自由基大分子磁性能进行检测表征。

三、实验原理

对于有机高分子磁性材料而言,探索其磁性产生的机理和建立合理的理论模型是其快速发展的依据。分子设计是研制磁性高分子的"利器",它打破了高分子材料工业所遵循的技术路线,从分子设计入手,合理裁剪分子结构,既可以经济快捷地开发出磁性高分子,又可对其进行官能团修饰改变其磁性。对于长链大分子多自由基各顺磁中学存在自旋耦合,存在形成长程有序的高自旋链,从而在表现出可观的磁性,如图 27-1 所示,聚苯胺携带氮氧自由基(NN)一维链,在表观上表现为反铁磁。

本综合实验采用 PEG 链为调控基团,通过与 BHA(2,3-二甲基-2,3-羟胺基丁烷)进行加热脱水缩合,并利用柱层析法分离提纯出缩合的中间产物,将分离的产物再利用高碘酸钠进行氧化,合成一种具有特征颜色的溶液,最后通过柱层析法分离提纯得到具有多自由基的 PEG 链。PEG 易氧化为醛,具有良好的可操作性。

在合成原理方面,单体的结构官能化及制备,多种单体共聚过程可按参考方案或在与老师讨论后稍加修改。

参考方案:合成路径如图 27-2 所示。

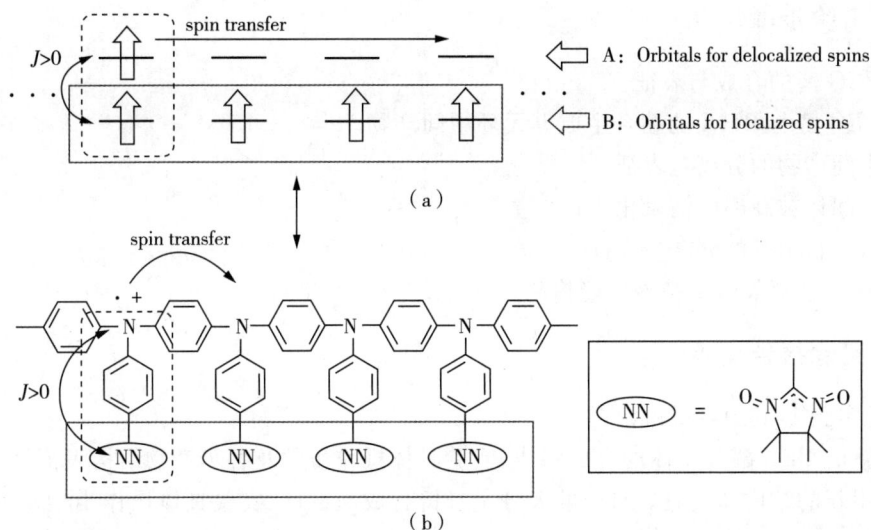

图 27-1 长链的多自由大分子

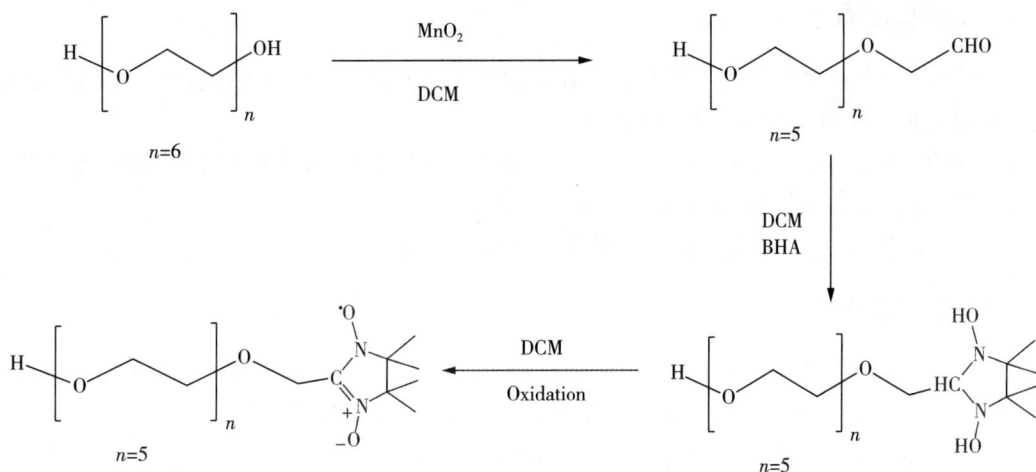

图 27-2 多自由基大分子的合成路径

四、实验仪器与原料

1. 实验仪器

磁力加热搅拌器 JB-1B 雷磁-上海仪电科学仪器股份有限公司、真空干燥箱 DZF-6050 上海一恒科学仪器有限公司、电子天平、旋转蒸发仪、冷凝管、氮气钢瓶、层析柱、圆底烧瓶等。

核磁共振仪、紫外-可见光谱仪和电子顺磁共振波谱仪各类结构和性能表征仪器。

2. 实验原料

PEG、2,3-二甲基-2,3-羟胺基丁烷（简称 BHA）、高碘酸钠、二氯甲烷、甲醇、硅胶。

五、实验步骤

1. PEG 醛的合成与表征。
2. PEG 醛与 BHA 的缩合生成五元环中间产物。
3. 中间产物的分离与表征。
4. 中间体被高碘酸钠氧化为自由基。
5. 氮氧自由基的分离与表征。
6. PEG 链氮氧自由基磁性能检测。

六、实验报告提纲

参考实验 1,其中着重讨论:
(1)新的 PEG 醛类单体的合成路线、实验具体操作步骤及各步产物结构表征结果。
(2)用新的结构连接氮氧自由的大分子长链合成与设计、实验具体操作步骤及大分子结构表征与分析。
(3)PEG 链大分子多自由基的磁性能表征与讨论。

七、实验注意事项

1. PEG 链自由基单体可以按自己的设计方案来选择适宜的分子结构和分子量(与老师讨论确定实验方案和原料反应物的选择)。
2. PEG 醛与 BHA 缩合时要防止生成中间体物质被氧化,同时 PEG 链的氧化过程要控制反应进度,防止生成的 PEG 醛被进一步氧化为酸。
3. 所有实验员需要穿上实验白大褂戴手套和防护眼镜。

八、参考文献

[1] Roessler M M,Salvadori E. Principles and applications of EPR spectroscopy in the chemical sciences[J]. Chemical Society Reviews 2018,47,2534 - 2553.

[2] Abe M,Ye J H,Mishima,M. The chemistry of localized singlet 1,3 - diradicals(biradicals):from putative intermediates to persistent species and unusual moleculeswith a π - single bonded character[J]. Chemical Society Reviews 2012,41,3808 - 3820.

实验 28 磁性壳聚糖微球的制备

一、实验设计思路

壳聚糖由天然高分子甲壳素在强碱条件下经脱乙酰化处理制得。壳聚糖具有良好的生物相容性、可降解性、安全性,且分子中含有大量(—OH、—NH$_2$)官能团,易于吸附或化学改性;所以广泛应用于医药、食品、水处理等方面。磁性 Fe$_3$O$_4$ 是一种无机磁性功能材料,具有较强的磁响应性。将壳聚糖和 Fe$_3$O$_4$ 进行复合,该复合材料既能显示壳聚糖的特性,又能反映 Fe$_3$O$_4$ 的功能性。采用反相悬浮交联法将二者复合可制得具有磁响应性壳聚糖微球,在外加磁场的作用下可以很方便地分离。促进了壳聚糖在医药、生物工程、化工、环保等领域的广泛应用。

本实验设计内容可包括磁流体制备、复合微球制备及微球表征,涉及无机化学、有机化学、高分子化学、高分子物理和材料测试等领域,能够锻炼学生的综合能力。

二、实验目的

1. 了解无机共沉淀反应、反相悬浮法制微球的工艺特点。
2. 熟悉 Fe$_3$O$_4$ 磁性粒子、反相悬浮、交联反应的基本原理。
3. 掌握反相悬浮交联制备磁性壳聚糖微球的实验技术。
4. 熟悉复合材料的性能测试。

三、实验原理

无机纳米粒子合成方法中液相沉淀法简便易操作,是实验室常用的方法之一。液相沉淀法又分为共沉淀法和沉淀氧化法。共沉淀法是指在包含两种或两种以上金属阳离子的可溶性溶液中,加入适当沉淀剂,将金属离子均匀沉淀或结晶出来,然后再将沉淀物进行脱水或热分解后制得纳米微粉。其优点主要有:产品纯度高,反应温度低,颗粒均匀,粒径小,分散性也好。将二价铁盐(FeCl$_2$·4H$_2$O)和三价铁盐(FeCl$_3$·6H$_2$O)按一定比例配成溶液,选用适当的碱性沉淀剂(如氢氧化钠、氨水等)进行共沉淀,其反应式为:

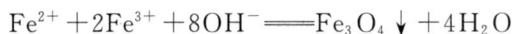

$$Fe^{2+} + 2Fe^{3+} + 8OH^- \underline{} Fe_3O_4 \downarrow + 4H_2O$$

从上述反应式来看,反应物的摩尔计量比为 Fe^{2+}/Fe^{3+}=1/2 时可以得到磁性 Fe$_3$O$_4$ 微粒。但是,由于在制备过程中 Fe^{2+} 容易被氧化,因此在实际操作中 Fe^{2+}/Fe^{3+} 的摩尔比往往大于 1/2。在共沉淀法中,影响 Fe$_3$O$_4$ 磁性粒子的磁性及粒径的因素较多,通过适当控制工艺条件,能得到性能优良的磁性粒子。

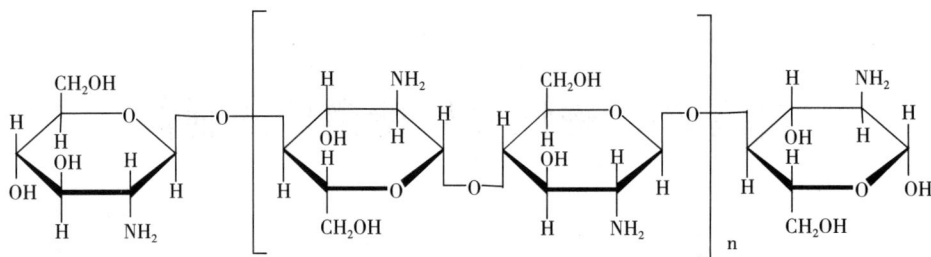

图 28-1 壳聚糖的结构式

壳聚糖(chitosan,CTS)是由甲壳素脱乙酰基的衍生物,是一种直链多糖高分子化合物,其化学名称为聚-(1,4)-2-氨基-2-脱氧-β-D-葡聚糖,结构式如图 28-1 所示。具有亲水性、生物相容性、安全性、可降解性的特点。常规条件下,壳聚糖不能溶解于水、碱性介质及有机溶剂,在酸性介质中,壳聚糖分子中的氨基被质子化,从而产生酸性溶解。壳聚糖上的羟基、氨基官能团,可与戊二醛发生反应,形成交联聚合物。

聚合物微球制备方法常规的有乳液法、悬浮法、分散法等。采用大分子与无机粒子复合,悬浮法比较方便。因 Fe_3O_4 磁性粒子和壳聚糖可共存于亲水介质中,所以采用反相悬浮法形成油包水型反应体系,利用戊二醛作交联剂,制得核壳型磁性壳聚糖微球。

磁性壳聚糖微球中游离羟基、氨基官能团,易于与有机小分子发生物理、化学吸附作用(常见于氢键、缔合、包覆等),可用于印染废水、食品废水的吸附、絮凝。对印染废水中偶氮类物质的吸附去除效果,可以通过用紫外-可见分光光度法进行测定。

通过形貌、组成、磁性能等测定、检测,可了解磁性壳聚糖材料的具体特征。

四、仪器与试剂

1. 仪器

标准磨口三颈瓶(250 mL/24×19×2 mm)一只,标准磨口单颈瓶(50 mL/24 mm)一只,球形冷凝器(300 mm)一支,温度计(200 ℃)一支,分液漏斗(125 mL)一只,烧杯(100 mL)两只,抽滤装置一套,电加热套一台,电动搅拌器一套,pH 计,电子天平,光学显微镜,傅立叶变换红外光谱仪,热失重分析仪,磁铁。

2. 试剂

壳聚糖、冰醋酸、液体石蜡、Span-80、戊二醛(25%)、石油醚、丙酮、无水乙醇、氢氧化钠。

五、实验步骤

1. 磁性 Fe_3O_4 的合成

将 $FeCl_3 \cdot 6H_2O$ 和 $FeCl_2 \cdot 4H_2O$(摩尔比为 2:1)溶于水后加入单颈瓶中,把单颈瓶放入恒温水中,接着加入 $NH_3 \cdot H_2O$ 形成黑色沉淀,同时剧烈搅拌,反应中维持 pH 约为 10,反应约 30 min,用去离子水洗涤至中性后再干燥,研磨即得 Fe_3O_4 颗粒。改变温度条件,重复前述 Fe_3O_4 磁流体制备。用磁铁检测产物是否具有磁性。

2. 磁性壳聚糖微球的制备

将 Fe_3O_4 与壳聚糖的醋酸溶液混合,进行超声分散,倒入装有搅拌棒的三颈瓶中,在搅拌下缓慢加入液体石蜡和 Span-80,分散均匀后加入戊二醛,加热反应 1 h,用 NaOH 调节 pH 值到 9~10,升温反应一定时间。反应结束,依次用石油醚、丙酮、充分洗涤产物。干燥备用。

3. 磁性壳聚糖微球的表征

(1)复合微球形貌与粒径

取适量微球置于载玻片上,通过光学显微镜观察形貌、尺寸。

(2)复合微球中 Fe_3O_4 含量测定

利用热失重分析仪对产物中无机组分磁性物质的含量进行测定。

(3)复合微球磁性能检测

采用简易磁铁对磁性 PMMA 微球的磁性能进行检测。

(4)复合微球吸附性测定

采用紫外分光光度法测定微球对甲基橙的吸附性。

六、实验报告提纲

参照实验 1,详情略。

七、注意事项

1. 制备过程中 Fe^{2+} 容易被氧化,因此在实际操作中要充分考虑 Fe^{2+}/Fe^{3+} 的摩尔比。

2. 共沉淀法中,影响磁性 Fe_3O_4 微粒的磁性及粒径的因素较多。

3. 小心控制反相悬浮体系稳定性。

八、参考文献

[1] 苏欣悦,丁欣欣,闫良国 . Fe_3O_4 磁性纳米材料的制备及水处理应用进展[J]. 中国粉体技术,2020,26(6):1-10.

[2] 李黎,马力,李鹤 . 磁性壳聚糖微球的制备及表征[J]. 中国组织工程研究,2020,24(4):577-582.

[3] 郭俊元,文小英,贾晓娟,等 . 磁性壳聚糖改善污泥脱水性能的研究[J]. 中国环境科学,2019,39(7):2944-2952.

实验 29　悬浮聚合法制备磁性 PMMA 微球

一、实验设计思路

聚合物具有密度小、耐腐蚀、易加工等特性,无机纳米粒子具有表面效应、体积效应、量子尺寸效应及宏观量子隧道效应,通过适当的方法使聚合物与无机纳米粒子相结合可制得有机/无机复合材料。聚合物/无机复合不仅能使聚合物的力学性能得到很大提高,而且依据无机粒子的特性可以赋予该复合材料光、电、磁等功能特性。

由无机盐在适当条件下制得的磁流体是一种新型的无机磁性功能材料。表面亲水性的磁流体,经改性后引入聚合体系,聚合可获得磁性聚合物材料。采用悬浮聚合法制得的磁性聚合物微球因磁性物质包覆率高而具有较明显的磁场响应性,可以充分体现聚合物复合材料的磁性特征。依聚合物分子结构特点,进一步对磁性聚合物微球进行表面改性处理。亦可赋予微球表面新的反应性功能基团(如—OH、—COOH、—CHO、—NH_2、—SH 等),进而结合各种功能物质,使微球同时具有多种功能。

磁性微球具有磁响应性,在外加磁场的作用下可以很方便地分离;表面功能化处理,使其易于吸附;具有吸波性能,可有效避免电磁波的干扰。因此,磁性微球在航空、航海、通信等领域有广阔的应用前景,特别在细胞分离、固定化酶、靶向药物、免疫测定,核磁共振成像的造影等生物医学领域有着广泛应用。

本实验将聚甲基丙烯酸甲酯(PMMA)和磁性 Fe_3O_4 进行复合制备磁性复合微球。实验设计内容可包括磁流体制备、无机物表面改性、复合微球制备、微球表面功能化及微球表征,涉及无机化学、有机化学、高分子化学、高分子物理和材料测试等领域,能够锻炼学生的综合能力。

二、实验目的

1. 了解无机共沉淀反应、悬浮聚合的工艺特点。
2. 熟悉 Fe_3O_4 磁性粒子、悬浮聚合、大分子基团反应的基本原理。
3. 掌握悬浮聚合制备磁性 PMMA 的实验技术。
4. 熟悉复合材料的性能测试。

三、实验原理

无机纳米粒子合成方法中液相沉淀法简便易操作,是实验室常用的方法之一。液相沉淀法又分为共沉淀法和沉淀氧化法。共沉淀法是指在包含两种或两种以上金属阳离子的可溶性溶液中,加入适当沉淀剂,将金属离子均匀沉淀或结晶出来,然后再将沉淀物进行脱水或热分解后制得纳米微粉。其优点主要有:产品纯度高,反应温度低,颗粒均匀,粒径小,分散性好。将二价铁盐($FeCl_2 \cdot 4H_2O$)和三价铁盐($FeCl_3 \cdot 6H_2O$)按一定比例配成溶液,选用适当的碱性沉淀剂(如氢氧化钠、氨水等)进行共沉淀,其反应式见式(29-1)。

$$Fe^{2+} + 2Fe^{3+} + 8OH^- \Longrightarrow Fe_3O_4 \downarrow + 4H_2O \qquad (29-1)$$

从上述反应式来看,反应物的摩尔计量比为 $Fe^{2+}/Fe^{3+} = 1/2$ 时可以得到磁性 Fe_3O_4 微粒。但是,由于在制备过程中 Fe^{2+} 容易被氧化,因此在实际操作中 Fe^{2+}/Fe^{3+} 的摩尔比往往大于 1/2。在共沉淀法中,影响 Fe_3O_4 磁性粒子的磁性及粒径的因素较多,通过适当控制工艺条件,能得到性能优良的磁性粒子。

由上述共沉淀法制备的磁性 Fe_3O_4 微粒,粒径往往属于纳米材料的范畴,其表面活性很高,有自动聚集变大形成二次粒子的趋势。而大粒径的磁性粒子给随后磁性聚合物微球的制备带来困难,因此,有必要对所制备的磁性粒子进行表面处理。同时,因为磁性粒子表面是亲水性的,在磁性高分子微球的制备过程中,若磁性粒子未经表面处理,磁性粒子在聚合体系中易分相、凝聚,从而会严重影响聚合过程及磁性聚合物微球的各项性能。因此,选用油酸对磁性粒子进行表面处理,赋予其表面亲油性,以增强其与单体的亲和性,表面改性过程示意如图 29-1。

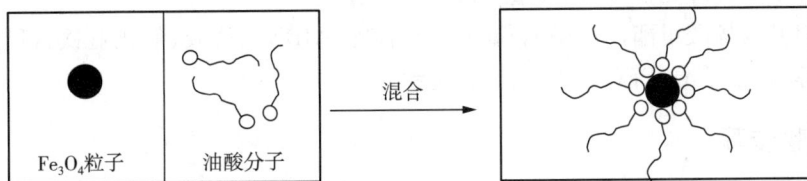

图 29-1 Fe_3O_4 粒子表面改性示意图

悬浮聚合是在较强烈的机械搅拌力作用下,借分散剂的帮助,将溶有引发剂的单体分散在与单体不相溶的介质中(通常为水)所进行的聚合。实质上,它是单体小液滴内的本体聚合,在每一个单体小液滴内单体的聚合过程与本体聚合是相类似的。依据聚合过程中小液滴内单体与聚合物的相容性关系,有均相聚合和非均相聚合之分。MMA 液滴是均相聚合,最终形成均匀坚硬透明的球状粒子,粒径可在 0.01~5mm 之间,主要受搅拌和分散控制。改性后的磁性 Fe_3O_4 粒子与 MMA 相容,均匀分散在 MMA 液滴中,悬浮聚合完毕形成结合牢固的复合微球。与传统悬浮聚合相比,本实验增加了无机物组分,对液滴的稳定性造成一定影响,实验难度加大,需谨慎控制操作。实践表明,稳定剂选择方面,明胶对 MMA 液滴的稳定较好,实验相对容易成功。

在强碱条件下,PMMA 可以和聚乙二醇发生酯交换反应,该反应属于大分子基团反应(见图 29-2)。反应发生在微球表面,受表面电荷、空间位阻和相容性的影响,反应比小分子困难。选用亲核能力强的甲醇钠做催化剂。

通过形貌、组成、磁性能等测定、检测,可了解磁性 PMMA 材料的具体特征。

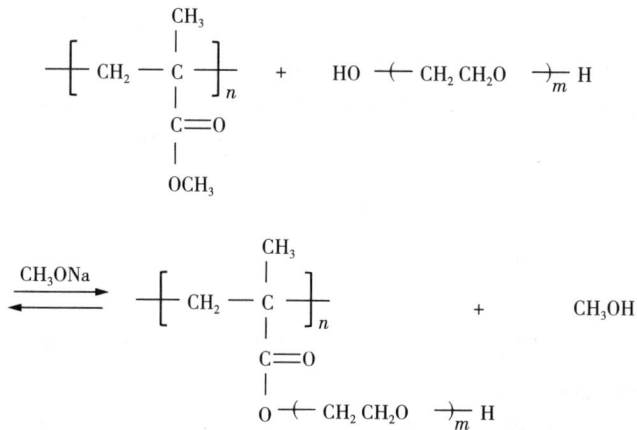

图 29-2 PMMA 侧基酯交换反应示意图

四、仪器与试剂

仪器:标准磨口三颈瓶(250 mL/24×19×2 mm)一只,标准磨口单颈瓶(50 mL/24 mm)一只,球形冷凝器(300 mm)一支,温度计(100 ℃)一支,分液漏斗(125 mL)一只,烧杯(100 mL)两只,抽滤装置一套,电加热套一台,电动搅拌器一套,pH 计,电子天平,光学显微镜,傅立叶变换红外光谱仪,热失重分析仪,磁铁。

试剂:甲基丙烯酸甲酯(MMA)、偶氮二异丁腈(AIBN)、明胶、氯化亚铁、氯化铁、油酸、浓氨水、甲醇、聚乙二醇(PEG-400)、氢氧化钠。

五、实验步骤

1. 磁性 Fe_3O_4 的合成

将 $FeCl_3 \cdot 6H_2O(5.3 \text{ g})$ 和 $FeCl_2 \cdot 4H_2O(2.0 \text{ g})$(摩尔比为 2:1)溶于 60 mL 水后加入单颈瓶中,把单颈瓶放入 80 ℃的恒温水中,接着加入 10 mL 的 $NH_3 \cdot H_2O$ 形成黑色沉淀,同时剧烈搅拌,反应中维持 pH 约为 10,反应约 30 min,用去离子水洗涤至中性后再干燥,研磨即得 Fe_3O_4 颗粒。改变温度条件,重复前述 Fe_3O_4 磁流体制备。

2. 磁性 PMMA 微球的制备

将 100 mL 的去离子水倒入装有搅拌棒的三颈瓶中,然后加入已制得的 Fe_3O_4 颗粒 2.0 g,搅拌条件下滴加 2 mL 的油酸作为表面改性剂,直到 Fe_3O_4 颗粒全部沉淀,接着加入 0.10 g 的明胶作为稳定剂,并搅拌使其溶解,之后加入溶有 0.14 g 的偶氮二异丁腈(ABIN)的甲基丙烯酸甲酯 25 mL 单体。调节搅拌速度使单体分散得很细,当溶液均匀分散之后加热升高温度到 70 ℃保温约 3 小时,取出几个粒子观察,冷却后能变硬则将反应体系的温度升高至 80 ℃,继续保温,直到反应完全为止(约为一个小时)。反应结束,倒出产品用去离子水洗涤,直到洗涤液变的澄清,把粒状产物放到 50 ℃电热鼓风干燥箱中干燥,得到磁性 PMMA 微球。

3. 磁性 PMMA 微球表面修饰及表征。

(1)复合 PMMA 微球形貌与粒径

取适量微球置于载玻片上,通过光学显微镜观察形貌、尺寸。

（2）复合 PMMA 微球中 Fe_3O_4 含量测定

利用热失重分析仪对产物中无机组分磁性物质的含量进行测定。

（3）复合 PMMA 微球磁性能检测

采用简易磁铁对磁性 PMMA 微球的磁性能进行检测。

六、实验报告提纲

参照实验 1，详情略。

七、注意事项

1. 制备过程中 Fe^{2+} 容易被氧化，因此在实际操作中要充分考虑 Fe^{2+}/Fe^{3+} 的摩尔比。
2. 共沉淀法中，影响磁性 Fe_3O_4 微粒的磁性及粒径的因素较多。
3. 聚合过程中要严格控制温度的变化，杜绝爆聚现象。

八、参考文献

［1］丰瑛，田涛，周春华. 功能化磁性高分子复合微球的研究进展［J］. 高分子通报，2017，（1）：57－65.

［2］张也，张会良，张会轩，等. 聚合物基磁性复合微球的研究近况［J］. 高分子通报，2016，（4）：47－60.

［3］白鹏利，韩坤，程文播. 磁性高分子微球在核酸分离纯化应用中的研究进展［J］. 材料导报，2013，27（5）：218－220.

实验 30 VBL 荧光水性聚氨酯制备及性能研究

一、实验设计思路

VBL 荧光水性聚氨酯,是以荧光增白剂 VBL 通过化学键接入水性聚氨酯链段中,将其均匀地分散在水性聚氨酯乳液中。通过水性聚氨酯作为基材提高荧光增白剂 VBL 的可加工性。避免 VBL 聚集而产生的荧光猝灭效应,荧光物质通过化学键接入聚氨酯远比共混入聚氨酯有着更加优异的性能。

1. 利用 IPDI 异氰酸酯和 TMG 多元醇以及不同量的 VBL 合成不同 VBL 含量的水性聚氨酯;

2. VBL 聚氨酯试样采用相同聚氨酯配方确保 $R = 4.2735, r = 1.1149$ 左右,添加 0.1%、0.5%、1%、2%、3.5% 的 VBL,以及相同的聚氨酯合成步骤。

3. 通过研究 VBL 含量对于 VBL 荧光水性聚氨酯的荧光强度的影响,分析合适的 VBL 的量,以及研究 VBL 荧光水性聚氨酯的机械强度分析荧光物质对聚氨酯的强度影响。

二、实验目的

1. 掌握水性聚氨酯的合成步骤以及荧光物质的荧光强度分析。
2. 了解聚氨酯的机械性能相关实验步骤,学习高聚物机械性能测试方法。
3. 了解荧光水性聚氨酯在生活中的应用。

三、实验原理

VBL 能够通过其结构上的脂肪族羟基在合适的温度以及催化剂的条件下通过与水性聚氨酯链段中的异氰酸酯基团反应而接入到聚氨酯链段中。而水性聚氨酯与传统油性聚氨酯不同的地方在于配方中有含有亲水基团的物质能够赋予聚氨酯亲水性。在高速剪切力的作用下能够与水形成乳液避免使用有机溶剂,具有一定的绿色合成的意义以及避免有机溶剂污染环境的作用。

(1)聚氨酯合成中加入 VBL。VBL 通过羟基接入聚氨酯链段,聚氨酯通过亲水基团在剪切力的作用下与水形成乳液。聚氨酯在水性以纳米级圆球的方式分散在水中。

(2)聚氨酯乳液在聚四氟乙烯板上盛放。在水自然挥发下逐渐固化形成聚氨酯薄膜,薄膜需要在真空干燥箱中 $60\,^{\circ}\mathrm{C}$ 干燥 12 h 确保水分被尽可能地出去。

(3)聚氨酯薄膜被制成合适的大小的样品。通过红外光谱分析仪、热重分析仪、紫外荧光分光光度计、力学分析仪等分析收集数据

四、仪器与原料

1. 试剂

(1)荧光增白剂 VBL、IPDI、PTMG1000、丙酮、乙酸乙酯、辛酸亚锡、甲基硅油、1,4 - 丁

二醇、2.2 二羟甲基丁酸、三乙胺。

2. 仪器

傅里叶变换红外光谱仪 WQF300 型,乌氏黏度计,荧光分光光度计,DKZ-5000 型电动抗折机,YAW-300 微机控制压力试验机、Y-2000 型 XRD 衍射仪,激光粒径分布仪。

恒温水浴锅一台,电子天平一台,带盖玻璃瓶若干,紫外可见分光光度计(T6)一台,红外光谱仪一台。水浴锅一个,磁力搅拌器一台,真空泵一台,电子天平一台量筒一个,直尺 1 把(20 cm),真空干燥箱一个。

五、实验步骤

1. 水性聚氨酯的制备

聚氨酯的制备过程包括以下步骤:

(1)升温至 110~120 ℃,在 0.06~0.08 MPa 真空度下脱水 2~3 h。测得聚醚水分质量分数在 0.05% 以下时,降温至 40~50 ℃,制得脱水混合聚醚。

(2)将异氰酸酯(IPDI)缓慢加入步骤(1)制得的脱水混聚醚(PTMG)中,在氮气保护下,滴入辛酸亚锡,自然升结束后升温 80~85 ℃,加入 DMBA 保温 4~6 h(根据黏度大小用丙酮调节黏度),加入 VBL 保温 2 h,将产物的温度降至 40~50 ℃,三乙胺和水高速乳化,脱去丙酮,得到水性聚氨酯。

2. 检测方法——水性聚氨酯的结构与性能表征

聚氨酯乳液通过黏度计、激光粒径分布仪等收集数据。聚氨酯薄膜通过荧光分光光度计、傅里叶变换红外光谱仪 WQF300 型、DKZ-5000 型电动抗折机、YAW-300 微机控制压力试验机、Y-2000 型 XRD 衍射仪等收集数据。

六、实验报告提纲

参考实验 1,其中着重讨论:

(1)聚氨酯制备影响因素;

(2)荧光增白剂 VBL 对于水性聚氨酯的影响;

(3)从分子结构入手,讨论 VBL 荧光水性聚氨酯的机理。

七、注意事项

1. 异氰酸酯的滴加方式会影响最终预聚物的结构性能,最重要的是在滴加过程中不断搅拌。

2. 需要用一个高速的搅拌器,预聚体需逐滴加入,并注意不要从搅拌器的正上方加入(避免聚氨酯弄脏搅拌器)。

3. 聚氨酯黏度较大,使用时分步加入,快速搅拌。

八、参考文献

[1] 孙伟. 基于二醇染料的彩色聚氨酯吸收及发光性能[D]. 合肥:中国科学技术大学,2017.

[2] 王夏辉. 聚氨酯/角蛋白纳米纤维的制备及性能研究[D]. 上海:东华大学,2016.

实验 31 全色荧光水性聚氨酯的制备及性能研究

一、实验设计思路

全色荧光水性聚氨酯,是将金属配合物引入水性聚氨酯基质中,将其均匀地分散在水性聚氨酯中,Eu^{3+}配合物发射红色荧光,Tb^{3+}配合物发射绿色荧光,Zn^{2+}配合物发射蓝色荧光,将三种金属配合物按照一定比例接入水性聚氨酯链上,利用 RGB 法实现水性聚氨酯材料的全色荧光发射。全色荧光水性聚氨酯是聚氨酯材料和金属配合物的复合材料,克服了金属配合物相容性差,难以加工成型的问题,同时也赋予了聚氨酯材料荧光功能,在防伪油墨和发光器件等领域有潜在应用。

1. 利用对氨基苯甲酸作为第一配体,邻菲啰啉作为第二配体,分别以 $TbCl_3 \cdot 6H_2O$ 和 $EuCl_3 \cdot 6H_2O$ 作为中心离子,合成发射绿色荧光的 Tb^{3+} 配合物和发射红色荧光的 EU^{3+} 配合物。以 5 -氨基喹啉作为配体,$ZnCl_2$ 作为中心离子,合成发射蓝色荧光的 Zn^{2+} 配合物。

2. 以 IPDI 作为硬段,PTMG1000 作为软段,DMBA 作为亲水扩链剂合成聚氨酯预聚体,再利用金属配合物上的氨基和聚氨酯预聚体反应,合成水性聚氨酯基金属配合物。

二、实验目的

1. 掌握金属配合物的合成过程及发光原理。
2. 了解水性聚氨酯的制备过程并探究全色荧光水性聚氨酯的荧光特性和热稳定性。
3. 了解全色荧光水性聚氨酯的应用。

三、实验原理

光致发光材料因其在照明、传感和防伪等领域的应用和多功能性近年来被广泛研究和探索。镧系金属和过渡金属由于其特殊的电子层结构在发光领域有着巨大的潜力。但是镧系金属和过渡金属对紫外光吸收能力弱,本身不发光或者荧光强度很低。通常将有机小分子和金属离子进行配位反应生成金属配合物,镧系金属和有机小分子配位后可以利用有机配体吸收紫外光能量,然后通过"天线效应"将能量传递给镧系金属离子,从而增强其发光效率;过渡金属与有机小分子配位后可以实现金属-配体电荷转移(MLCT)跃迁,同时增强有机小分子刚性结构,从而增强有机配体的荧光强度。但是金属配合物通常以粉末的形式存在,相容性差,难以加工成型,限制了金属配合物在光致发光领域的应用和发展。

水性聚氨酯是一种多功能、性能稳定且环保的材料,被用于涂料、黏合剂、纤维、泡沫和油墨等领域,由于其结构可控用途广泛,是金属配合物-聚合物的合适的基材。在以往的研究中,研究人员通常将金属配合物通过物理共混的方式加入聚氨酯基质中,这样不仅会破坏聚氨酯的力学性能,而且存在荧光分布不均的缺点,同时荧光颜色过于单一,实用性存在一定限制。

本研究分别以 Tb^{3+}、Eu^{3+} 和 Zn^{2+} 作为中心金属离子,选择合适的有机配体,利用有机配体上的活性基团(—NH_2)将其作为扩链剂键合到聚氨酯链上,分别制得发射绿色、红色和蓝色荧光的水性聚氨酯乳液,随后将三种金属配合物按照一定比例键合到聚氨酯链上,利用 RGB 法实现水性聚氨酯乳液的全光谱荧光发射。

四、仪器与原料

1. 试剂

对氨基苯甲酸(PABA,分析纯)、六水合氯化铽($TbCl_3 \cdot 6H_2O$,分析纯)、六水合氯化铕($EuCl_3 \cdot 6H_2O$,分析纯)、1,10-菲啰啉(1,10-Phen,分析纯)、5-氨基喹啉(5-aminoql)、无水氯化锌($ZnCl_2$,分析纯)、乙腈(CH_3CN,分析纯)、1,4-丁二醇(BDO,分析纯)、2,2-二羟甲基丁酸(DMBA,分析纯)、三乙胺(TEA,分析纯)均购自上海麦克林生化科技有限公司。二月桂酸二丁基锡(DBTDL,分析纯)购自上海阿拉丁生化科技有限公司。异佛尔酮二异氰酸酯(IPDI,分析纯)、聚四氢呋喃二醇-1000(PTMG-1000,M_n=1000 g/mol,分析纯)由德国拜耳公司提供,真空 110 ℃干燥 4 h 处理。其余原料均未处理。

2. 仪器

Nicolet 6700 傅里叶变换红外光谱,FL-47000 荧光光谱仪(日本日立),岛津 SolidSpec-3700 紫外可见分光光度计,日本理学 Rigaku smartlab9kw X 射线衍射仪,JY Fluorolog-3-Tou 稳态/瞬态荧光光谱仪,TA SDTQ600 热重差热分析仪。

恒温水浴锅一台,电子天平一台,单口烧瓶若干,油浴锅一个,磁力搅拌器一台,真空泵一台,量筒一个,四口烧瓶若干,真空干燥箱一个。

五、实验步骤

1. 配合物 $Eu(PABA)_3Phen$ 的合成

首先,分别将 $EuCl_3 \cdot 6H_2O$、PABA 和 1,10-Phen 溶解于乙醇中。将 $EuCl_3 \cdot 6H_2O$ 的乙醇溶液和 PABA 的乙醇溶液混合均匀后,用稀氢氧化钠溶液调节 pH 值至 6.8,加入溶有 1,10-Phen 的乙醇溶液混合均匀后置于高压反应釜中 90℃反应 3 d,反应完成后做离心处理。最后,用无水乙醇洗涤 3 次,真空 50℃条件下干燥 12 h,制得乳白色 $Eu(PABA)_3$ Phen 粉末。

2. 配合物 $Tb(PABA)_3Phen$ 的合成

首先,分别将 $TbCl_3 \cdot 6H_2O$、PABA 和 1,10-Phen 溶解于乙醇中。将 $TbCl_3 \cdot 6H_2O$ 的乙醇溶液和 PABA 的乙醇溶液混合均匀后,用稀氢氧化钠溶液调节 PH 值至 6.8,加入溶有 1,10-Phen 的乙醇溶液混合均匀最后 60 ℃回流 6 h,再离心处理。最后,用去离子水洗涤 3 次,真空 50 ℃条件下干燥 12 h,制得青白色 $Tb(PABA)_3Phen$ 粉末。

3. 配合物 $Zn(5-aminoql)_2Cl_2$ 的合成。

将 $ZnCl_2$ 和 5-aminoql 分别置于乙腈中超声溶解。将两者的乙腈溶液混合均匀,置于常温下搅拌 4 h,再离心处理,用乙腈洗涤三次,置于真空 60 ℃条件下干燥 12 h,制得黄色

Zn(5 - aminoql)$_2$Cl$_2$配合物粉末。

4. 全色荧光水性聚氨酯材料的合成

在 N$_2$ 保护下,将的 IPDI、PTMG - 1000 加入带有机械搅拌器的四口烧瓶中,升温至 90 ℃ 反应 2 h,降温至 80 ℃后加入 BDO 继续反应 2 h,然后加入 DMBA 反应至残余 NCO 的量达到理论值,随后加入一定量的分散在丙酮中的金属配合物粉末反应 3 h,最后降温至 40 ℃加入 TEA 反应 0.5 h,在高速剪切下加入去离子水乳化 0.5 h,经旋转蒸发器在 40 ℃真空去除丙酮的乳液,得到荧光水性聚氨酯乳液,随后改变金属配合物的加入比例,合成不同荧光颜色的水性聚氨酯乳液。

为了与荧光水性聚氨酯形成对比,在相同条件下不添加金属配合物制备水性聚氨酯作为空白对照(WPU)。

5. 全色荧光水性聚氨酯材料的性能表征

荧光水性聚氨酯乳液固化膜按如下的方法制备:将乳液浇铸在四氟乙烯板上,在环境温度下干燥 7 天然后在 60 ℃的真空中干燥 24 小时至恒重,可得荧光水性聚氨酯薄膜。

Nicolet 6700 傅里叶变换红外光谱仪分别记录了荧光水性聚氨酯薄膜在 4000～500 cm^{-1}范围内的红外光谱,和 Eu(PABA)$_3$Phen、Tb(PABA)$_3$Phen 和 Zn(5 - aminoql)$_2$Cl$_2$粉末在 4000 - 400 cm^{-1}范围内的红外光谱,扫描次数 32 次。

FL - 47000 荧光光谱仪(日本日立)测得 Eu(PABA)$_3$Phen、Tb(PABA)$_3$Phen 和 Zn(5 - aminoql)$_2$Cl$_2$粉末和荧光水性聚氨酯薄膜的荧光激发光谱和荧光发射光谱。

岛津 SolidSpec - 3700 紫外可见分光光度计测试紫外-可见吸收光谱和紫外线透过曲线。

X 射线衍射图谱由日本理学 Rigaku smartlab9kw X 射线衍射仪记录。

JY Fluorolog - 3 - Tou 稳态/瞬态荧光光谱仪上获得了 Eu(PABA)$_3$Phen、Tb(PABA)$_3$Phen 和 Zn(5 - aminoql)$_2$Cl$_2$粉末和荧光水性聚氨酯薄膜的荧光衰变曲线,并通过软件进行数据拟合,估算其荧光寿命,遵循一个指数衰减动力学。

荧光水性聚氨酯的热重分析由 TA SDTQ600 热重差热分析仪通过在氮气气氛下,以 10 ℃/min^{-1}的加热速率将样品由 30 ℃加热到 700 ℃进行评估的。

六、实验报告提纲

参考实验 1,其中着重讨论:
(1)水性聚氨酯制备影响因素;
(2)pH、搅拌速度及反应温度对金属配合物荧光强度的影响;
(3)稀土金属配合物和过渡金属配合物的发光原理。

七、注意事项

1. 在加入各个反应原料时应尽量减少损耗,黏度较大的原料用有机溶剂稀释后再加入。

2. 在高速剪切乳化聚氨酯时应使用冰水,避免高速搅拌产生高温促使未反应完的异氰酸酯基与水反应生成脲。

3. 由于金属配合物不容易各类有机溶剂,故应在溶剂中充分超声分散后加入聚氨酯中,避免颗粒较大难以反应。

八、参考文献

[1] ZhaoY C,Huang L J,Wang Y X,et al. Synthesis of graphene oxide/rare – earth complex hybrid luminescent materials via π – π stacking and their pH – dependent luminescence[J]. Journal of Alloys and Compounds,2016,687,95 – 103.

[2] MondragónM,Arias E,Elizalde L E,et al. Luminescence properties of aligned – electrospun fibers of poly(9 – vinylcarbazole)doped with a europium(Ⅲ)complex[J]. Journal of Luminescence,2017,192,745 – 751.

[3] 李亚娟,庞雪蕾,余旭东. 可调控荧光稀土金属聚合物凝胶的合成及性质综合设计实验[J]. 实验技术与管理,2020,37(9):44 – 48.

[4] 唐少炎,王正祥,汤建新,等. 铽-对氨基苯甲酸的原位合成和光固化荧光防伪油墨的性能[J]. 高分子材料科学与工程,2006,22(4):4.

[5] 凌启淡,章文贡. 稀土高分子荧光材料研究综述[J]. 高分子通报,1998,(1):12.

[6] 李运涛,韩振斌,阮方毅,等. 稀土铕/聚氨酯转光高分子材料的制备及发光性能研究[J]. 陕西科技大学学报,2018,36(6):76 – 81.

[7] 李汾. 稀土/聚氨酯复合材料的研究进展[J]. 精细与专用化学品,2016,24(8):31 – 35.

[8] 胡国金,刘瑾,陈金佩,等. 水溶性聚氨酯水泥砂浆的制备及水泥水化研究[J]. 混凝土与水泥制品,2011,(2):1 – 5.

实验 32　光敏性聚酰亚胺的合成及其光敏性能表征

一、实验设计思路

聚酰亚胺是含有亚氨基的有机高分子材料,具有较高的热稳定性、绝缘性、较低的介电常数以及优良的机械强度等性能。在现代高科技领域有非常重要的应用。光敏性聚酰亚胺是指对紫外光、X-射线、电子束、离子束等具有感光性的聚酰亚胺,其在保留聚酰亚胺其他优异性能的同时具有了光敏感性,被广泛应用于封装材料、绝缘材料、光刻胶等。光敏性聚酰亚胺光刻胶,可利用光刻技术将掩模板上的细微图案转移到基材上,大大简化了精细图案的加工工艺。

利用 3,3′-二氨基查尔酮和均苯四甲酸酐的缩聚反应制备光敏性聚酰亚胺,并测试其光敏性能。

二、实验目的

1. 了解光敏性聚酰亚胺的分子结构特征。

2. 掌握由 3,3′-二氨基查尔酮和均苯四甲酸酐为原料,经两步法制备光敏聚酰亚胺的实验方法。

3. 掌握马弗炉以及紫外-可见光谱仪的使用方法。

三、实验原理

聚酰亚胺是分子链重复单元中含有酰亚胺环的一类芳杂环聚合物(见图 32-1),分子中含氮五元杂环、芳杂环的共轭效应,分子链间和分子链内形成的电荷转移络合物,使其成为一种高性能高分子材料。在微电子、航空航天、汽车制造、光伏能源、信息存储等领域发挥重要作用。聚酰亚胺一般由四羧酸二酐和二元胺反应来制备,最经典的方法是两步合成法。首先是合成聚酰胺酸,一般是按照如下顺序进行:将二胺溶解于适当的溶剂里,一边搅拌,一边少量多次地向该溶液加入等物质量的并干燥处理过的四羧酸二酐,随着反应的进行,体系的黏度逐渐增加,在反应进程达到近 100% 时,溶液的黏度急剧增高,分子量达到最大。其次是通过亚胺化处理得到聚酰亚胺。亚胺化指的是脱水环化形成聚酰亚胺的过程。采用的方法一般可用加热处理以及化学处理。

光敏聚酰亚胺是具有感光性的耐热高分子材料。由于普通聚酰亚胺不具有感光性能,在硅片等基材上刻蚀耐热的膜状图形时,需要相当复杂的光刻工艺。而光敏聚酰亚胺可以采用光刻工艺,大大简化了加工过程;同时又有优良的耐热性、力学性能和介电性能等特点,被广泛用作微电子工业中的绝缘隔层、表面钝化层以及离子注入掩膜等。

　　光敏单体 3,3′-二氨基查尔酮和均苯四甲酸酐(分子结构如图 32-2)为原料,经两步法制备光敏聚酰亚胺。其光敏性是指聚合物主链上查尔酮单元中的碳碳双键在 UV 光照射下可发生 2+2 环合加成反应,使聚合物分子链间形成交联结构。交联结构的形成使聚合物的光学性能、溶解性、透光性、厚度、介电常数以及折射率等发生变化,利用这些性能的变化可拓宽其应用领域,如溶解性的突变可使其有望在负性光刻胶领域得到应用。

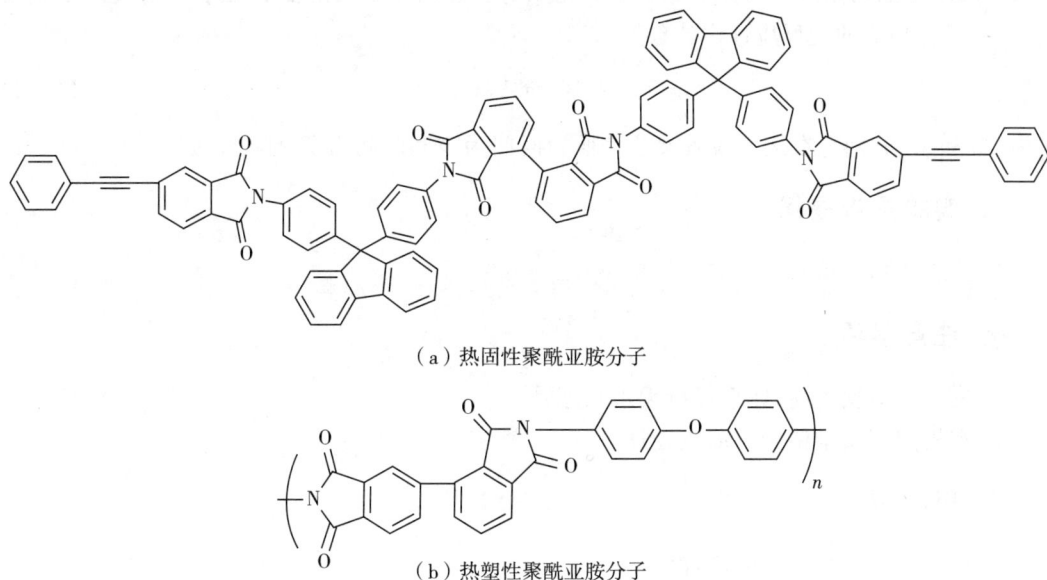

(a)热固性聚酰亚胺分子

(b)热塑性聚酰亚胺分子

图 32-1　聚酰亚胺分子结构

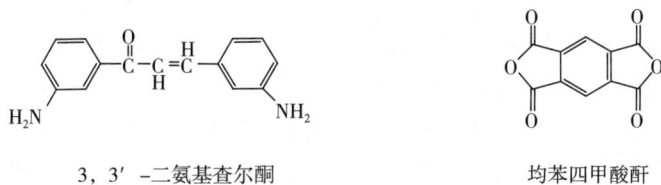

3,3′-二氨基查尔酮　　　　　　　　均苯四甲酸酐

图 32-2　单体分子结构

四、实验仪器及药品

循环水式真空泵、干燥箱、马弗炉、紫外曝光仪、紫外-可见光谱仪。

均苯四甲酸酐、3,3′-二氨基查尔酮、N-甲基吡咯烷酮(NMP)、二甲基甲酰胺(DMF)。

五、实验内容

1. 光敏聚酰亚胺的合成

　　称取 0.218 g(1 mmol)均苯四甲酸酐,0.238 g 3,3′-二氨基查尔酮于 25 mL 烧瓶中,烧瓶抽真空,再用干燥氮气充满,重复 3 次,注入 3 mL 新蒸 NMP 为溶剂,搅拌此反应混合物,室温下反应 24 h 得到聚酰胺酸。然后将聚酰胺酸涂在玻璃板上,在 N₂ 保护下,按照80 ℃

1 h、150 ℃ 1 h、200 ℃ 1 h、250 ℃ 1 h、300 ℃ 1 h程序升温进一步酰亚胺化制备光敏聚酰亚胺。

2. 光敏性测试

将光敏聚酰亚胺配成0.1%(质量分数)的DMF溶液,均匀涂在石英比色皿上,在60 ℃真空干燥箱中干燥24 h,成膜后利用紫外-可见光谱仪测量聚合物膜在常温下经紫外曝光仪照射不同时间后的紫外一可见光谱。UV光照射引起的光敏聚酰亚胺分子之间碳碳双键发生2+2环合加成的光反应性由式(32-1)计算:

$$光反应程度 = (A_0 - A_T)/A_0 \qquad (32-1)$$

式中,A_0和A_T分别为在最大吸收波长处照射时间为零和时间为T的吸光度。

六、实验报告提纲

参照实验1,详情略。

七、注意事项

1. 聚合反应发生前,体系保持无水状态;
2. 有机溶剂安全使用及回收处理。

八、思考题

1. 什么样的结构具有光敏性?
2. 查阅资料了解光敏性聚酰亚胺在光刻胶领域的应用。

九、参考文献

[1] 周智敏,米远祝. 高分子化学与物理实验[M]. 北京:化学工业出版社,2011.

[2] 张爱清. 高分子科学实验教程[M]. 北京:化学工业出版社,2011.

[3] 王荣民,宋鹏飞,彭辉. 高分子材料合成实验[M]. 北京:化学工业出版社,2019.

[4] 王姗,姜帅,韩旭辉,等. 高性能聚酰亚胺树脂及其复合材料的研究进展[J]. 功能高分子学报,2021,34(6):570-585.

[5] 郭海泉,杨正华,高连勋. 光敏聚酰亚胺光刻胶研究进展[J]. 应用化学,2021,38(9):1119-1137.

实验 33 光敏性聚芳醚砜的制备及其光敏性测试

一、实验设计思路

聚芳醚砜是一种热塑性耐高温工程塑料,其耐热性、力学性能、电性能优良,具有良好的尺寸稳定性、阻燃性和易加工成型性能,广泛应用于电气、机械、电子、医疗以及航空航天领域。聚芳醚砜的透光率可高于 90%。采用光敏双酚单体引入光敏基团,可制得光敏性线型聚芳醚砜。在紫外光照射下,形成交联聚芳醚砜。

本实验拟利用 4,4′-二羟基查尔酮和 4,4′-二氟二苯砜进行线型缩聚反应制备光敏性聚芳醚砜并测试其性能。

二、实验目的

1. 掌握由 4,4′-二羟基查尔酮和 4,4′-二氟二苯砜缩聚制备线型聚芳醚砜实验方法;
2. 熟悉线型缩聚反应的原理。

三、实验原理

聚芳醚砜是主链含有砜基、醚键和亚芳基的一类无定型非结晶性高分子材料。分子结构如图 33-1 所示,其主链的砜基基团中的硫原子处于最高的氧化状态,且含有一定的亚芳基,因而聚芳醚砜的抗氧化性能、机械性能和热稳定性较好,醚键又为材料提供了一定的韧性。

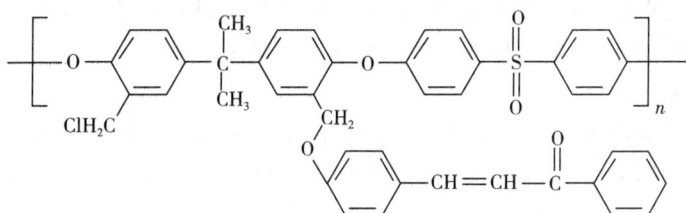

图 33-1 聚芳醚砜分子结构(含砜基、醚键、亚芳基)

聚芳醚砜一般是由双酚单体和 4,4′-二卤代二苯砜通过线型缩聚制得。此缩聚反应一般是在非质子型极性有机溶剂、带水剂和碱性无机物的存在下实施的,反应过程和一般的线型缩聚反应过程类似,即双官能团酚羟基和卤原子间相互反应,同时析出副产物水,利用带水剂与水形成共沸物的特点在较低温度下除去水,以促进反应向正向进行,而后升高温度继续反应一定时间便可得到较高分子量的聚芳醚砜。聚芳醚砜的相对分子质量受原料配比、固含量、反应温度、催化剂、反应程度、反应时间以及副产物水的除去程度影响较大。

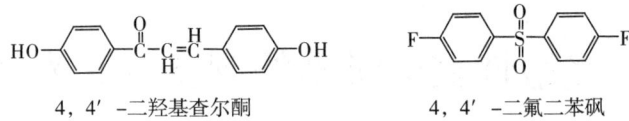

图 33-2　单体结构

　　选用光敏双酚单体 4,4'-二羟基查尔酮和 4,4'-二氟二苯砜(见图 33-2)为原料,经线型缩聚得到光敏性聚芳醚砜。反应生成的水在较低温度下用减压法抽走,待水除净,升温继续反应至黏度很大便可得到较高分子量的光敏聚芳醚砜。其光敏性是指聚合物主链上查尔酮单元中的碳碳双键在 UV 光照射可发生 2+2 环加成反应,使聚合物分子链间形成交联结构。交联结构的形成使聚合物的光学性能、溶解性、透光性、厚度、介电常数以及折射率等发生变化,利用这些性能的变化可拓宽聚芳醚砜的应用领域,如溶解性的突变可使其有望在负型光刻胶领域得到应用。

四、实验仪器及试剂

　　循环水式真空泵、油浴、紫外曝光仪、紫外-可见分光光度计、真空干燥箱。
　　4,4'-二羟基查尔酮、4,4'-二氟二苯砜、N,N'-二甲基乙酰胺、无水碳酸钾、甲苯。

五、实验内容

1. 光敏聚芳醚砜的合成

　　在装有氮气导气管和搅拌器的两颈烧瓶中,依次加入 4,4'-二氟二苯砜 1.2713 g(5 mmol)、4,4'-二羟基查尔酮 1.2013 g(5 mmol)、N,N'-二甲基乙酰胺 10.52 mL(按固含量 25%计算得出),甲苯 5 mL(除水),室温搅拌,待全部溶解后,加入无水碳酸钾 1.3821 g(原料的总物质的量);用循环水式真空泵减压除水 1.5 h,油浴温度为 65 ℃;然后将反应器移至通风橱内,上置回流冷凝管,干燥管(内装无水氯化钙),并通氮气,在 130~140 ℃的油浴中反应直到黏度非常大;冷却至室温,在含有少量醋酸的去离子水中沉淀,得到黄色聚合物。经甲醇、蒸馏水洗涤多次后抽滤,60 ℃下真空干燥 24 h。

2. 光敏性测试

　　将光敏性聚芳醚砜配成 0.1%(质量分数)的 DMAc 溶液,均匀涂在石英比色皿上,在 80 ℃烘箱里烘 1 h 蒸除溶剂,再在 60 ℃真空干燥箱里干燥 24 h,成膜后利用紫外-可见光谱仪测量聚合物膜在常温下经紫外曝光以照射不同时间后的光谱。

六、实验报告提纲

　　参照实验 1,详情略。

七、注意事项

　　1. 氮气导气管应该伸入到液面以下。
　　2. 光敏性测试时涂在比色皿上的涂层厚度务必保持均匀一致。

八、思考题

1. 一般光敏性材料应该具有哪些结构特点?
2. 查阅资料,了解光敏性材料在光刻胶领域的应用。

九、参考文献

[1] 周智敏,米远祝. 高分子化学与物理实验[M]. 北京:化学工业出版社,2011.

[2] 张爱清. 高分子科学实验教程[M]. 北京:化学工业出版社,2011.

[3] 王荣民,宋鹏飞,彭辉. 高分子材料合成实验[M]. 北京:化学工业出版社,2019.

[4] 李智杰. 新型聚芳醚砜的制备与性能研究[D]. 上海:东华大学,2021.

[5] 谭冶. 光敏性聚芳醚砜高温质子交换膜的制备与性能研究[D]. 武汉:中南民族大学,2012.

实验34　可降解光敏性聚合物纳米微球的制备及表征

一、实验设计思路

刺激响应性聚合物可以定义为能够对外界环境微小的变化做出迅速和显著物理或化学变化的聚合物,材料在外界刺激如光、电场、磁场、温度、pH 等作用下能自发地调节自身的性质,从而对外部环境的变化进行有效的适应,如调节物质表面的亲疏水性质、控制物质内部的离子和分子运输通道,将化学信号转变为光、电、热、机械信号等。因此,刺激响应性聚合物材料在日常生活和工业生产的各个领域有着非常广泛的应用前景。其中,光作为外界刺激具有自己的优势,如可调控性强,可改变的参数多,如波长、光强、偏振性、照射时间等,并且具有远程操纵、精确定位的特点,能够非接触式地作用于材料并改变其特性。

二、实验目的

1. 学习制作聚合物纳米微球的方法;
2. 掌握提纯操作步骤;
3. 了解吸附性能测试过程。

三、实验原理

聚合物纳米微球的制备方法有分子自组装、微乳液、模板聚合、树枝状聚合、超支化聚合等,分子自组装是通过分子间特殊相互作用,如静电吸引、氢键、疏水性缔合、π - π 堆砌等,组装成的纳米尺度有序结构。微乳液是由油、水、乳化剂和助乳化剂组成的各向同性、热力学稳定的透明或半透明胶体分散体系,其分散相尺寸为纳米级。模板聚合采用具有纳米微孔的材料如聚碳酸酯或聚合物乳胶形成的胶体晶作为模板,使单体在这些具有纳米尺度的微孔或粒子间隙内聚合,形成纳米聚合物线状、管状、层状和孔状结构材料。树枝状聚合物是采用有机合成法(收敛法或扩散法)制备的具有规整的分子结构和三维结构的大分子,形似树枝,表面致密堆砌,内部有空隙,分子尺度在纳米级。超支化聚合物是一种链节高度支化的聚合物,不像树枝状聚合物那样有规则和具有良好的对称性可看作线形和树枝状聚合物之间的一种过渡结构,合成过程相对树枝状聚合物更简单。偶氮苯基团指的是芳香环通过氮氮双键(—N =N—)连接而形成的化学结构,以偶氮苯基团作为结构核心的分子统称偶氮苯化合物。偶氮苯化合物含有共轭双键体系,在紫外光至可见红光波段具有很强的吸收,因而显现出丰富多彩的颜色,被广泛用作染料或调色剂的同时,偶氮苯基团是一个长径比很大的棒状结构,非常适合用作介晶基元,这使得许多偶氮苯化合物在适当的条件下可以表现出液晶相。

偶氮苯聚合物常用的合成方法包括自由基聚合法、缩合聚合法、偶合反应法和后修饰法等。其中,自由基聚合法因其操作简便、适用单体范围广而成为最受青睐的方法。最近 20 年来,"活性"自由基聚合技术的出现为制备相对分子质量可控、结构规整的聚合物材料提供了有效的途径,越来越多具有不同拓扑形态的偶氮苯聚合物被设计并合成出来。目前所报道的偶氮苯聚合物主要包括以下三种类型:侧链型偶氮苯聚合物、主链型偶氮苯聚合物和其他具有特殊拓扑结构的偶苯聚合物。

四、实验仪器及试剂

1. 仪器
蒸馏装置,旋转蒸发器,高纯氮气瓶,圆底烧瓶,扫描电子显微镜,超速离心机等。

2. 试剂
甲基丙烯酸,无水硫酸钠,二氯亚砜,三乙胺,四氢呋喃,金属钠,二苯甲酮,二甲基丙烯酸乙二醇酯,偶氮二异丁腈,氯化亚铜,乙腈,氧化钙,氢氧化钠,乙醚,氯化钙,硝酸钠,4-氨基吡啶,2,4-D。

五、实验步骤

1. 试剂预处理
甲基丙烯酸(MAc):无水硫酸钠干燥 24 h,减压蒸馏。二氯亚砜:常压蒸馏,三乙胺:无水硫酸钠干燥 24 h,常压蒸馏。四氢呋喃:在二苯甲酮存在下,加入金属钠回流,溶液颜色变蓝后,常压蒸馏。二甲基丙烯酸乙二醇(EGDMA):分别用 10% 氧氧化钠溶液和蒸馏水洗涤两遍,无水硫酸镁干燥 24 h,减压蒸馏。偶氮二异丁腈(AIBN)用乙醇重结晶两次,在五氧化二磷干燥剂存在条件下真空干燥 24 h。乙腈:加入氧化钙回流 3,常压蒸馏。

2. 偶苯功能单体(MAzoPy)的合成
甲基丙烯酰氯:在一只装有回流冷凝管、干燥管(连氯化氢尾气吸收装置)、温度计和恒压滴液漏斗的 250 mL 三口圆底烧瓶内加入 80 g 甲基丙烯酸(0.93 mol)和 2 g 氯化亚铜,于电磁搅拌条件下缓慢滴加 74 mL 二氯亚砜(1.01 mol),滴加过程中控制温度在 25~30 ℃,滴加完毕后逐渐将反应液升温至 95 ℃,反应 7 h 后常压蒸馏,收集 100~105 ℃ 馏分,得到无色透明液体。

甲基丙烯酸酐:在一只装有温度计和恒压滴液漏斗的 500 mL 三口圆底烧瓶内加入 14.5 g 甲基丙烯酸(0.17 mol),缓慢滴加 13 mL 氢氧化钠溶液(15 mol/L),滴加过程中控制温度低于 20 ℃。滴加完毕后加入 17 mL 乙醚,冰水浴冷却并在剧烈搅拌条件下再次滴加 14.7 g 甲基丙烯酰氯(0.14 mol,溶于 10 mL 乙醚),控制温度低于 20 ℃ 反应 2 h 后,用乙醚萃取,收集有机层并用无水氯化钙干燥过夜,过滤后旋蒸除去乙醚,加入氯化亚铜,减压蒸馏,收集 80 ℃ 左右馏分,得到无色透明液体。

4-(4-羟基苯基偶氮)吡啶:将 5.0 g 苯酚和 4.0 g 亚硝酸钠溶解于 20 mL 氧氧化钠溶液(10%)中;将 6.0 g 4-氨基吡啶溶解于 45 mL 盐酸(7.3 mol/L)中。充分溶解后,在冰水浴条件下将碱液缓慢加入酸液中,体系由浅黄色逐渐变深,至橙红色后出现浑浊。滴加完毕后用氢氧化钠溶液(10%)调节 pH 至 6～7 后反应 2 h,抽滤并用水洗涤,收集粗产品后用甲醇和丙酮重结晶,所得产品于 25 ℃下真空干燥 24 h,得到棕色固体。

4-[4-(甲基丙烯酰氯)苯基偶氮]吡啶(MAzoPy):在 250 mL 圆底烧瓶中依次加入 2.390 g 4-(4 羟基苯基偶氮)吡啶(12 mmol)、0.132 g 4-二甲氨基吡啶(DMAP)(1.2 mmol)、1.67 mL 三乙胺(12 mmol)和 150 mL 无水 THF,充分溶解后再加入 3.57 mL 甲基丙烯酸酐(24 mmol),体系呈暗红色,于 40 ℃下反应 24 h。反应结束后按反应液:水:氯仿=1:2:3 进行分液萃取,收集有机层并用等量水洗涤,无水硫酸钠干燥过夜后旋蒸除去溶剂,得到棕色固体。

3. 聚合物微球的合成

将 0.4005 g MAzoPy(1.5 mmol)、0.3316 g 2,4-D(1.5 mmol)和 75 mL 无水乙腈依次加入 100 mL 圆底烧瓶中,室温黑暗条件下搅拌 3 h。向其中加入 0.85 mL EGDMA(4.5 mmol)和 0.0086 g AIBN(0.0525 mmol),冰水浴冷却条件下向澄清溶液中通气 20 min 除氧,随后将反应瓶封口后置于 60 ℃油浴中反应 48 h,反应结束后超速离心收集所得聚合物,并相继用甲醇-乙酸混合液(9:1,体积比)和乙腈分别抽提 48 h,以洗脱聚合物中残留的模板分子,将所得产品于 40 ℃下真空干燥 24 h,得到黄褐色固体。

4. 聚合物的形貌表征

通过扫描电子显微镜拍摄的照片对所得分子印迹聚合物的形态及粒径进行分析。从扫描电子显微镜照片中随机选取 100 个微球,测量其粒径,并据此计算所有微球的平均粒径及粒径多分散性指数:

$$D_n = \sum_{i=1}^{k} n_i D_i \Big/ \sum_{i=1}^{k} n_i; \quad D_w = \sum_{i=1}^{k} n_i D_i^4 \Big/ \sum_{i=1}^{k} n_i D_i^3; \quad U = D_w / D_n \qquad (34-1)$$

式中,D_n——数均直径;

D_w——重均直径;

D_i——单个微球的直径;

U——粒径多分散性指数。

5. 聚合物吸附性能测试

取一系列装有 5 mg MIP/NIP 的 2 mL 移液管,分别向其中加入 0.5 mL 2,4-D、DPAc、苯氧乙酸(POAc)的混合乙腈溶液(浓度均为 0.05 molL),25 ℃下于恒温振荡箱中振荡。6 h 后取出一组样品,超速离心并吸取上层清液用于 HPLC 测定。然后打开紫外光源照射其余样品 3 h,取出第二组样品,超速离心并吸取上层清液用于 HPLC 测定。关闭紫外光源,18 h 后取出第三组样品,超速离心并吸取上层清液用于 HPLC 测定。重复该过程(紫外光源开启 3 h,关闭 18 h)数次,直至所有样品都被取出并测定。根据溶液的浓度变化可以计算出不同微球样品对模板分子 2,4-D 及其类似物 DPAc、POAc 的吸附百分数(%),平行测定两次,取平均值。

六、实验报告提纲

参照实验 1,实验报告中重点讨论:

1. 偶氮苯的结构特点。
2. 各测试结果的分析讨论。

七、注意事项

1. 制备过程复杂繁复,避免出现差错。
2. 试剂预处理用到危险药品,防止发生危险。

八、参考文献

[1] 宋荣君,李加民. 高分子化学综合实验[M]. 北京:科学出版社,2017.

[2] 祝智敏. 磁性聚合物微球及其半导体复合材料的光化学构筑与其性能研究[D]. 广州:华南师范大学,2013.

[3] 潘祖仁. 高分子化学[M]. 北京:化学工业出版社,2014.

实验 35　温敏性聚乙烯醇/丙烯酸钠缩乙醛共聚凝胶的制备与表征

一、实验设计思路

以醋酸乙烯酯、丙烯酸为原料，采用醇解法制备聚乙烯醇/丙烯酸钠共聚物。随后使用乙醛与产物发生缩醛反应，制备聚乙烯醇/丙烯酸钠缩乙醛。最后使用戊二醛为交联剂，制备聚乙烯醇/丙烯酸钠共聚凝胶。通过设计和改变实验条件，对产物的温敏性进行调节和控制。

二、实验目的

1. 掌握醇解法制备聚乙烯醇/丙烯酸钠共聚物的原理与实验方法。
2. 掌握制备聚乙烯醇-丙烯酸钠缩乙醛的原理与实验方法。
3. 掌握制备聚乙烯醇-丙烯酸钠共聚凝胶的原理和实验方法。
4. 了解产物温敏性的测试评价方法。

三、实验原理

溶胶或溶液中的胶体粒子或高分子在一定条件下互相连接，形成空间网状结构，结构空隙中充满了作为分散介质的液体（在干凝胶中也可以是气体），这样一种特殊的分散体系称作凝胶。

温敏性凝胶是指对温度刺激具有响应性的智能型材料，它们在水溶液中存在一个低临界溶解温度（LCST），当温度升高到 LCST 以上时，聚合物凝胶会经历一个由高溶胀状态到消溶胀状态的转变。

聚乙烯醇（PVA）是一种价廉易得、无毒、具有良好生物相容性的水溶性聚合物，广泛用于生物医学领域，其水凝胶可作为人造软骨、人造肌肉、创面敷膜和人造晶体等。但聚乙烯醇不具温敏性，常温水溶性较差，且含有大量气泡，弱而易碎。

丙烯酸（AA）含有阴离子（—COO—）基团，是一种阴离子型聚电解质，具有优良的水溶性，将其引入 PVA 链中可以改善 PVA 的水溶性。再将聚乙烯醇-丙烯酸钠共聚物与乙醛共聚，使分子链上的羟基部分缩醛化，得到具有温度敏感性的聚乙烯醇/丙烯酸钠缩乙醛，合成路线如图 35-1 所示。

1. 共聚

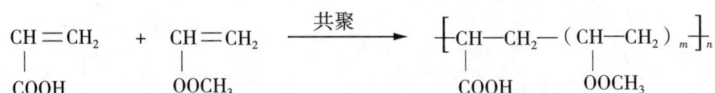

2. 醇解

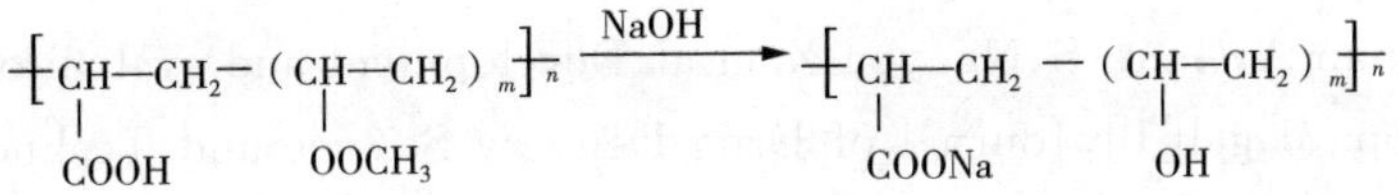

$$\left[CH\text{—}CH_2\text{—}(CH\text{—}CH_2)_m\right]_n \xrightarrow{\text{NaOH}} \left[CH\text{—}CH_2\text{—}(CH\text{—}CH_2)_m\right]_n$$

（COOH，OOCH₃；COONa，OH）

3. 缩醛化

$$\left[CH\text{—}CH_2\text{—}(CH\text{—}CH_2)_m\right]_n \xrightarrow{\text{乙醛}} \left[CH\text{—}CH_2\text{—}(CH\text{—}CH_2)_{m-2x}\text{—}(CH\text{—}CH_2\text{—}CH_2)_x\right]_n$$

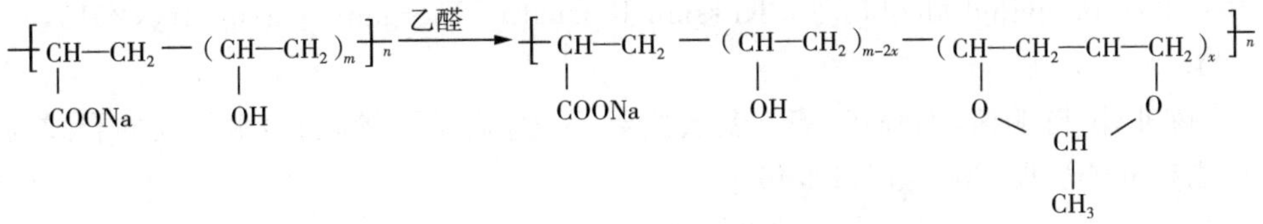

图 35-1　聚乙烯醇/丙烯酸钠缩乙醛合成路线图

PVA 水凝胶的制备按照交联的方法可分为化学交联和物理交联。物理交联主要是反复冷冻解冻法。化学交联又分辐射交联和化学试剂交联两大类。辐射交联主要利用电子束、γ 射线、紫外线等直接辐射 PVA 溶液，使得 PVA 分子间通过产生自由基而交联在一起。化学试剂交联则是采用化学交联剂使得 PVA 分子间发生化学交联而形成凝胶，常用的交联剂有醛类、硼酸、环氧氯丙烷以及可以与 PVA 通过配位络合形成凝胶的重金属盐等。本实验拟采用化学法，使用戊二醛为交联剂，对聚乙烯醇/丙烯酸钠缩乙醛进行交联反应。

四、实验仪器与试剂

1. 实验仪器

拌恒温加热器、250 mL 三颈瓶、温度计、烧杯等；傅立叶变换红外光谱仪、紫外-可见光分光光度计等。

2. 试剂

甲醇、丙烯酸、乙酸乙烯酯、偶氮二异丁腈、盐酸、乙醛、氢氧化钠、戊二醛等。

五、实验步骤

1. 聚乙烯醇-丙烯酸钠共聚物合成。使用乙酸乙烯酯，丙烯酸为主要原料，设计合理的配方和反应条件，制备聚乙烯醇-丙烯酸钠共聚物。

2. 聚乙烯醇-丙烯酸钠缩乙醛的合成。设计合理的配方和反应条件使聚乙烯醇-丙烯酸钠共聚物与乙醛发生缩醛化反应。

3. 聚乙烯醇-丙烯酸钠共聚凝胶的合成。选择合适的方法，使制得的聚乙烯醇-丙烯酸钠缩乙醛发生凝胶化反应。

4. 产品结构表征及温敏性的测试与评价。采用合适的测试方法对各步产品的结构及温敏性进行表征。

六、实验报告提纲

参照实验 1，详情略。

七、参考文献

［1］Sivaraman A,Ganti S,Nguyen X. et al. Development and evaluation of a polyvinyl alcohol based topical gel[J]. Journal of Drug Delivery Science and Technology,2017,39,210－216.

［2］Lisnevskaya I V,Bobrova I A,Lupeiko T G. Synthesis of yttrium iron garnet from a gel based on polyvinyl alcohol[J]. Russian Journal of Inorganic Chemistry,2015,60(4),437－441.

［3］陈兆伟,陈明清,刘晓亚,等. 温敏性聚(N－异丙基丙烯酰胺)水凝胶的合成与表征[J]. 功能高分子学报,2004,17(1),46－51.

实验 36 温度敏感聚 N-异丙基丙烯酰胺水凝胶的制备与表征

一、实验设计思路

水凝胶(Hydrogel)是以水为分散介质的凝胶,具有网状交联结构,其在医药医疗、人工器官、保水抗旱等方面有着十分广泛的应用。而温敏性水凝胶作为响应性的高分子材料可以对外界的温度变化做出相应的反应,在智能材料领域应用更广。

N-异丙基丙烯酰胺(NIPAM)是一种常用于制备具有最低临界溶解温度(LCST)材料的单体。本文以 NIPAM 为单体,通过配方设计和优化,制备出一种温敏性水凝胶。同时进行后期改性,比如通过与丙烯酸羟乙酯(MEHQ)共聚来改变水凝胶的 LCST,使之更接近人体温度;另一方面,通过在聚合的过程中加入致孔剂聚乙二醇(PEG),使水凝胶形成多孔结构,从而增大凝胶的响应速率。

二、实验目的

1. 了解水凝胶的应用和前景;
2. 设计合理的实验方案制备温敏性水凝胶;
3. 分析影响因素和改进方法。

三、实验原理

由于水凝胶中有亲水基团,所以当亲水基团与水分子结合时就可以将水分子停留在水凝胶内部,当疏水基团遇到水分子时会发生溶胀。水凝胶拥有网络结构,较之其他材料更加柔软,状态稳定,有相应的形状,能吸收大量的水。

当外界温度产生变化时,温度敏感型水凝胶会根据温度的不同发生不同的变化。聚 N-异丙基丙烯酰胺水凝胶是一种最常见的温敏有机物,在 31~33 ℃时有一个相转变温度称为 LCST。当温度上升到 LCST 以上时水凝胶收缩发生退涨现象,当温度下降到 LCST 以下时水凝胶会吸水溶胀(如图 36-1)。有学者通过实验发现将 N-异丙基丙烯酰胺与其他单体共聚或共混合成的水凝胶既存在相转变温度,吸水性能也有了很大提高。如以甲基丙烯酸和 N-异丙基丙烯酰胺为原料,采用自由基共聚的方法合成水凝胶发现在一定范围内凝胶的 LCST 与甲基丙烯酸含量正相关,而且对温度更加敏感,响应速率也大大提高;当甲基丙烯酸达 25%以上,凝胶的 LCST 会有所减小,凝胶变得不敏感,响应速率大大降低。

由于聚 N-异丙基丙烯酰胺敏感高分子水凝胶具有灵敏的温敏性,较大的膨胀率,且敏

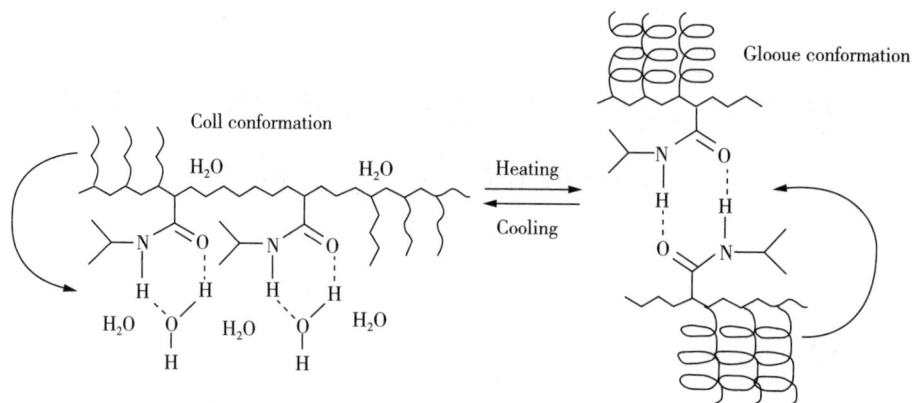

图 36-1 聚 N-异丙基丙烯酰胺温度敏感特性原理示意图

感温度与人的体温接近,使其在可控制给药体系、酶的固定、免疫分析、浓缩分离、医疗诊断和生物加工等方面具有广泛的用途。

温敏水凝胶最传统的应用是材料的富集分离。它可以通过改变溶胀度来改变水凝胶中的浓度,或保留在水溶液中,从而达到分离的目的。聚 N-异丙基丙烯酰胺水凝胶在 LCST 附近很窄的温度范围内,发生膨胀和收缩,其吸收和释放变化率可高达几倍至几十倍,在酶的回收方面发挥很大的作用。

在给药体系制备中,通过体温的变化来调节聚 N-异丙基丙烯酰胺敏感水凝胶对药品的释放。如果环境温度升到 LCST 以上时,水凝胶表面就会形成又薄又密的薄膜,由于这个层薄膜的阻挡,液体和药物无法释放到外界;如果温度在 LCST 以下时,这层又薄又密的薄膜会消失,这时药物和液体就会释放到外界。

四、实验仪器与试剂

实验中使用的主要原料和仪器,见表 36-1 和 36-2。

表 36-1 主要试剂

药品名称	规格	厂家
N-异丙基丙烯酰胺(NIPAM)	AR≥98%	阿拉丁
N,N'-亚甲基双丙烯酰胺(BIS)	AR≥99%	阿法埃莎
四甲基乙二胺(TMEDA)	BR≥98%	国药
过硫酸铵(APS)	AR ≥ 98%	国药
聚乙二醇 5000(PEG5000)	AR Mn5000	Aldrich
聚乙二醇 550(PEG550)	AR Mn550	Alfa aesar
丙烯酸羟乙酯(MEHQ)	AR≥99%	安耐吉化学

表 36-2　主要仪器

仪器设备名称	型号	制造厂家
恒温多头磁力搅拌器	HJ-6R	金坛市杰瑞尔电器有限公司
真空干燥箱	DZF-6020	巩义市英峪予华仪器厂
电子天平	FA 1004B	上海越孚科学仪器有限公司
循环水式真空泵	SHZ-D(Ⅲ)	巩义市予华仪器有限责任公司
移液枪(10~100 μL)	DP 31773	大龙兴创实验仪器有限公司
水浴锅	HH-S4	常州普天仪器制造公司
油浴锅	DF-101S	巩义市予华仪器有限责任公司

五、实验步骤

1. 原料的精制与提纯。

用甲苯和正己烷一比一的混合溶液重结晶 N-异丙基丙烯酰胺。N,N'-亚甲基双丙烯酰胺用甲醇重结晶。

2. 水凝胶的合成配方,可参考表 36-3。

表 36-3　凝胶的合成配方

编号	NIPAM (mg)	MEHQ (μL)	BIS (mg)	TMEDA (μL)	APS (mg)	PEG (mg)	H_2O (mL)
1	200	0	4	10	6	0	3
2	200	0	8	10	6	0	3
3	200	0	12	10	6	0	3
4	200	0	16	10	6	0	3
5	180	20	10	10	6	100(5000)	3
6	180	20	10	10	6	200(5000)	3
7	180	20	10	10	6	300(5000)	3
8	180	20	10	10	6	400(5000)	3
9	180	20	4	10	6	200(5000)	3
10	180	20	8	10	6	200(5000)	3
11	180	20	12	10	6	200(5000)	3
12	180	20	16	10	6	200(5000)	3
13	200	20	12	10	6	0	3
14	180	20	10	10	6	200(550)	3
15	200	0	8	10	6	200(5000)	3

3. 水凝胶性能表征。

（1）红外光谱

将完全干燥的水凝胶碾碎压片，用傅里叶变换红外光谱仪测定其红外光谱图。

（2）相转变温度的测定

采用示差扫描量热分析法。

（3）水凝胶溶胀率（SR）

干燥凝胶的质量为 W_d，凝胶达到溶胀平衡时的状态为 W_T，凝胶在一定温度下达到溶胀平衡状态时凝胶中水的质量与干燥凝胶的质量之比，定义为水凝胶的饱和溶胀率或平衡溶胀率。

$$SR = (W_T - W_d)/W_d \qquad (36-1)$$

（4）水凝胶溶胀/退胀性能

溶胀动力学（WR）：将完全烘干的凝胶在一定温度下，用蒸馏水浸泡使其溶胀。每隔一段时间称重一次，t 时刻称得的重量为 W_t，直到水凝胶的质量几乎不随时间变化为止。凝胶含水率定义为：

$$WR = (W_t - W_d)/(W_T - W_d) \qquad (36-2)$$

退胀动力学（WR'）：一定温度下完全溶胀的凝胶重为 W_T，然后置于 50 度水浴锅中使其退胀。每隔一段时间将水凝胶取出称重 W_t，某一时间的凝胶水保留率为凝胶的吸水量与 T 时刻平衡时吸水量之比：

$$WR' = (W_t - W_d)/(W_T - W_d) \qquad (36-3)$$

六、实验报告提纲

参考实验 1，详情略。

七、参考文献

［1］吴迪，王萍，雷晨，等．负载抗菌多肽温敏水凝胶的制备及性能研究［J］．南京医科大学学报：自然科学版，2022，42（7），957-964．

［2］何元，罗媛媛，刘通，等．温度响应型酰腙可逆共价键水凝胶的制备及性能［J］．功能高分子学报，2022，35（1），93-100．

［3］王勃翔，刘丽，李佳，等．烯丙基丝素蛋白温敏水凝胶的合成及性能研究［J］．化工学报，2020，71（12），5821-5830．

实验 37　丙烯酸共聚丙烯酸羟乙酯相转变凝胶的合成及应用研究

一、实验设计思路

智能材料,由于其模仿生命系统,对环境可感知、可响应,并具有功能发现能力,是集自检测(传感)、自判断和自结论(处理)功能于一体的新材料。如温敏聚合物、pH 敏聚合物、离子强度响应聚合物、抗原响应聚合物等。在环境响应性聚合物体系中,温敏聚合物由于温度变化易于控制,可方便应用于生物等领域,故其是最为广泛使用的刺激信号。温敏聚合物在开发新的应用领域方面得到了广泛的研究。

对相变储能材料的开发,国外已逐步进入实用阶段,主要用来控制反应的温度,利用太阳能及储存工业反应中的余热和废热。利用太阳能是相变材料的一大用途之一。例如美国管道系统公司(PipeSystemInc.)应用 $CaCl_2 \cdot 6H_2O$ 作为相变材料制成贮热管,用来贮存太阳能和回收工业中的余热,该公司称 100 根 15 cm、直径 9 cm 的聚乙烯贮热管就能满足一个家庭所有房间的取暖需要。以废热或余热为主要热源,利用相变材料作恒温和保温设备的衬材也是应用较成功的,如农业和畜牧业的温室和暖房。日本专利报道,用 $Na_2SO_4 \cdot 10H_2O$、$Na_2CO_3 \cdot 10H_2O$、$CH_3COONa \cdot 3H_2O$ 作相变材料,用硼砂作过冷抑制剂,用交联聚丙烯酸钠作分相防止剂,制成在 20℃相变的蓄热材料,该材料用于园艺温室的保温。相变材料还可用于各类保温和取暖设备,如日本专利报道,以 $Na_2CO_3 \cdot H_2O$ 和焦磷酸钠作过冷抑制剂,使用 $CH_3COONa \cdot 3H_2O$、KNO_3、NH_4NO_3 等相变材料可作蓄热工质,当加热到设定温度 55～58 ℃后,即可断电取暖。

实验以丙烯酸和丙烯酸羟乙酯为单体,金属离子作为调节剂,过硫酸钾作为引发剂,通过水溶液聚合得到聚(丙烯酸-丙烯酸羟乙酯)凝胶,并研究了金属离子浓度及金属离子种类对聚(丙烯酸-丙烯酸羟乙酯)相转变温度的影响,通过查找相关文献和书籍,解释了聚(丙烯酸—丙烯酸羟乙酯)凝胶相转变的相转变机理。聚(丙烯酸—丙烯酸羟乙酯)凝胶具有在不同温度下发生相转变,且金属离子浓度不同聚合而成的聚(丙烯酸-丙烯酸羟乙酯)凝胶发生相转变的温度不同,但聚丙烯酸及聚丙烯酸羟乙酯均无此现象,关于聚(丙烯酸-丙烯酸羟乙酯)凝胶的相转变的影响因素及其原理做了研究和讨论。

二、实验目的

1. 学会文献检索,制订实验方案,并根据实验方案开展实验研究。
2. 掌握金属离子对丙烯酸共聚丙烯酸羟乙酯凝胶相转变温度的影响。

三、实验原理

实验通过丙烯酸和金属氧化物(锌、镁、钙)反应,制备丙烯酸盐[见式(37-1)],利用丙烯酸盐和丙烯酸羟乙酯为单体,水为溶剂,过硫酸铵为引发剂,采用溶液聚合的方法制备丙烯酸盐和丙烯酸羟乙酯的共聚合物凝胶,研究反应物浓度对凝胶的相转变温度的影响[见式(37-2)]。

反应原理:

$$2CH_2=CH-COOH+MO \longrightarrow CH_2=CH-COOMOOC-CH=CH_2+H_2O$$

$$(37-1)$$

$$nCH_2=CH-COOMOOC-CH=CH_2+nCH_2=CH-COOCH_2-CH_2-OH \rightarrow 凝胶$$

$$(37-2)$$

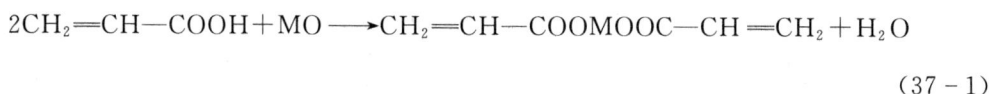

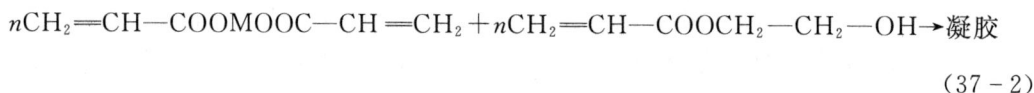

其中:M 代表锌、镁、钙

四、实验仪器与试剂

1. 实验药品(见表 37-1)

表 37-1　实验药品

名称	规格	生产厂家
丙烯酸	化学纯	天津市大茂化学试剂厂
丙烯酸羟乙酯	分析纯	上海麦克林化学试剂厂
氧化锌	分析纯	天津市博迪化工有限公司
氧化钙	分析纯	江苏永华精细化学品有限公司
蒸馏水	分析纯	自制
过硫酸钾	分析纯	宜兴市第二化学试剂厂

2. 实验仪器(见表 37-2)

表 37-2　实验仪器

仪器名称	型号	产地
恒温电加热套	HDM500	江苏省金坛市杰瑞尔有限公司
集热式搅拌器(油浴锅)	DF-101S	常州普天仪器制造有限公司
超声波清洗器	BRANSON	必能信超声(上海)有限公司
数显恒温水浴锅	HH	江苏省金坛市杰瑞尔有限公司
电子天平	BS210S	北京赛多利斯仪器系统有限公司
电热恒温鼓风干燥箱	DGG-9140AD	上海齐欣科技有限公司
真空干燥箱	DZF-6020	上海博讯实业公司

五、实验步骤

1. 制备不同组分的聚(丙烯酸-丙烯酸羟乙酯)凝胶(见表 37-3)

分别称取 6 g、5 g、4 g、3 g、2 g、1 g、0 g 15％丙烯酸溶液和 0 g、1 g、2 g、3 g、4 g、5 g、6 g 丙烯酸羟乙酯于编好序号的小试剂瓶中,再分别加入 2 g 1％过硫酸钾溶液。然后依次将溶液倒入编好序号的比色皿中,再将七个比色皿同时放入 60 ℃恒温水浴锅中加热至变成凝胶。反应完成后逐步降温测凝胶的透光率,然后再逐步升温测凝胶的透光率。

表 37-3　不同组分的聚(丙烯酸-丙烯酸羟乙酯)凝胶的制备

序号	一	二	三	四	五	六	七
丙烯酸溶液(g)	6	5	4	3	2	1	0
丙烯酸羟乙酯(g)	0	1	2	3	4	5	6
过硫酸钾溶液(g)	2	2	2	2	2	2	2

2. 制备含不同浓度锌离子的聚(丙烯酸-丙烯酸羟乙酯)凝胶(见表 37-4)

分别称取 10 g 15％丙烯酸锌溶液(锌离子浓度为 0.00155 mol/L)和 2 g 1％过硫酸钾溶液于小试剂瓶中,再分别加入丙烯酸羟乙酯 0.2 g、0.5 g、1 g、1.5 g、2 g、2.5 g、3 g。然后依次将溶液倒入编好序号的比色皿中,再将七个比色皿同时放入 60 ℃恒温水浴锅中加热至变成凝胶。反应完成后逐步降温测凝胶的透光率,然后再逐步升温测凝胶的透光率。

表 37-4　含不同浓度锌离子的聚(丙烯酸-丙烯酸羟乙酯)凝胶的制备

序号	一	二	三	四	五	六	七
丙烯酸锌溶液(g)	10	10	10	10	10	10	10
丙烯酸羟乙酯(g)	0.2	0.5	1	1.5	2	2.5	3
过硫酸钾溶液(g)	2	2	2	2	2	2	2

(1)制备含不同浓度镁离子的聚(丙烯酸-丙烯酸羟乙酯)凝胶(见表 37-5)

分别称取 10 g 15％丙烯酸镁溶液(镁离子浓度为 0.00155 mol/L)和 2 g 1％过硫酸钾溶液于小试剂瓶中,再分别加入丙烯酸羟乙酯 0.2 g、0.5 g、1 g。然后依次将溶液倒入编好序号的比色皿中,再将三个比色皿同时放入 60 ℃恒温水浴锅中加热至变成凝胶。反应完成后逐步降温测凝胶的透光率,然后再逐步升温测凝胶的透光率。

表 37-5　含不同浓度镁离子的聚(丙烯酸-丙烯酸羟乙酯)凝胶的制备

序号	一	二	三
丙烯酸镁溶液(g)	10	10	10
丙烯酸羟乙酯(g)	0.2	0.5	1
过硫酸钾溶液(g)	2	2	2

(2)制备含不同浓度钙离子的聚(丙烯酸-丙烯酸羟乙酯)凝胶(见表 37-6)

分别称取 10 g 15%丙烯酸钙溶液(钙离子浓度为 0.00155 mol/L)和 2 g 1%过硫酸钾溶液于小试剂瓶中,再分别加入丙烯酸羟乙酯 0.2 g、0.5 g、1 g。然后依次将溶液倒入编好序号的比色皿中,再将三个比色皿同时放入 60 ℃恒温水浴锅中加热至变成凝胶。反应完成后逐步降温测凝胶的透光率,然后再逐步升温测凝胶的透光率。

表 37-6　含不同浓度锌离子的聚(丙烯酸-丙烯酸羟乙酯)凝胶的制备

序号	一	二	三
丙烯酸钙溶液(g)	10	10	10
丙烯酸羟乙酯(g)	0.2	0.5	1
过硫酸钾溶液(g)	2	2	2

(3)丙烯酸共聚丙烯酸羟乙酯凝胶的缓释研究

分别称取 10 g 15%丙烯酸锌溶液(锌离子浓度为 0.00155 mol/L)和 2 g 1%过硫酸钾溶液于小试剂瓶中,分别加入 1 g 的尿素,再分别加入丙烯酸羟乙酯 0.2 g、0.5 g、1 g、1.5 g、2 g、2.5 g、3 g。然后依次将溶液倒入编好序号的比色皿中,再将七个比色皿同时放入 60 ℃恒温水浴锅中加热至变成凝胶。反应完成后将生成的凝胶放入不同温度的 100 g 的水中,不同的时间间隔测定溶液中尿素的浓度。

六、实验报告提纲

参考实验 1,注意合理评价丙烯酸共聚丙烯酸羟乙酯凝胶的应用。

七、注意事项

聚合过程中防止爆聚。

八、参考文献

[1] 潘才元. 功能高分子[M]. 北京:科学出版社,2005.

[2] Jelmer S,Rene J B,Dijkstra C A,et al. On-demand antimicrobial release from a temperature-sensitive polymer-comparison with a dlibitum release from central venous catheters[J]. Journal of Controlled Release,2014,169,61-66.

[3] Jaiswal M,Koul V. Assessment of multicomponent hydrogel scaffolds of poly(acrylic acid-2-hydroxy ethyl methacrylate)/gelatin for tissue engineering applications[J]. Journal of Biomaterials Applications,2019,27(7),848-861.

实验 38　运用超临界二氧化碳技术制备氯化银纳米颗粒

一、实验设计思路

超临界流体指的是热力学状态处于临界点之上的流体,是介于液体和气体之间的单一相态。超临界萃取技术是指利用超临界流体在临界点附近体系温度和压力的微小变化,使物质溶解度发生几个数量级的突变性质来实现其对某些组分的提取和分离。超临界二氧化碳技术优点突出,操作温度低(室温附近)、萃取物无溶剂残留、萃取和分离二合一、压力温度均可做调节萃取过程的参数、对环境无污染。

纳米氯化银具有纳米结构和光致变色的显著特征,广泛应用于光致变色玻璃、光催化、复合材料、电极材料等领域。

本实验拟通过硝酸银和氯化钠在超临界二氧化碳中的反应制备氯化银纳米颗粒,并检测其光学性质。

二、实验目的

1. 了解超临界二氧化碳技术。
2. 掌握超临界二氧化碳技术制备氯化银纳米颗粒的方法。

三、实验原理

超临界二氧化碳流体完全不同于传统的有机溶剂。作为介质它具有一般有机溶剂所不具有的良好特性:它既具有液体一样的密度、溶解能力和传热系数,又有气体一样的低密度和高扩散系数。使用超临界二氧化碳进行萃取,萃取完成后释放出二氧化碳气体,从而使萃取物与溶剂分离。特别重要的是二氧化碳能出色地代替许多有毒、有害、易挥发、易燃的有机溶剂而被广泛重视。另外二氧化碳可看作与水最相似、最便宜的溶剂,它可从环境中来,在化学反应后可再回到环境中,无任何副产品,完全具有绿色的特点。此外二氧化碳有较温和的临界条件。当今超临界二氧化碳已经广泛地应用到萃取、生物技术、材料加工、化学反应工程、环境保护和治理等领域。然而二氧化碳具有较低的范德华力和介电常数,对于亲水性分子、高分子量物质及金属离子的溶解能力非常低,限制了二氧化碳的广泛应用。

为了克服超临界二氧化碳对极性物质溶解能力差的缺点,科学家们发明了几种方法,其中超临界二氧化碳和微乳液相结合是种非常有效且实用的方法。超临界二氧化碳不仅可以替代传统的有机溶剂,形成一种新型的、绿色的以超临界二氧化碳为连续相的微乳液,同时还可以溶解到传统的油包水型微乳液中,改善和调节微乳液体系的性质。选择在超临界二氧化碳中高溶解性的表面活性剂是形成超临界二氧化碳微乳液的关键。

表面活性剂具有双亲性特殊结构(含有疏水基团和亲水基团),在一定条件下,它们能自发形成聚集体。亲水部分倾向于与水相接触,而疏水性基团则指向非极性相。以非极性超临界二氧化碳作为连续相,随着浓度的增大,双亲物质能够形成聚集体。这种聚集体通常以亲水基相互靠拢,而以亲二氧化碳基朝向溶剂,因而形成二氧化碳包水的微乳液,简称超临界二氧化碳微乳液。超临界二氧化碳微乳液通常由表面活性剂、二氧化碳和水等组分组成。有时体系中还需要加入助表面活性剂,以进一步改善界面张力和界面刚性,使得微乳液液滴更容易自发生成。在超临界二氧化碳中,常采用中等链长的醇作为助表面活性剂促进超临界二氧化碳微乳液的形成,同时它们还可作为共溶剂增加表面活性剂在超临界二氧化碳中的溶解度。超临界二氧化碳微乳液中的水核可以看作微型反应器或称为纳米反应器,反应器的水核半径与体系中水和表面活性剂的浓度及种类有直接关系。

超临界二氧化碳微乳液(如图 38 − 1)中水核的大小或聚集分子层的厚度均为纳米级,从而为纳米材料的制备提供了有效的模板,可作为制备纳米材料的微反应器。利用超临界二氧化碳微乳液制备纳米颗粒具有独特的优势,不仅可以减少有机溶剂的浪费及其对环境的危害,还可以通过体系的压力和温度来改变体系的密度(溶剂强度),从而为纳米材料的合成反应及其分离处理提供良好的可调性介质。

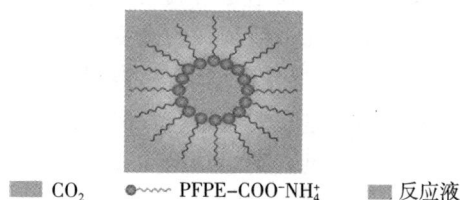

CO$_2$ PFPE-COO$^-$NH$_4^+$ 反应液

图 38 − 1   超临界二氧化碳微乳液模型

四、实验仪器与药品

超临界二氧化碳装置、不锈钢高压可视反应釜、集热式恒温加热磁力搅拌器、超级恒温水浴、电热恒温鼓风干燥箱。

硝酸银、氯化钠、全氟聚醚羧酸铵(PFPE − COO$^-$NH$_4^+$)、超纯水、高纯二氧化碳。

五、实验内容

1. 制备

分别称取 0.01 mol 的硝酸银和氯化钠,将它们分别溶在 50 mL 超纯水中,分别加入 15 g 全氟聚醚羧酸铵,随后分别加入两个由联通阀门连接的 250 mL 不锈钢高压可视反应釜中(反应釜事先连接在二氧化碳装置上并处于二氧化碳保护下),密封后,在连通阀关闭的情况下,分别向两个反应釜通入二氧化碳,缓慢升高体系压力至 12 MPa,搅拌 30 min 后,使之分别形成超临界二氧化碳微乳液,随后打开连通阀,将两个乳液混合,搅拌 25 min 后,停止反应,运用背压调节器慢慢使体系压力降低至大气压,收集釜中底部的颗粒,水洗后烘干,运用 TEM 测试手段确定所得颗粒的粒径及粒径分布。

变化各物料组成配比,多次设计、完成实验过程。

2. 光学性检测

将样品置于光照下,观察颜色变化。

六、实验报告提纲

参照实验 1。

七、注意事项

1. 超临界二氧化碳装置小心操作。
2. 产物避光保存。

八、思考题

1. 什么是超临界二氧化碳萃取技术？
2. 如何获得超临界二氧化碳？

九、参考文献

［1］周智敏，米远祝. 高分子化学与物理实验［M］. 北京：化学工业出版社，2011.

［2］张爱清. 高分子科学实验教程［M］. 北京：化学工业出版社，2011.

［3］王荣民，宋鹏飞，彭辉. 高分子材料合成实验［M］. 北京：化学工业出版社，2019.

［4］刘龙江，黄遥，唐芳，等. 室温化学沉淀法合成纳米氯化银及其表征［J］. 材料导报，2013，27(11)：28-30.

［5］裴少平，李自强，周丹，等. 超临界二氧化碳技术的应用进展［J］. 山西化工，2012，32(2)：31-35.

实验 39　单分散聚苯乙烯(PS)微球的
制备及表面功能化改性

一、实验设计思路

功能高分子材料是指除了它本身具有的力学性能外还具有其他功能性质的高分子材料。例如具有物质分离、转移、转化,光、电、磁、能量的储存转化以及生物医用等特殊的性能。从水中分离去除金属离子的离子交换树脂,就是最悠久的具有分离功能的高分子化合物。无论是高性能的特种材料或是功能高分子材料,由于它们产量小而价值高,被统称为精细高分子材料。功能高分子材料的产量大约只有通用高分子材料产量的四分之一,而价值约为通用高分子材料的一百倍。功能高分子的特殊功能,主要是由它的链结构、链上所带有的功能基的种类、数量、分布以及高分子的聚集态和形态所决定。许多研究工作表明含有功能基的高分子与具有同样功能基的低分子单体模型化合物相比较,在化学性质和物理性质上有很大差异。这种差异往往很突出,甚至表现出许多单体模型化合物所没有的特殊功能。在聚苯乙烯骨架结构引进了不同的功能基,利用高分子链上不同功能基的"协同效应",改变链的立体障碍、基体的疏水性、功能基形成的静电场等因素,从而控制在多种离子的水溶液中只选择络合某一种金属离子,这类树脂由于主体高分子和功能基的可选性很多,因此其络合选择的变化很多。除用于贵金属的富集、湿法冶金、废水处理外,还有更广泛的应用前景。

二、实验目的

1. 学生学会文献检索;
2. 制订实验方案,学会根据实验方案开展实验研究;
3. 进一步了解无皂乳液聚合制备单分散聚苯乙烯微球及其表面改性;
4. 学会成果总结和写综合性实验报告。

三、实验原理

实验涉及化学反应式如式(29-1)～式(39-9):

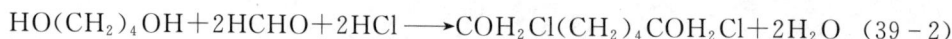

$$PCl_3 + 3H_2O \longrightarrow H_3PO_3 + 3HCl \tag{39-1}$$

$$HO(CH_2)_4OH + 2HCHO + 2HCl \longrightarrow COH_2Cl(CH_2)_4COH_2Cl + 2H_2O \tag{39-2}$$

$$SnCl_4 + ClCH_2OCH_2CH_2CH_2CH_2OCH_2Cl \longrightarrow SnCl_5^- + {}^+CH_2OCH_2CH_2CH_2CH_2OCH_2Cl$$

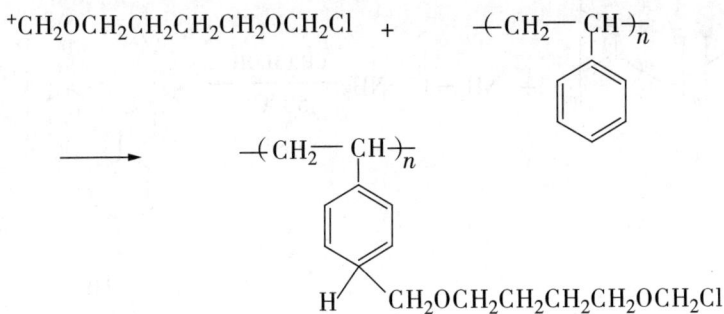

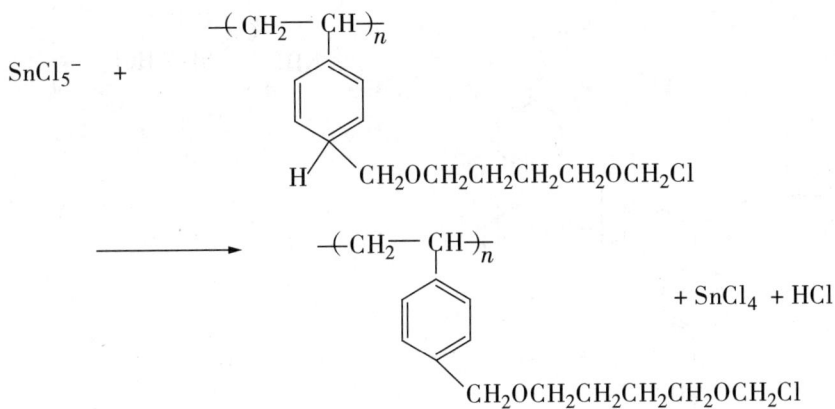

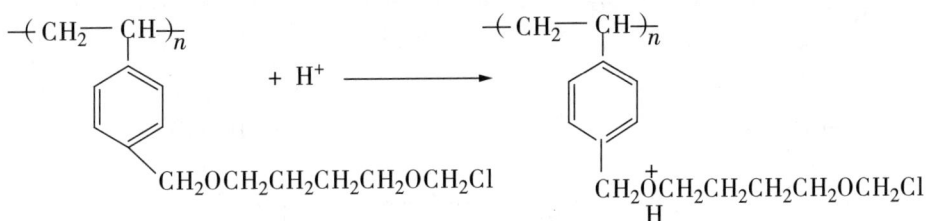

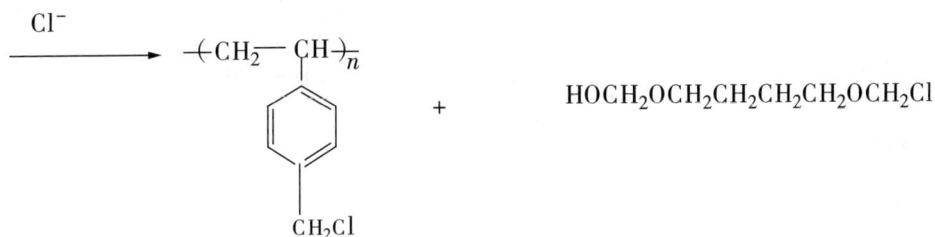

(39 – 3)

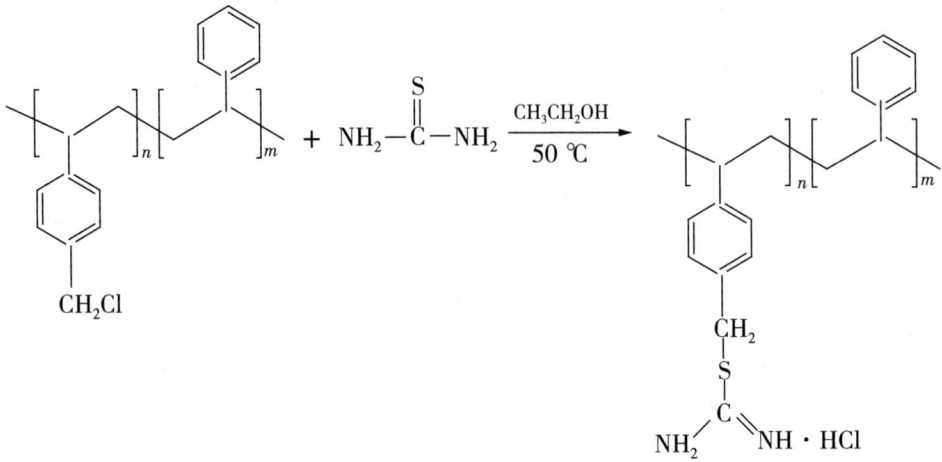

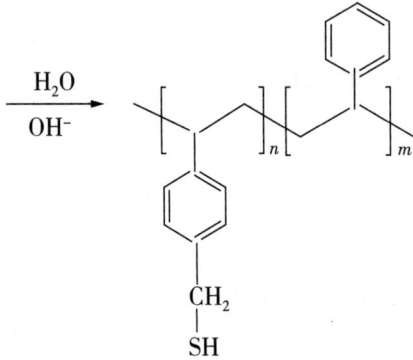

（39－4）

（39－5）

反应式如下：

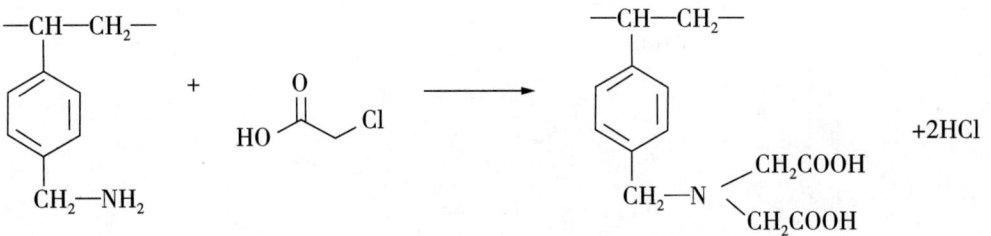

（39－6）

此反应分三步进行：

(1)α-氯乙酸与碱中和

$$2ClCH_2COOH + Na_2CO_3 \rightarrow 2ClCH_2COONa + 2H_2O + CO_2 \qquad (39-7)$$

(2)缩合反应

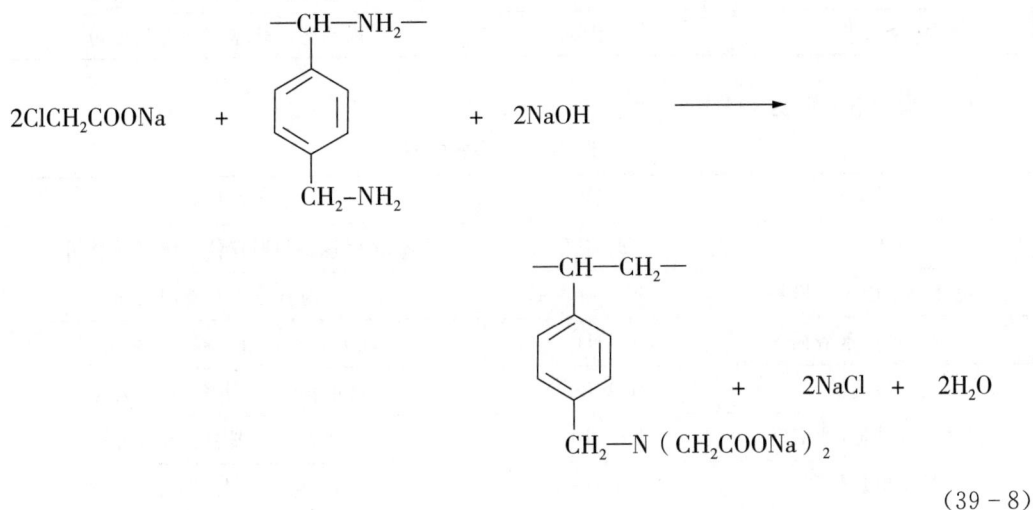

$$(39-8)$$

(3)酸化反应

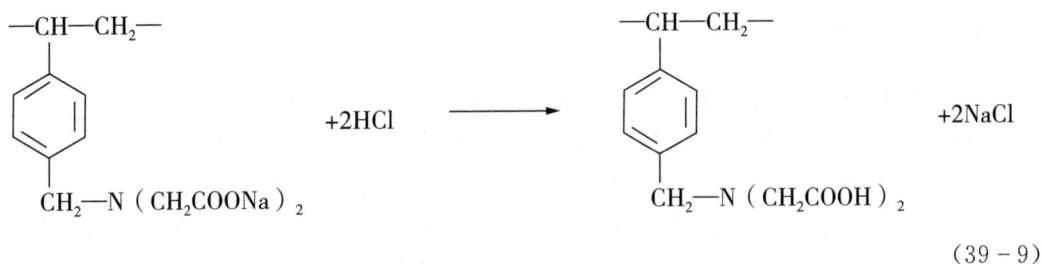

$$(39-9)$$

四、实验仪器与试剂

1. 化学试剂(见表 39-1)

表 39-1 实验用化学试剂

试剂名称	规格	生产厂家
苯乙烯	化学纯	广东汕头市西陇化工厂
苯乙烯磺酸钠	分析纯	广东汕头市西陇化工厂
碳酸氢钠	化学纯	天津市博迪化学有限公司
过硫酸钾	化学纯	天津市博迪化工有限公司
无水乙醇	化学纯	国药集团化学试剂有限公司
无水硫酸钠	分析纯	广东汕头市西陇化工厂

（续表）

试剂名称	规格	生产厂家
1,4-丁二醇	化学纯	国药集团化学试剂有限公司
PCl_3	分析纯	天津市东河区红岩试剂厂
甲醛	分析纯	国药集团化学试剂有限公司
$SnCl_4$	分析纯	国药集团化学试剂有限公司

2. 实验仪器（见表 39-2）

表 39-2　实验仪器

仪器名称	型号	生产厂家
电子天平	BS210S	北京赛多利斯仪器系统有限公司
电热恒温鼓风干燥箱	DGG-9140AD	上海齐欣科技有限公司
数显恒温水浴锅	HH	江苏省金坛市杰瑞尔有限公司
超声波清洗器	BRANSON	必能信超声（上海）有限公司
集热式搅拌器（油浴锅）	DF-101S	常州普天仪器制造有限公司
恒温电加热套	HDM500	江苏省金坛市杰瑞尔有限公司
真空干燥箱	DZF-6020	上海博讯实业公司

五、实验步骤

1. 单分散 PS 微球的制备

分析天平称取 $NaHCO_3$ 0.1388 g，苯乙烯磺酸钠 0.0389 g；过硫酸钾（提纯后）0.148 g 于烧杯中，加入 200 mL 水溶解；向单颈瓶中加入 9.2 g 的苯乙烯单体（提纯后）和 0.5 g 的二乙烯基苯，瓶内抽真空，充氮除氧；操作完成后，将密闭的单颈瓶放入正在加热的油浴锅中，设置温度 90 ℃；待温度计显示温度升至 80 ℃时，使用注射器向瓶中加入引发剂，继续升温；温度升至 85 ℃时，迅速调整设置温度，将温度设置为 76 ℃；恒温 76 ℃，反应 24 h，得到产物。

2. 氯甲基化聚苯乙烯微球的制备

（1）制备氯甲基化试剂 1,4-二氯甲氧基丁烷

在装有滴液漏斗及温度计的 500 mL 三颈瓶中，加入 60 mL 1,4-丁二醇和 150 mL 甲醛溶液。开启磁石搅拌，滴加 100 mL PCl_3；滴加过程中用冰水浴控温，使温度保持在 10～25 ℃，滴加速度约为 3 秒 1 滴；反应 3 h 后结束，静置反应液使其油水分层，收集上清液；用无水硫酸镁干燥后减压蒸馏，收集在 5.8 mmHg 真空度下的高沸点馏分，得到产物。

（2）PS 球的氯甲基化

称取 9 g 白球加入 250 mL 三颈瓶中，装好温度计，加入二氯甲烷，使白球溶于其中；加入 30 mL 1,4-二氯甲氧基丁烷，使白球充分溶胀；一段时间后滴加 4.5 mL $SnCl_4$，室温下反应 10 h，搅拌；反应 10 h 后，停止搅拌，用 1 mol/L 的稀盐酸处理产物混合液；抽滤除去反应

母液,蒸馏水洗涤至无氯离子;乙醇洗涤,真空干燥,得到产物。

3. 聚苯乙烯苄基硫醇的微球的制备

将氯甲基化 PS 球在无水乙醇中分散,搅拌数次;称取 10 g 硫脲,溶于 95% 乙醇中配成饱和溶液;将上述两种混合液倒入圆底烧瓶中,放入搅拌子,调节转速,控制油浴锅恒温 50 ℃,反应 48 h;反应结束后,不采取碱洗步骤,将产物倒出,用蒸馏水充分洗涤,除去过量的硫脲残留对红外表征产生影响;将加入蒸馏水的混合液导入漏斗中,真空抽滤;反复洗涤抽滤几次;烘干,得到产物。

4. 聚苯乙烯的氯乙酸化

称取 5.7273 g α-氯乙酸溶于水,搅拌下用碳酸钠中和至 pH 值为 6.8 至 7。将 4 g 的对乙胺基聚苯乙烯加入圆底烧瓶中,加入氯乙酸钠溶液,开启磁石搅拌,用 30% 的氢氧化钠溶液调节 pH 保持在 9～9.5。并保持反应温度在 90～95 ℃反应至溶液的 pH 值不在下降为止。待反应液降温至 40～45 ℃,不断搅拌下加入盐酸直至 pH 值为 1。抽滤烘干:将反应液抽滤,用二篗水洗涤微球表面的盐酸后真空干燥。

六、实验报告提纲

参照实验 1,详情略。

七、注意事项

1. 聚合反应的温度、引发剂用量。
2. 制备 1,4 -二氯甲氧基丁烷产率的反应温度。
3. 使用 95% 乙醇。

八、参考文献

[1] 潘才元. 功能高分子[M]. 北京:科学出版社,2005.

[2] Cho S, Sung J, Hwang I, et al. High performance AC electroluminescence from colloidal quantum dot hybrids[J]. Advanced Materials,2017,24,4540-4546.

[3] Vanessa W, Matthew J, Chen J, et al. Inkjet - printed quantum dot - polymer composites for full - color AC - driven displays[J]. Advanced Materials, 2017, 21, 2151-2155.

实验40 功能高分子微球的制备及应用研究

一、实验设计思路

随着现代工业的发展,工业排放污染物的浓度增加,重金属污染土壤和水的情况已经变得越来越严重。由于重金属离子可以通过食物链积聚在人体内并危害人体健康,此问题已经引起了专家学者的广泛关注。目前,修复水体重金属污染的方法主要分为两类:(1)降低重金属在水体中的迁移能力和生物可利用性;(2)将重金属从被污染水体中去除。近年来,为了降低成本,防止二次污染,所使用的吸附剂已逐渐从无机材料发展到天然或合成高分子生物材料。功能高分子中功能基团对重金属离子具有螯合作用。在环境整治,功能高分子已经成为一个日益重要的吸附剂、絮凝剂、离子交换器,用于工业废水的脱色、去除重金属污染、饮用水净化、水的软化。目前,关于功能高分子用于吸附重金属废水的研究已经有很多,例如,通过有机改性和插层改性制备壳聚糖改性膨润土复合材料;使用溶液共混法制备出硅酸钙-壳聚糖聚合物;在高分子的侧基上接上含有精氨酸功能基团,不仅可以提高重金属离子的去除能力的同时也增强了其在废水和污染土壤微生物的阻力,从而延长使用寿命和扩大这种类型的生态修复材料的使用范围。精氨酸是构成蛋白质的 20 余种氨基酸中碱性最强的且是唯一具有胍基的氨基酸。胍基,是目前自然界发现的正电性最强的生物活性有机碱,可以与细菌带负电的表面,及其内部的功能性蛋白、DNA、RNA 等相互作用,从而表现出显著的抑菌性。故可推断,将精氨酸接枝到高分子上,可以依靠胍基强抑菌性,提高材料本身对微生物的稳定性。同时,由于精氨酸具有最长,且不含刚性基团的柔性侧基,因此,它的引入可使接枝于高分子基体上的柔性氨基酸臂与溶质的接触空间位阻明显降低,从而更有利于对金属离子的吸附。基于此,实验中将 L-精氨酸和丙烯酰氯反应,再把生成的含有精氨酸的烯类单体聚合,制备出含有精氨酸功能基团的聚合物,以期提高聚合物对金属离子的螯合和捕集能力,以及其耐分解性和微生物稳定性。同时为了便于聚合物的使用及回收,实验将微球材料,用于去除水中的重金属离子,该研究有望为高分子材料用于重金属离子水体修复方面提供理论指导。

二、实验目的

1. 掌握制备含有精氨酸的烯类单体;
2. 掌握含有精氨酸的烯类单体的反相乳液聚合的方法;
3. 掌握聚合物对水中金属离子吸附的方法。

三、实验原理

实验涉及化学反应式如式(40-1)～式(40-4):

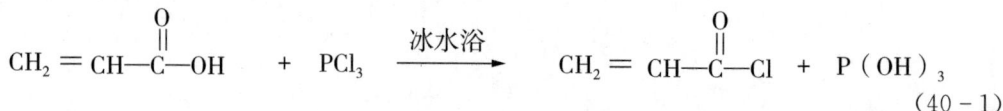

$$CH_2=CH-\overset{\overset{\displaystyle O}{\|}}{C}-OH \ + \ PCl_3 \ \xrightarrow{\text{冰水浴}} \ CH_2=CH-\overset{\overset{\displaystyle O}{\|}}{C}-Cl \ + \ P(OH)_3$$

$$(40-1)$$

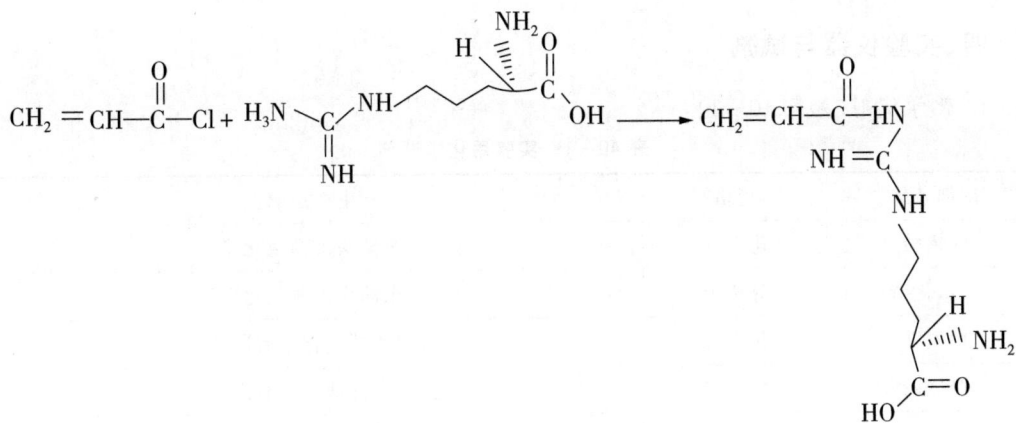

(40-2)

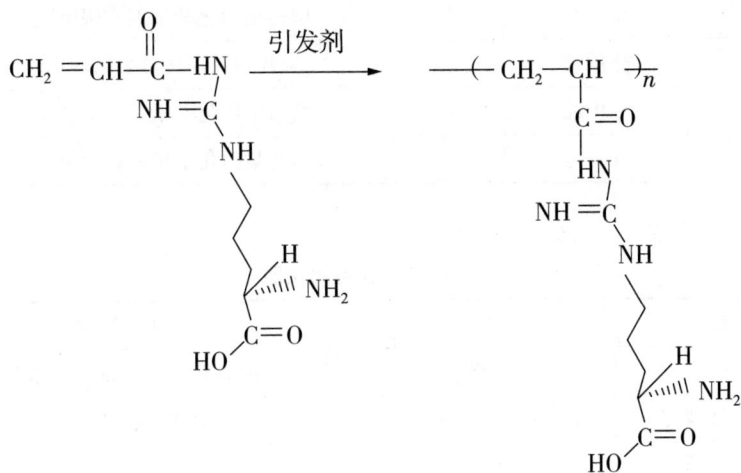

(40-3)

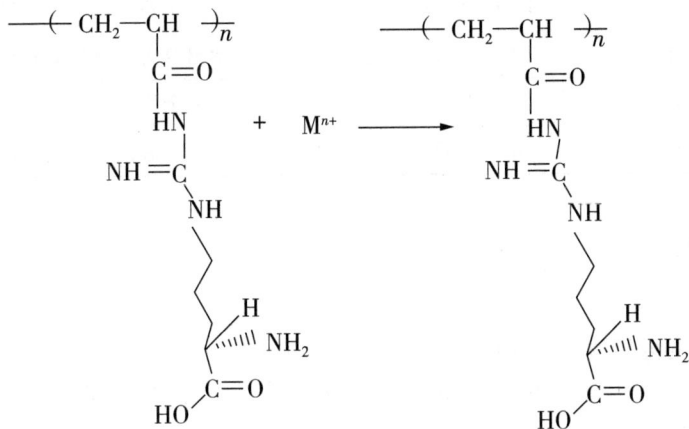

(40-4)

四、实验仪器与试剂

1. 化学试剂(见表 40-1)

表 40-1　实验用化学试剂

试剂名称	规格	生产厂家
丙烯酸	化学纯	广东汕头市西陇化工厂
三氯化磷	分析纯	广东汕头市西陇化工厂
精氨酸	化学纯	天津市博迪化学有限公司
过硫酸钾	化学纯	天津市博迪化工有限公司
无水乙醇	化学纯	国药集团化学试剂有限公司
硫酸铜	分析纯	广东汕头市西陇化工厂
氯化镉	化学纯	国药集团化学试剂有限公司
氯化铬	分析纯	天津市东河区红岩试剂厂
甲醛	分析纯	国药集团化学试剂有限公司
氯化镍	分析纯	国药集团化学试剂有限公司

2. 实验仪器(见表 40-2)

表 40-2　实验用仪器

仪器名称	型号	生产厂家
电子天平	BS210S	北京赛多利斯仪器有限公司
电热恒温鼓风干燥箱	DGG-9140AD	上海齐欣科技有限公司
数显恒温水浴锅	HH	江苏金坛市杰瑞尔有限公司
超声波清洗器	BRANSON	必能信超声(上海)有限公司
集热式搅拌器(油浴锅)	DF-101S	常州普天仪器制造有限公司
恒温电加热套	HDM500	江苏金坛市杰瑞尔有限公司
真空干燥箱	DZF-6020	上海博讯实业公司

五、实验步骤

1. 丙烯酰氯的制备

称取一定量的丙烯酸放入 100 mL 的单颈圆底烧瓶中,把圆底烧瓶放入冰水浴中,加入磁子搅拌,滴加三氯化磷放入恒压滴液漏斗中,把三氯化磷缓慢滴加到丙烯酸中,约 1 个小时滴加完后继续反应 3 小时,反应后取出恒压滴液漏斗,盖紧瓶塞,放入冰箱中静置 4 小时,倒出上层液体(丙烯酰氯)待用。

2. 具体实验过程

取三氯甲烷加入精氨酸中,振荡并超声打散,使精氨酸充分溶解,得到混合溶液;按照丙烯酰氯和精氨酸摩尔比为 1∶1.1 的比例,将量取好的丙烯酰氯滴加到混合溶液中,加入磁子,在磁力搅拌机上搅拌 24 小时;停止搅拌后,取出磁子,取两只离心管,分别倒入反应液和清水,放入离心机中离心处理,结束后用三氯甲烷洗涤产物并继续离心,直至反应液全部离心;用无水乙醇清洗 3 次,将装有产物的离心管放入真空干燥箱中,抽真空干燥 24 小时,即得到单体 M(白色粉末)。

3. 聚合物微球的制备

(1)引发剂提纯:在 200 mL 广口瓶中加入 100 mL 蒸馏水,加热至 50 ℃恒温,然后逐渐加入过硫酸铵,直至不能溶解为止,然后把完全溶解的饱和溶液放在室温下冷却,在放入 4 ℃冰箱中重结晶,同时用另一广口瓶盛蒸馏水(4 ℃)保存备用,重结晶 12 h 后,倒掉上层清液,然后用广口瓶中的蒸馏水洗涤两次,重结晶 2 次,洗涤后倒掉上层清液,放入 30 ℃烘箱中干燥即可。

(2)具体实验过程如下:取一个 250 mL 圆底烧瓶,加入 60 g 已除氧的水,加热煮沸,保持沸腾状态 10 min 左右,除去水中的氧气,再冷却至室温;加入一定量的单体和过硫酸铵,加入磁子,再加入二甲苯,加入 Span60,用铁架台固定圆底烧瓶,将其放入 DF - 101S 集热式搅拌机的油浴锅中,开动搅拌并加热,设定温度为 70 ℃,在加热搅拌的条件下,聚合 24 小时,观察到产物黏度明显增大,取出磁子,取两只干净的离心管,一只加水,一只放入聚合产物,之后经过离心、醇洗,再放入真空干燥箱中干燥 24 小时,得到聚合产物。

4. 聚合物对铜离子的吸附研究

(1)标准 Cu^{2+} 溶液的配制

为尽量减小实验中出现的误差,吸附前需要先配制 500 mL 5 g/L Cu^{2+} 标准溶液。称量 1.9532 g 硫酸铜($CuSO_4 \cdot 5H_2O$)于 100 mL 的容量瓶内,加蒸馏水至容量瓶的刻度线处,摇晃使其完全溶解,则 Cu^{2+} 的标准溶液配制完成。

(2)不同温度下的吸附动力学研究

吸附动力学实验是指分别在不同温度 25 ℃、40 ℃下做同一浓度 50 mg/L 的吸附实验,以确定最佳吸附温度。

根据稀释定律,将标准溶液稀释至 50 mg/L。分别取 7 份 30 g 50 mg/L 的 Cu^{2+} 溶液至玻璃瓶内,向每份溶液中加入 0.015 g 聚合物微球,将玻璃瓶置于 25 ℃恒温水浴槽内并振荡使其充分吸附,在达到各自的吸附时间后,取出 1.00 g 吸附后的溶液加 16 g 蒸馏水稀释,留待检测。在 40 ℃下重复以上步骤。

(3)等温吸附动力学研究

实验在同一温度下用等量的吸附剂对不同浓度的 Cu^{2+} 溶液进行相同时间的吸附测试。

分别配制 20 mg/L、50 mg/L、100 mg/L、200 mg/L、400 mg/L、800 mg/L、1000 mg/L 的 Cu^{2+} 溶液各 30 g,分别加入 0.0150 g 聚合物微球,置于 25 ℃的恒温水浴槽内,恒速振荡使其充分吸附。7 h 后取出,取 1.00 g 吸附后的溶液留待检测。

六、实验报告提纲

参照实验 1,详情略。

七、注意事项

1. 制备丙烯酰氯的反应温度；
2. 聚合反应的温度、引发剂用量。

八、参考文献

[1] Zhao H,Xu J H,Lan W J,et al. Microfluidic production of porous chitosan/silica hybrid microspheres and its Cu(II)adsorption performance. Chemical Engineering Journal, 2020,229,82 - 89.

[2] Chu Y T, Khan M, Wang F Y, et al. Kinetics and equilibrium isotherms of adsorption of Pb(II)and Cu(II)onto raw and arginine – modified montmorillonite, Advanced Powder Technology,2019,30,1067 - 1078.

[3] Wu Z C,Wang Z Z,Liu J,et al. Removal of Cu(II)ions from aqueous water by l – arginine modifying magnetic chitosan, Colloids and Surfaces A：Physicochemical and Engineering Aspects,2019,499,141 - 149.

实验 41　丙烯酸类高吸水性树脂的制备及性能测试

一、实验设计思路

高吸水性树脂是一种含有强亲水性基团并具有一定交联度的功能性高分子材料。这些树脂不溶于水,也不溶于有机溶剂,能吸收数百倍至数千倍于自身重量的水,而且保水性强,即使加压水也不会被挤出。广泛应用于医疗卫生、建筑材料、环境保护、农业、林业及食品工业。丙烯酸类单体富含亲水基团。

本实验拟利用丙烯酸类单体自由基聚合,通过聚合配方、聚合反应条件设计,合成高吸水性树脂,并测试性能。

二、实验目的

1. 掌握高吸水性树脂的制备方法及吸水机理。
2. 掌握聚合配方、聚合反应条件,了解产物性能的影响因素。
3. 了解聚合工艺条件的设置,进一步掌握聚合单体配比、引发剂和交联剂用量、聚合温度和反应时间等因素的确定方法。

三、实验原理

高吸水性树脂按原料来源可分为三类:淀粉系列、纤维素系列和合成系列。前两类是以淀粉或纤维素为底物,接枝共聚上亲水性或水解后有亲水性的烯类单体;后一类多是用丙烯酸盐轻微交联制得。合成系列高吸水性树脂较之淀粉系列、纤维素系列吸水高分子,聚合工艺简单,单体转化率高,吸水能力高,保水能力强,是目前超强吸水材料的主体产品。

高吸水性树脂合成的原理是自由基聚合,可分为亲水性单体均聚、共聚和接枝亲水性单体共聚,其引发方法以化学引发为主,合成方法主要有溶液聚合等。

单体浓度:合成工艺条件中,单体浓度是生产合成系列超强吸水高分子材料的关键。对于均聚反应,单体浓度太低,不但不能交联,而且易结块,使聚合难以进行;单体浓度太高,反应过于猛烈,链转移反应增加,支化程度、自交联程度高,降低了材料的吸水性能。对于共聚体系,单体组成具有一个合适的配比。

中和度:一般中和度为 $70\%\sim90\%$ 时,吸水率趋于最大。中和度低时,酸性条件有利于引发反应,单体转化率高,吸水率提高,但中和度太低会导致树脂中离子浓度降低,网络的静电斥力和渗透压变小,吸水率降低;中和度高时,树脂中离子浓度增加,但过高会减慢引发反应,降低转化率,同时离子浓度过多,会增加树脂的可溶部分,降低吸水率。

交联剂:由于高吸水性树脂的交联度很小,常规的红外光谱和核磁共振方法难以测量,目前交联剂的用量还是多用经验法由试验确定,再由理论公式估算其交联度。常用的交联剂有多元醇(如乙二醇、甘油、环氧树脂等),不饱和聚酯(如马来酸等)。交联剂链的长短对吸水性能有较大影响,链过长形成的网络太大吸水率低,链过短则网络过紧限制了吸水时的溶胀,故交联剂的种类和用量会直接影响树脂的网络结构和吸水率。

引发剂:过氧化物引发剂、偶氮类引发剂、氧化还原引发剂和铈盐、锰盐等,引发剂一般用量为单体的 $0.01\%\sim8\%$(质量)。引发剂用量多时,活性点增多,有利于提高聚合产率和接枝率,但由自由基聚合机理可知引发剂量增加,链终止反应增多,产物分子量下降,树脂交联网络收缩,吸水率降低。引发剂用量过小,聚合物交联点间相对分子量过大,树脂可溶部分增多,吸水率也下降。

悬浮稳定剂:对于反相悬浮聚合体系,悬浮稳定剂在反应液滴的表面形成致密的保护膜,阻止液滴黏结,随着悬浮剂用量增加,液滴分散均匀,粒径变小,吸水率提高,但当悬浮稳定剂用量过多时,树脂颗粒过细易于结块,影响吸水率。司班和吐温系列是传统的悬浮稳定剂,缺点是较难获得稳定的反应体系,产物分离困难,研究表明:采用十八烷基磷酸单酯、十六烷基磷酸单酯作为悬浮稳定剂,得到了稳定的反应体系,树脂颗粒均匀。

反应温度:反应温度升高,体系黏度下降,单体易于分散,而且有利于引发剂的分解,单体转化率或接枝率高,吸水率增加,但温度过高,体系热量难以散去,造成局部产物自交联,降低吸水率。对于淀粉体系其适宜的聚合温度是 $30\sim50\ ℃$,合成树脂一般为 $60\sim80\ ℃$。

高吸水性树脂按单体亲水基团性质可分为阳离子型、阴离子型、非离子型和两性离子型树脂等 4 类。一般来说,离子型树脂吸盐水率较低,而非离子型和两性离子型树脂吸盐水率较高,但吸水能力差。通过使单体亲水基团多样化,进行高分子的分子设计,可达到提高高吸水性树脂性能的目的,具体措施如下:

引入特殊的单体,可改善树脂网络结构并提高吸水性能。

在离子型单体的接枝共聚反应中引入非离子型单体,进行三元或多元共聚反应也可提高树脂的吸盐水性能。

将含氨基官能团的分子,如 2-氨基甲基丙烯酸乙酯,三甲基氨基甲基丙烯酸乙酯盐酸盐等单体引入树脂结构中,改善性能。

四、实验仪器与药品

恒温水浴,温度计,三颈瓶,冷凝管,电动搅拌,烘箱。

丙烯酸、丙烯酰胺、食用级玉米淀粉、氢氧化钠、过硫酸铵、过硫酸钾、N,N'-亚甲基双丙烯酰胺、去离子水。

五、实验内容

实验计划合成丙烯酸-丙烯酰胺高吸水性树脂。

1. 实验设计提示

(1)聚合机理及聚合方法:自由基聚合、水溶液聚合、引发剂过硫酸铵、交联剂 N,N'-亚甲基双丙烯酰胺。

(2)生产工艺:第一步,水溶液聚合制备聚(丙烯酸-丙烯酰胺)高吸水性树脂;第二步,水凝胶切成薄片,干燥箱中干燥;第三步,干燥后的树脂粉碎,测其性能。

2. 性能测试方法

(1)吸水性能。准确称取干燥后的高吸水性树脂 1 g 置于去离子水或自来水中,静置至充分吸水膨胀,待吸水饱和后过 100 目筛,称重。计算吸水率。

(2)高温保水性能。称取一定质量吸水达到饱和的高吸水性树脂,记其质量为 M,置于 100 ℃ 恒温烘箱内,每隔 0.5 h 取出,称重,其质量为 m。计算保水率＝m/M。

六、实验报告提纲

参照实验 1,详情略。

七、注意事项

1. 产物测试前干燥要充分;
2. 吸水性能测试时要确保时间够长吸水充分,并过筛。

八、思考题

1. 高吸水性树脂应该具有哪些结构特点?
2. 单体浓度如何影响合成系高吸水性材料的性能?

九、参考文献

[1] 周智敏,米远祝. 高分子化学与物理实验[M]. 北京:化学工业出版社,2011.

[2] 张爱清. 高分子科学实验教程[M]. 北京:化学工业出版社,2011.

[3] 王荣民,宋鹏飞,彭辉. 高分子材料合成实验[M]. 北京:化学工业出版社,2019.

[4] 刘丽君,张含,张雪莹,等. 聚丙烯酸类互穿聚合物网络高吸水性树脂的合成[J]. 天津科技大学学报,2018,33(2):43－48.

[5] 谢洋,付东,隋新,等. 聚丙烯酸类高吸水性树脂的改性方法及应用[J]. 黑龙江科学,2014,5(11):26－27.

实验 42 淀粉基高吸水性树脂的设计制备及表征

一、实验设计思路

高吸水性树脂是新开发的一种含有强亲水性基团并具有一定交联度的功能性高分子材料。这些树脂不溶于水,也不溶于有机溶剂,能吸收数百倍至数千倍于自身重量的水,而且保水性强,即使加压水也不会被挤出,因而引起了世界各国的关注。

本实验用淀粉接枝聚丙烯酸制备高吸水性树脂,并测定其吸水率。

二、实验目的

1. 认识高吸水性树脂的基本功能及其用途;
2. 掌握接枝聚合原理及制备高吸水性树脂的基本方法。

三、实验原理

吸水性树脂是不溶于水、在水中溶胀的具有交联结构的高分子。吸水量达平衡时,与干吸水树脂为基准的吸水率倍数与单体性质、交联密度及水质情况等因素有关。根据吸水量和用途不同大致可分两大类,吸水量仅为干树脂量的百分之数十者,吸水后具有一定的机械强度,称之为水凝胶,可用作接触眼镜、医用修复材料、渗透膜等。另一类吸水量可达到树脂的数十倍,甚至高达 3000 倍,称之为高吸水性树脂。高吸水性树脂用途十分广泛,在石化、化工、建筑、农业、林业、医疗及日常生活中有着广泛的应用,如用作吸水材料、风沙干旱地区造林航空灭火剂增稠等。根据原料来源、亲水基团引入方式、交联方式等的不同,高吸水性树脂有许多品种。目前,习惯上按其制备时的原料来源分为淀粉类、纤维素类和合成聚合物类三大类,前两者是在天然高分子中引入亲水基团制成的,后者则是由亲水性单体的聚合或合成高分子化合物的化学改性制得的。

高吸水性树脂在结构上应具有以下特点:

(1)分子中具有强亲水性基团,如羧基、羟基等。与水接触时,聚合物分子能与水分子迅速形成氢键或其他化学键,对水等强极性物质有一定的吸附能力。

(2)聚合物通常为交联型结构,在溶剂中不溶,吸水后能迅速溶胀。水被包裹在呈凝胶状的分子网络中,不易流失和挥发。

(3)聚合物应具有一定的立体结构和较高的相对分子质量,吸水后能保持一定的机械强度。

合成聚合物类高吸水性树脂目前主要有聚丙烯酸盐和聚乙烯醇两大类。根据所用原料、制备工艺和亲水基团引入方式的不同衍生出许多品种,其合成路线主要有两条途径:一是由亲水性单体或水溶性单体与交联剂共聚,必要时加入含有长碳链的憎水单体以提高其机械强度。调整单体的比例和交联剂的用量以获得不同吸水率的产品。这类单体通常经自由基聚合制备。第二种合成途径是将已合成的水溶性高分子进行化学交联使之转变成交联结构,不溶于水而仅溶胀。

天然高分子淀粉或纤维素的接枝聚合:引入亲水性基团,得到天然高分子改性的吸水树脂。用不同的自由基聚合引发剂可引发淀粉接枝共聚,多数引发剂的引发反应机理研究得不够清楚,但用过渡金属铈(Ce)盐引发淀粉接枝的反应机理已被证实:淀粉单糖基中的邻二醇结构被引发剂氧化成二醛结构,醛基进一步氧化成酰基自由基引发单体聚合。例如,淀粉接枝聚丙烯酸,反应见式(42-1):

$$Ce^{4+}+H_2O \rightleftharpoons Ce(OH)^{3+}+H^+$$

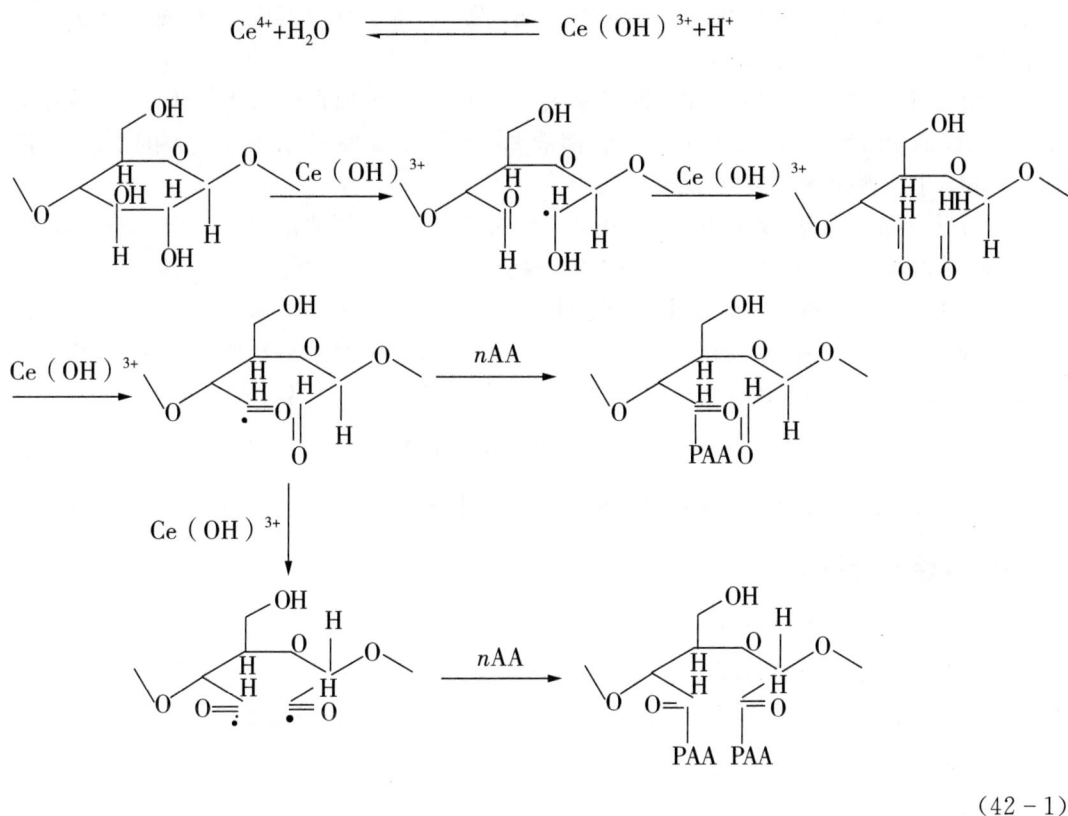

$$(42-1)$$

Ce^{4+} 与淀粉中单糖基的邻二醇组成氧化还原引发体系,Ce^{4+} 反应后生成(Ce^{3+}),铈(Ce^{4+})盐价格昂贵,但接枝效率(用于接枝反应的单体占反应单体的质量百分比)和接枝率(用于接枝反应的单体占接枝前聚合物的质量百分比)都高,如果在使用铈(Ce^{4+})盐的同时加入过硫酸钾,过硫酸钾可以把 Ce^{3+} 氧化成 Ce^{4+},过硫酸钾的加入可以减少昂贵的铈(C^{4+})盐的用量。

接枝的单体既可以用丙烯酸,也可以用丙烯腈,丙烯腈接枝后再水解,氰基水解成亲水性的酰胺基、羧基或羧基负离子,若在接枝反应中加入少量可交联单体,如亚甲基二丙烯酰胺,可以得到具有网络结构的吸水树脂,其保水性和强度都会提高。

本实验用淀粉接枝聚丙烯酸,为避免羧基间氢键作用发生凝胶化,淀粉糊化后在碱性介质中进行接枝反应。

四、实验仪器及试剂

1. 仪器

四口烧瓶(150 mL),恒温水溶,搅拌器,回流冷凝管,温度计,注射器,离心机。

2. 试剂

淀粉,丙烯酸(新蒸馏),硝酸铈铵,过硫酸钾,氢氧化钠。

五、实验步骤

1. 安装反应装置,四口烧瓶分别安装回流冷凝管、搅拌器、滴液漏斗和温度计。向四口烧瓶中加脱氧蒸馏水 40 mL,淀粉 4 g,搅拌下通入氮气,排出反应器中空气,氮气保护下水浴加热至 70~80 ℃,糊化 0.5 h。

2. 温度降至 35 ℃,搅拌下加入 20%氢氧化钠 40 mL,再加入丙烯酸单体 10 g,搅拌均匀后加引发剂硝酸铈铵(配成 1%水溶液)溶液 2.5 mL、过硫酸钾(配成 0.4%的水溶液)溶液 2.5 mL,中速搅拌下在 40 ℃反应 3 h。

3. 将反应混合物倒入乙醇中沉淀,用离心机分离,吸去上层清液,抽滤,用乙醇洗两次,抽滤。将产物倒入表面皿中,50 ℃真空干燥,称量。

4. 吸水率测定。将约 1 g 高吸水性树脂加入盛满水的 1000 mL 烧杯中,放置 1 h 后倒入 50 目筛中,沥水至不滴水,再用滤纸吸去筛网处的水,称量吸水后树脂的质量,记为 m_2,吸水前树脂的质量为 m_1,高吸水性树脂的吸水率 S 由式(42-2)计算:

$$S=[(m_2-m_1)]/m_1 \times 100\% \tag{42-2}$$

用同样方法测定高吸水性树脂对模拟尿液的吸水率。

六、实验报告提纲

参照实验 1,实验报告中重点讨论:

1. 接枝聚合原理及制备高吸水性树脂的基本方法。
2. 过渡金属铈(Ce)盐引发淀粉接枝的反应机理和反应条件的控制。
3. 接枝共聚物的应用前景。

七、注意事项

1. 淀粉糊化时要求氮气保护,温度不能过高,避免淀粉氧化降解。
2. 接枝共聚的温度不能太高,时间不能太长,否则,接枝效率和接枝率都要下降。

八、参考文献

[1] 宋荣君,李加民. 高分子化学综合实验[M]. 北京:科学出版社,2017.

[2] 许晓秋. 高吸水性树脂的工艺与配方[M]. 北京:化学工业出版社,2004.

[3] 韦爱芬,朱其虎. 淀粉基高吸水性树脂的制备及性能研究[J]. 轻工科技,2017,(5):39-41.

实验 43　微波法合成阳离子型高吸水性树脂

一、实验设计思路

高吸水树脂(SAP)是近年来发展起来的新型高分子材料,它能够吸收自身重量几百倍的水分。本实验计划将阳离子单体甲基丙烯酸二甲氨基乙酯(DMAEMA),引入到丙烯酰胺(AM)聚合体系中,并在微波反应器中进行聚合,从而得到阳离子型高吸水性树脂。并分析单体配比、引发剂用量、交联剂用量、反应体系 pH 和微波功率强度等因素对树脂产品吸液性能的影响。

二、实验目的

1. 了解吸水性树脂的应用和前景;
2. 设计合理的实验方案制备阳离子高吸水性树脂;
3. 分析高吸水树脂的吸水机理和影响因素。

三、实验原理

常见吸水材料的吸水机理可以分为两类:一类是物理吸附,另一类是化学吸附。常见的物理吸附有海绵、纸张等,它们的吸水性和吸水能力都不高,而且只要稍微加压就会溢出水,所以保水性也不好。对于化学吸附,主要是用化学键来连接水和亲水性物质,水不容易挤出来,达到了很高的吸水性。SAP 是由长链缠绕而形成的特殊的三维网络聚合物,很多情况下,两种吸附方法同时存在,吸水效果更强。

当离子型树脂遇到水时,树脂的亲水基团与水会发生水合反应,树脂内部的离子基团开始分离,阴离子会吸附在树脂分子的分子链上,而阳离子会游离在树脂内部,使得树脂产生渗透压,随着水分子越来越多,离子基团分解得越多,阴离子之间会产生斥电力,阳离子越来越多,树脂内外浓度差增大,水就会进入树脂内。对于阳离子型高吸水树脂,过多的阳离子会使树脂的浓度差更大,也就是说,会有更多的水分子进入树脂以降低阳离子浓度,平衡渗透压。

处于凝胶状态的高吸水树脂,在胶体内外有结合水、自由水和束缚水三种状态。结合水在凝胶表面上,是有规则地定向排列而且放热的水;在结合水外层的水称为束缚水;最外层的为自由水。结合水在较低温度下能不冻结,也称为不冻水;束缚水在零下十几摄氏度会冻结;自由水在 0 ℃会冻结。结合水被束缚在高分子凝胶网络中,不易脱离网络,因此,高吸水性树脂还具有很好的保水性。

在阳离子树脂的制备过程中,使用微波辐射法,体系中将只有单体和辐射源,可以保证产品的纯度,同时,微波技术的应用,可以缩短反应时间,节约能源。

四、实验仪器与试剂

1. 实验原料(见表 42-1)

表 42-1 实验原料

药品	规格型号	生产厂家
甲基丙烯酸二甲氨基乙酯(DMAEMA)	分析纯 AR	阿拉丁试剂有限公司
丙烯酰胺(AM)	分析纯 AR	麦克林试剂有限公司
N,N-亚甲基双丙烯胺(MBAM)	分析纯 AR	阿法埃莎试剂有限公司
偶氮二异丁腈(AIBN)	分析纯 AR	天津大茂化学试剂厂
盐酸	AR500mL 36%	广东省精细化学品工程技术中心
丙酮	分析纯 AR	扬州沪宝化学试剂有限公司
甲醇	分析纯 AR	国药集团化学试剂有限公司
碱性氧化铝	层析用 FCP	国药集团化学试剂有限公司
氯化钠	分析纯 AR	上海中试化工总公司

2. 实验仪器(见表 42-2)

表 42-2 实验仪器

仪器设备名称	型号	生产厂家
微电脑微波化学反应器	WBFY-201	巩义市予华仪器有限责任公司
集热式磁力加热搅拌器	DF-II	江苏宏凯仪器厂
循环水式真空泵	SHZ-D(III)	巩义市予华仪器有限责任公司
电子天平	FA 1004B	上海越孚科学仪器有限公司
真空干燥箱	DZF-6020	巩义市英峪予华仪器厂
集热式恒温加热磁力搅拌器	DF 101S	巩义市予华仪器有限责任公司
电热恒温鼓风干燥箱	DHG-9101-2SA	上海光都仪器设备有限公司

五、实验步骤

1. 单体的提纯

(1)丙烯酰胺(AM)

用重结晶方法,使用丙酮(沸点 56.5 ℃)作为溶剂。

(2)N,N'-亚甲基双丙烯胺(MBAM)

用甲醇(沸点 64.7 ℃)作为溶剂进行重结晶提纯。

(3)甲基丙烯酸二甲氨基乙酯(DMAEMA)

用碱性氧化铝过柱子(利用不同物质对固定相的吸附力不同,从而达到不同组分分离的方法)来提纯 DMAEMA。

2. 阳离子型高吸水树脂的制备

称量甲基丙烯酸二甲氨基乙酯(DMAEMA)和丙烯酰胺(AM)加入洗净的三颈烧瓶中，加入去离子水，再放入磁力搅拌子，在冰浴锅中搅拌，然后用盐酸调节 pH 至一定值，再加入交联剂 N,N-亚甲基双丙烯胺(MBAM)，引发剂偶氮二异丁腈(AIBN)。通氮 30min 后，开始微波辐射聚合。然后倒入甲醇浸泡聚合物，除去未反应的单体，放到真空烘箱中烘干。

为了制备更优良的高吸水树脂，可同时制备不同单体配比、交联剂用量、引发剂用量、微波功率强度和聚合体系 pH 的高吸水树脂进一步分析。

3. 高吸水树脂的性能测试

(1)测定吸水率

配置 pH=2 和 pH=4 的水溶液、15%醇溶液和 1%NaCl 溶液。分别称取一定量的高吸水性树脂，浸泡其中，静置。每隔 1 h 观察吸水情况，直到达到吸水平衡为止。

$$G = \frac{\text{加入的液体量} - \text{多余的液体量}}{\text{树脂质量}} (\text{g/g}) \tag{43-1}$$

(2)测定吸水速率

准备六个烧杯，各放一定量树脂，先加 200 mL 去离子水，根据吸水率与不同时间之比，观察树脂的吸水速率。

六、实验报告提纲

参照实验 1，详情略。

七、参考文献

[1] 申艳敏,李志博,赵培侠,等. 淀粉/蒙脱石/丙烯酸/2-丙烯酰胺基-2-甲基丙烷磺酸高吸水性树脂的制备和性能研究[J]. 化学工程,2022,50(7),17-21.

[2] 张楠,苏姗,朱佳诗,等. 淀粉-丙烯酸-丙烯酰胺高吸水性树脂的制备与性能[J]. 合肥工业大学学报(自然科学版),2021,44(8),1100-1105.

[3] 孟龙,孙宾宾,高红军. 高吸水性树脂的研究进展[J]. 广东化工,2014,41(3),92-93.

实验 44 改性丙烯酸乳液合成、乳胶涂料制备及调色

一、实验设计思路

氟原子具有最大的电负性、半径小、键能大的特点,由于氟原子半径比氢原子略大,但比其他元素的原子半径都小,故含氟聚合物分子链中氟原子能把 C—C 主链严密地包住,即使最小的原子也难以楔入碳主链。氟原子极化率在所有元素中最低,使得 C—F 键的极性较强,含有 C—F 键的聚合物分子之间作用力小,含氟丙烯酸酯类聚合物不但保持了丙烯酸酯乳胶膜原来的特性,还具有特异的表面性能。因此,含氟丙烯酸酯聚合物乳液在纺织、皮革、光纤通信等领域具有很好的应用前景。

有机氟碳聚合物因氟元素的特性而具有优异的耐溶剂性、耐油性、耐候性、耐高温、耐化学品、耐化学品、表面自洁等性能,已广泛应用在涂料、表面活性剂、防火剂、医学等领域,尤其在涂料行业中尤为重要。

二、实验目的

1. 学习聚丙烯酸酯乳液的合成方法及其原理。
2. 掌握聚丙烯酸酯乳液的改性方法及对性能的影响。
3. 掌握乳胶涂料的色漆配方设计及颜料调配。

三、实验原理

苯乙烯-丙烯酸酯共聚乳液(简称苯丙乳液)由于其成本低廉、性能优异而被广泛用作各种涂料和胶黏剂等,但其耐水耐油性、耐高低温性、耐候性尚不理想。如果通过在丙烯酸酯聚合物中引入含氟基团得到聚丙烯酸氟代烷基酯,含氟侧链可对主链和内部分子屏蔽保护,使丙烯酸酯不仅保持了其原有特性,还可有效地提高其稳定性、耐候性、抗污性和耐油耐水性。

四、实验仪器及试剂

1. 仪器

四口烧瓶(250 mL),球形冷凝管,滴液漏斗,水浴锅,电动搅拌器,高速分散机,研磨仪,计算机调色系统,傅里叶红外光谱仪,差示扫描量热仪,界面张力仪,Zata 电位及纳米粒度分析仪,光学接触角测量仪,最低成膜温度测定仪。

2. 试剂

丙烯酸正丁酯,甲基丙烯酸甲酯,苯乙烯,丙烯酸,甲基丙烯酸十二氟庚酯,甲基丙烯酸

六氟丁酯,乳化剂壬基酚聚氧乙烯,乳化剂十二烷基硫酸钠,过硫酸铵,氨水,碳酸氢钠,乙二醇,去离子水,增稠剂,防霉剂,消泡剂,颜料,填料。

五、实验步骤

1. 聚丙烯酸酯乳液合成

将引发剂过硫酸铵配成 2% 溶液待用。将十二烷基硫酸钠、壬基酚聚氧乙烯醚、去离子水加入四口烧瓶中,搅拌溶解,加入适量碳酸氢钠,升温至 60 ℃;再加入 1/2 过硫酸铵溶液,10%～15%(质量分数)的混合单体(具体见表 44 - 1),加热慢慢升温,温度控制在 70～75 ℃。如没有显著的放热反应则逐步升温至 80～82 ℃,将余下的混合单体均匀滴加,同时滴加剩余引发剂(也可分三四批加入),1.5～2 h 滴完,再保温 1 h 后升温至 85～90 ℃,保温 0.5～1 h。冷却,用氨水调节 pH 为 9～9.5,过滤出料,测定固体含量及黏度。

表 44 - 1　参考配方　　　　　　　　　　(单位:g)

药品名称	实验 1 号	实验 2 号	实验 3 号	实验 4 号
丙烯酸正丁酯(BA)	33.0	25.0	23.5	23.5
甲基丙烯酸甲酯(MMA)	17	—	—	—
苯乙烯(St)	—	25.0	23.5	23.5
丙烯酸(AA)	—	1.0～1.2	1.0～1.2	1.0～1.2
甲基丙烯酸十二氟庚酯	—	—	3.0	—
甲基丙烯酸六氟丁酯	—	—	—	3.0
过硫酸铵(APS)	0.2～0.3	0.2～0.3	0.2～0.3	0.2～0.3
十二烷基硫酸钠(SDS)	0.4～0.5	0.4～0.5	0.4～0.5	0.4～0.5
OP - 10	0.7～0.8	0.7～0.8	0.7～0.8	0.7～0.8
碳酸氢钠	适量	适量	适量	适量
去离子水	50.0	50.0	50.0	50.0

2. 乳胶涂料色漆配方设计及调色

成膜物的选择:采用本实验制备的乳液、市售乳液;颜料的选择及用量:设计外墙乳胶涂料,颜色确定配方组成的颜料体积浓度;制备典型色浆,确定优化工艺;按标准色卡或试样颜色要求,人工调制出乳胶色漆;通过计算机调色系统配制乳胶色漆。

3. 测试、表征

固体含量:按 GB/T 1725—2007 测定。

乳液黏度:用旋转黏度计测定。

吸水率:按 GB/T 1733—1993《漆膜耐水性测定法》测定。

钙离子稳定性:取少量乳液与质量分数为 5% 的氯化钙溶液按质量比 1∶4 混合、摇匀,静置 48 h 后观察乳液,如果不凝聚、不分层、不破乳,表明乳液的钙离子稳定性合格。

稀释稳定性:用水将乳液稀释到固体质量分数为 10%,密封静置 48 h,观察溶液是否分层,如果不分层,表明乳液的稀释稳定性合格。

储存稳定性:将一定量的乳液置于阴凉处密封,室温保存,定期观察乳液有无分层或沉淀现象,如无分层或沉淀,表明乳液具有储藏稳定性。

聚合稳定性:聚合过程中如出现乳液分层、破乳、有粗粒子及凝聚则视为不稳定。

傅里叶变换红外光谱(FT-IR)分析:将乳液均匀地涂在载玻片上成膜,取下乳胶膜后在索氏提取器中用四氢呋喃(THF)抽取 24 h,对抽提后的乳胶膜采用傅里叶变换红外光谱仪进行分析测定。

玻璃化转变温度(T_g)测定:用差示扫描量热仪测定。

乳液界面张力的测定:用自动界面张力位测定。

接触角的测定:将乳液均匀地涂在载玻片上成膜,在烘箱中干燥后用接触角测量仪测量乳胶膜与水的接触角。

乳液 Zata 电位和乳液粒径测定:用 Zata 电位及纳米粒度分析仪测定。

乳液最低成膜温度的测定:按照 GB/T 9267—2008,用最低成膜温度测定仪测定。

六、实验报告提纲

参照实验 1,实验报告重点讨论:
(1)含氟聚合物的改性原理。
(2)影响乳液性能的因素。

七、注意事项

1. 乳液聚合时要严格控制反应温度和时间。
2. 加入单体时要缓慢滴加,避免产生暴聚。
3. 注意观察不同配方合成的乳液性状,比较其性能。

八、参考文献

[1] 宋荣君,李加民. 高分子化学综合实验[M]. 北京:科学出版社,2017.

[2] 王宏超. 有机氟硅改性丙烯酸酯乳液的制备及性能研究[D]. 齐齐哈尔:齐齐哈尔大学,2012.

[3] 芦春燕,曹国荣. 含氟丙烯酸酯共聚物乳液的制备与性能研究[J]. 包装工程,2014,35(23):74-78.

[4] 潘祖仁,高分子化学[M]. 北京:化学工业出版社,2014.

实验 45 丙烯酸酯乳液压敏胶的制备及性能测试

一、实验设计思路

压敏胶是一种能长期保持黏性,可在轻微压力下立即与多数固体表面黏合的高分子胶黏剂。橡胶型压敏胶以天然橡胶、聚异丁烯、丁基橡胶等为主要原料,聚丙烯酸酯型压敏胶主要以丙烯酸酯类为原料。压敏胶使用方便,已广泛用于包装、医药、电器绝缘和日常生活等方面。

丙烯酸酯型压敏胶可分为溶剂型、乳液型和光固化型等。丙烯酸酯乳液压敏胶是通过乳液聚合制得。性能优异的压敏胶需要多种单体(硬单体、软单体、功能性单体)共聚合实现。实际应用中,完整乳液压敏胶配方复杂。基本性能涉及固含量、初黏性、持黏性和剥离强度等等。

本实验拟采用乳液聚合法制备压敏胶,并对其性能进行测试。实验过程涉及高分子化学、高分子物理、高分子材料性能测试等知识。

二、实验目的

1. 了解乳液压敏胶制备方法和配方设计原理;
2. 熟悉引发剂和单体精制的方法;
3. 掌握乳液聚合方法;
4. 掌握乳液压敏胶性能的一般测试方法。

三、实验原理

压敏胶是无需借助于溶剂或热,只需施以一定压力就能将被黏物黏牢,得到实用黏接强度的一类胶黏剂。乳液压敏胶黏剂被广泛用于制作包装胶黏带、文具胶黏带、商标纸、电子、医疗卫生等领域。本实验利用乳液聚合方法制备丙烯酸酯乳液压敏胶。

压敏胶乳液的基本配方组成与常规乳液一样,包括单体、水溶性引发剂、乳化剂和水,其中单体和乳化剂的选择最为重要。影响乳液压敏胶力学性能的主要因素之一就是胶黏剂中共聚物的玻璃化转变温度 T_g。压敏胶的玻璃化转变温度一般应保持在 $-20 \sim -60$ ℃的范围比较合适。玻璃化转变温度的调节可以通过选择具有很低的玻璃化转变温度的软单体与较高玻璃化转变温度的硬单体按一定比例共聚,这样可在保持一定内聚力的前提下有很好的初黏性和持黏性。硬单体包括苯乙烯、甲基丙烯酸甲酯、丙烯腈等,软单体包括丙烯酸丁酯、丙烯酸异辛酯、丙烯酸乙酯等。

为了提高压敏胶的性能,单体配方中往往还需要加入其他的功能性单体,如丙烯酸、丙烯酸羟乙酯、丙烯酸羟丙酯、N-羟基丙烯酰胺、二丙烯酸乙二醇酯等。以丙烯酸为例,丙烯酸的加入可以提高乳液的稳定性,并且提供可以与羟基交联的功能基团—COOH,压敏胶的适度交联可以提高胶的耐水性和黏接性。

乳化剂的选择也很重要,它不但要使聚合反应平稳,同时也要使聚合反应产物具有良好的稳定性。可用于乳液聚合的乳化剂种类很多,有阴离子表面活性剂、阳离子表面活性剂、非离子表面活性剂、两性表面活性剂等。在聚合过程中,实验证明单独使用阴离子或非离子乳化剂均难以达到满意的效果。这是因为离子型乳化剂对 pH 值和离子非常敏感,如果单独使用离子型乳化剂,在聚合过程中很难控制乳液的稳定性。而单独使用非离子乳化剂,合成的乳液虽然离子稳定性好,对 pH 值要求不太严格,但产生的乳液粒子很大,在重力的作用下容易下沉,放置稳定性不好。采用复合乳化剂如阴离子和非离子乳化剂的复配就可以克服上述缺点,合成稳定的乳液。另外乳化剂的用量对乳液的稳定性有很大影响,当乳化剂用量少时,乳液在聚合中稳定性差,容易发生破乳现象,随着乳化剂用量的增加,乳液逐步趋向稳定。但乳化剂用量过高又会降低压敏胶的耐水性,而且施胶时泡沫过多,影响使用性能。在实际应用时,一个完整乳液压敏胶配方中可能还要加入抗冻剂、消泡剂、防霉剂、色浆等。

丙烯酸酯乳液压敏胶多使用过硫酸盐作引发剂,本实验采用过硫酸铵,杂质主要是硫酸氢铵和硫酸铵。本实验所制备的压敏胶的单体包括三种:丙烯酸丁酯、丙烯酸、丙烯酸羟丙酯,杂质主要是阻聚剂如对苯二酚。其中丙烯酸丁酯是主要单体,后两种单体的用量只占单体总量的很少部分(3%)。

乳液压敏胶的基本性能包括固含量、初黏性、持黏性和剥离强度等。固含量用烘干称重法测定,初黏性用滚球法初黏性测定仪测定,持黏性用持黏性测试仪,剥离强度用玻璃试验机测定。

四、实验仪器及试剂

1. 实验仪器

锥形瓶、恒温水浴、温度计、布氏漏斗、抽滤瓶、分液漏斗、试剂瓶、烧杯、三口瓶、毛细管、刺形分馏柱、接收瓶、四口烧瓶、滴液漏斗、真空系统、玻璃棒、机械搅拌器、球形冷凝管、固定夹、培养皿、烘箱、旋转式黏度计、钢板、万能材料试验机。

2. 实验试剂

过硫酸铵、氯化钡、去离子水、丙烯酸丁酯、丙烯酸羟丙酯、丙烯酸、氢氧化钠、无水硫酸钠、十二烷基磺酸钠、OP-10、碳酸氢钠、氨水。配方见表 45-1 所列。

表 45-1 乳液压敏胶配方

试剂	用途	用量/g
丙烯酸丁酯	单体	194
丙烯酸	单体	4
丙烯酸羟丙酯	单体	2

（续表）

试剂	用途	用量/g
十二烷基磺酸钠	乳化剂	1
OP-10	乳化剂	1
过硫酸铵	引发剂	1.2
碳酸氢钠	缓冲剂	1
氨水	pH 调节剂	适量
去离子水	介质	170

五、实验内容

1. 引发剂过硫酸铵的精制

在 500 mL 锥形瓶中加入 200 mL 去离子水，然后在 40 ℃水浴中加热 15 min，使锥形瓶内水达到 40 ℃。迅速加入 20 g 过硫酸铵，如果很快溶解，可以适当再补加过硫酸铵直至形成饱和溶液。溶液趁热用布氏漏斗过滤，滤液用冰水浴冷却即产生白色结晶（也可置于冰箱冷藏室使结晶更完全），过滤出晶体，并以冰水洗涤，用氯化钡溶液检验滤液至无硫酸根离子为止。将白色晶体置于真空干燥箱中干燥，称重，计算产率。将精制过的过硫酸铵于棕色瓶中低温保存备用。

2. 单体丙烯酸丁酯的精制

在分液漏斗中加入 250 mL 丙烯酸丁酯单体，用 5% 氢氧化钠水溶液洗涤 3—4 次至无色（每次用量约 40～50 mL）。然后用去离子水洗至中性。放入试剂瓶并加入适量无水硫酸钠干燥 3 天以上。将干燥好的丙烯酸丁酯单体过滤除去干燥剂后减压蒸馏，30 mmHg 压力下收集 64 ℃馏分，密封后放入冰箱保存备用。

3. 乳液压敏胶制备

在烧杯中称量丙烯酸羟丙酯 2 g、丙烯酸 4 g、丙烯酸丁酯 194 g，搅拌均匀备用。以称量纸称量十二烷基硫酸钠 1 g，在烧杯中称量 OP-10 1 g 备用。在烧杯中称量过硫酸铵 1.2 g，加入 10 mL 水溶解。以称量纸称量碳酸氢钠 1 g 备用。

在四口烧瓶内直接加入称量好的十二烷基硫酸钠、碳酸氢钠和 OP-10，加入 160 g 去离子水，搅拌溶解，水浴加热至 78 ℃。通过滴液漏斗先加入约 1/10 混合单体，搅拌 2 min，然后一次性加入 30%～40% 的过硫酸铵水溶液，反应开始。至反应体系出现蓝色，表明乳液聚合反应开始启动。10 min 后开始缓慢滴加剩余的混合单体，于 2 h 内加完，在滴加单体过程中，同时逐步加入剩余的引发剂溶液（可以采用滴管滴加，每 10 min 加入一次），也在 2 h 内加完。聚合过程保持反应温度在 78 ℃。单体和引发剂溶液滴加完毕后继续搅拌，保温 78 ℃反应 0.5 h，然后升温到 85 ℃再保温反应 0.5 h。撤除恒温浴槽，继续搅拌冷却至室温。将生成的乳液经纱布过滤倒出，并用氨水调节乳液的 pH 至 7.0～8.0。

4. 乳液压敏胶性能测试

固含量测定。在培养皿中倒入 2 g 左右乳液并记录准确质量，在 105 ℃以上的烘箱内烘烤 2 h,称量并计算干燥后的质量,测定固体百分含量。

黏度测试。以 NDJ - 79 型旋转式黏度计测试乳液黏度。测试温度为 25 ℃。

初黏性测定。初黏性是指物体与压敏胶黏带黏性面之间以微小压力发生短暂接触时,胶黏带对物体的黏附作用。测试方法采用国家标准 GB/T 4852—2002(斜面滚球法),仪器为初黏性测试仪,倾斜角为 30°,测试温度为 25 ℃。

持黏性测定。持黏性是指沿黏贴在被黏体上的压敏胶黏带长度方向悬挂一规定质量的砝码时,胶黏带抵抗位移的能力。一般用试片在实验板上移动一定距离的时间或者一定时间内移动的距离表示。测试方法采用国家标准 GB/T 4851—2014。将 25 mm 宽胶带与不锈钢板相黏 25 mm 长,下挂 500 g 重物,在 25 ℃下,测试胶带脱离钢板的时间。

180°剥离强度测定。是指用 180°剥离方法施加应力,使压敏胶黏带对被黏材料黏结处产生特定的破裂速率所需的力。按国家标准 GB/T 2792—2014,用万能材料试验机测试。

六、实验报告提纲

参照实验 1,详情略。

七、注意事项

1. 过硫酸铵精制时,水温控制在 40 ℃,溶液配制成饱和状态,要趁热过滤。
2. 单体和引发剂都要分批滴加,不能一次性加入。

八、思考题

1. 什么是初黏性、持黏性和剥离强度? 如何检测?
2. 如何调控配方中的硬单体和软单体比例?

九、参考文献

[1] 周智敏,米远祝. 高分子化学与物理实验[M]. 北京:化学工业出版社,2011.

[2] 张爱清. 高分子科学实验教程[M]. 北京:化学工业出版社,2011.

[3] 王荣民,宋鹏飞,彭辉. 高分子材料合成实验[M]. 北京:化学工业出版社,2019.

[4] 李万霖,陈九江,张涵钦. 改性丙烯酸酯乳液压敏胶的研究进展[J]. 辽宁化工,2020,49(10):1274 - 1276.

[5] 房成,王威,韦丽芬,等. 高固含量丙烯酸酯乳液压敏胶的制备及性能[J]. 精细化工,2021,38(4):853 - 857.

实验 46　高效保塌型聚羧酸(含氨基酸衍生物)类减水剂的合成及性能表征研究

一、实验设计思路

通过对丙氨酸的乙烯基官能化得到一种特殊的氨基酸类单体来参与聚羧酸减水剂材料的合成。氨基酸由于含有氨基与羧基,所以具有很好的水溶性。经过改性后与羧酸类其他单体共聚可以提高聚合物减水剂的分散性、稳定性以及保塌性。并通过对这种混凝土添加剂,即聚羧酸类减水剂的合成来了解减水剂在混凝土中的作用机理及一些水泥添加剂的性能测试表征。

二、实验目的

1. 掌握氨基酸类单体的功能化方法,尤其是引入乙烯基官能团的合成;
2. 掌握含羧基的乙烯类单体的合成方法;
3. 熟悉如何通过共聚的方法得到结构改性的聚羧酸类减水剂;
4. 初步掌握如何进行混凝土聚合物添加剂的性能表征。

三、实验原理

如今,混凝土搅拌站和施工现场是分开的,商品混凝土由混凝土运输车运到施工现场。一般市售聚羧酸减水剂具有足够的分散保塌性能,使其在经历短途运输后仍然具有足够的流动性与工作性能。然而,随着城市规模不断扩大和居民环保意识的提高,为了防止混凝土搅拌站的扬尘污染,混凝土搅拌站建在远离市区的地方,针对市区的施工现场,商品混凝土必须经过长距离运输后运才能到达施工现场,由于混凝土在运输过程当中其坍落度处于一个不断损失的状态,为了保证混凝土在经过长距离运输后仍然满足坍落度要求,这就需要对聚羧酸减水剂的分散性能以及保坍性能提出更高的要求,因此必须开发一种分散性较好,保坍性能更为优异的新型聚羧酸减水剂产品。远离城市的混凝土搅拌站如图 46-1 所示。

本实验项目旨在对一般聚羧酸减水剂进行改性,探究出可以满足混凝土长距离运输的保塌型聚羧酸减水剂产品。

丙氨酸是构成蛋白质的基本单位之一,是构成人体蛋白质的 21 种氨基酸之一,其分子结构中含有羧基和氨基。丙烯酰氯属于一种常见有机合成中间体,其化学活泼性很高,能与许多不同类型的有机物发生化学反应,进而得到多种丙烯酰氯衍生物。本综合实验利用丙烯酰氯和丙氨酸反应,合成丙氨酸衍生物 APL,用其部分代替丙烯酸,从而达到对聚羧酸减水剂改性的目的。以下为选择 APL 对聚羧酸减水剂改性的两大理由:(1)从功能官能团角

图 46-1 城市郊区的混凝土搅拌站

度分析,因为 APL 分子结构中同样含有羧酸根负离子,APL 的引入不会对聚羧酸减水剂分子在水泥微粒表面的吸附形成任何负面的影响;(2) APL 分子结构中含有酰胺基团,接枝酰胺基团有助于提升聚羧酸减水剂的保坍性能。

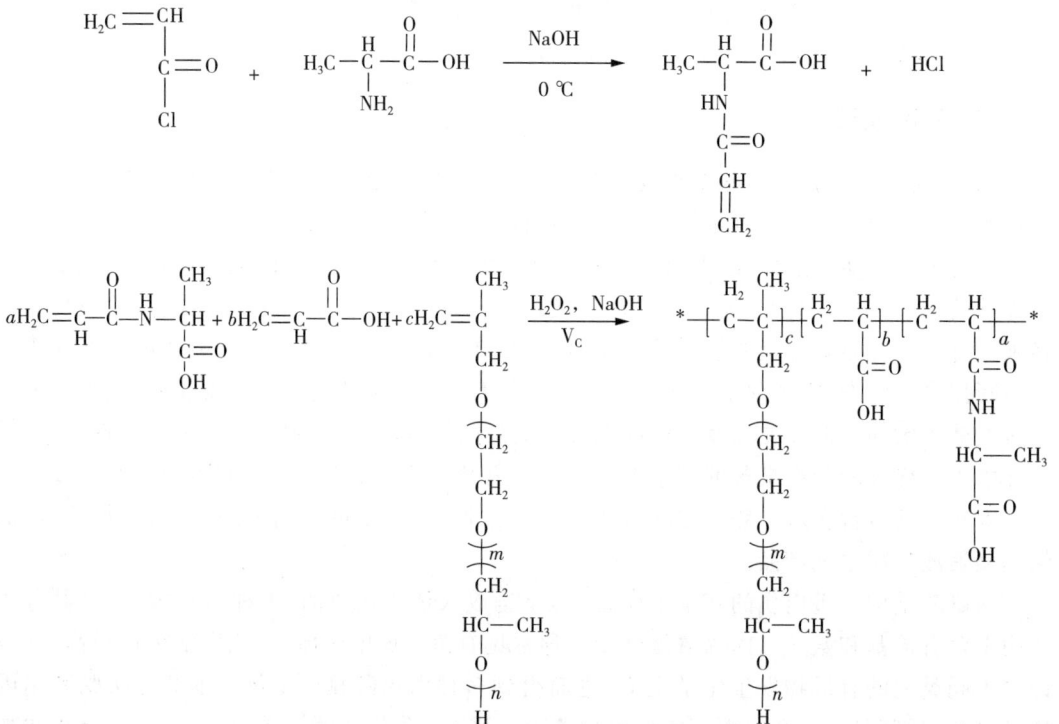

图 46-2 单体与聚合物的合成路径

四、实验仪器与原料

1. 实验仪器

磁力加热搅拌器 JB - 1B 雷磁-上海仪电科学仪器股份有限公司、真空干燥箱 DZF - 6050 上海一恒科学仪器有限公司、循环水真空泵 SHZ - D(Ⅲ)防腐型湖南力辰仪器科技有限公司、水泥静浆搅拌机、电子天平、含气量测试仪、混凝土压力测试仪、混凝土标准养护箱、蠕动泵。

核磁共振仪、红外、紫外-可见光谱仪和各类结构表征仪器。

2. 实验原料

L -丙氨酸、丙烯酰氯、丙烯酸、过氧化氢、抗坏血酸、甲基烯丙基聚氧乙烯醚- 2400、3 -疏基丙酸、氢氧化钠、425 水泥、市售减水剂。

五、实验步骤

1. APL 的合成与表征;
2. APL 改性聚羧酸减水剂的合成与表征;
3. APL - PCE 的预处理;
4. 摸索 APL - PCE 的最佳合成工艺;
5. APL - PCE 的水泥相关性能检测。

具体操作:实验首先利用 L -丙氨酸与丙烯酰氯反应,合成新型小单体 APL,用其部分代替一般聚羧酸减水剂合成过程中需要的丙烯酸,几种不同类烯类单体(配比自拟)进行共聚最终合成出 APL 改性聚羧酸减水剂 APL - PCE。之后对共聚物添加剂进行纯化,配成合适的减水剂溶液(固含量有一定要求)。并以水泥静浆流动度为考察指标,研究确定 APL - PCE 最佳改性条件。在合成原理方面,单体的结构官能化及制备,多种单体共聚过程可按参考方案或在与老师讨论后稍加修改。参考方案:合成路径如图 46 - 2 所示。最后 APL - PCE 的水泥相关性能检测过程按照国家相关标准由老师带领学生完成,并总结讨论实验数据结果。

六、实验报告提纲

参照实验 1,实验报告中着重讨论:

(1)新的丙烯羧酸类单体的合成路线、实验具体操作步骤及各步产物结构表征结果;

(2)用共聚的方法对改性聚羧酸类减水剂材料的合成、实验具体操作步骤及聚合物结构表征与分析;

(3)改性聚羧酸类减水剂材料在混凝土中的性能表征与讨论。

七、实验注意事项

1. 丙烯基聚乙二醇醚类单体可以按自己的设计方案来选择适宜的分子结构和分子量,(与老师讨论确定实验方案和原料反应物的选择)。

2. 做水泥静浆流动度测试实验时要注意避免身体与水泥的直接接触。

3. 所有实验员需要穿上实验白大褂戴手套和防护眼镜。

八、参考文献

［1］Johann P,Bernhard S. Experimental determination of the effective anionic charge density of polycarboxylate superplasticizers in cement pore solution［J］. Cement & Concrete Research,2009,39(1):1－5.

［2］檀秋芬,扈惠敏. 高性能混凝土的研究与应用综述[J]. 2012,330(19):337－339.

［3］Ren C,Hou L,Li J,et al. Preparation and properties of nanosilica－doped polycarboxylate superplasticizer[J]. Construction and Building Materials,2020,252:119037.

实验 47　双网络水凝胶的制备与表征

一、实验设计思路

水凝胶是一种三维网络结构材料,具有优良的吸水溶胀性和生物组织相似性。双网络(Double network,DN)水凝胶是高强度水凝胶系列中的一类,区别于普通水凝胶其具有突出的力学性能。

在紫外光照的条件下,采用两步法合成双网络水凝胶。通过对单网络(Single network,SN)、双网络水凝胶的吸水溶胀性、失水性和拉伸性能表征,探索双网络结构对水凝胶力学强度的提升,同时研究不同辐射光照时间对水凝胶材料性能的影响。

二、实验目的

1. 掌握两步法合成双网络水凝胶的机理;
2. 熟悉水凝胶性能测试的一般方法。

三、实验原理

本实验,采用简单的光引发自由基聚合机理,制备双网络水凝胶产品。机理展示如下:

$$链引发:Z \rightarrow [Z]*$$

$$[Z]* + M \rightarrow [M]* + Z$$

$$链增长:[M]* \rightarrow R_{1*} + R_{2*}$$

首先,在 365 nm 波长、80 W 功率的紫外光照射下,引发剂产生初级自由基并引发单体,生成单体自由基,然后链自由基不断增长,直到单体消耗完全,或者由于外界氧气等作用,使反应终止。

该实验中,决定水凝胶具有优良力学性能的关键是双网络结构的形成。首先,在紫外光照下,2-丙烯酰胺基-2-甲基-1-丙烷磺酸(AMPS)单体在引发剂、交联剂的依次作用下,形成第一层网络水凝胶结构,然后将该单网络水凝胶浸入已经配置成的第二网络水溶液中,即丙烯酰胺(AM)水溶液,充分溶胀至溶胀平衡后,取出继续在紫外光照下进行辐射反应。一定时间后形成双网络结构水凝胶。AMPS、AM 的结构式如图 47-1(a)、(b)所示。

四、实验仪器与试剂

实验中使用的主要原料和仪器,见表 47-1 和表 47-2。

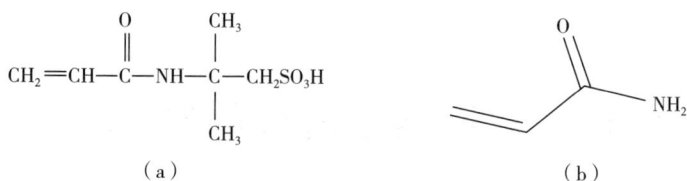

图 47-1 两种原料结构式

表 47-1 主要原料

原料	规格	生产厂家
丙烯酰胺(Acrylamide,AM)	化学纯	麦克林试剂有限公司
2-丙烯酰胺基-2-甲基-1-丙烷磺酸 (2-Acrylamido-2-Methylpropanesulfonic Acid,AMPS)	分析纯	麦克林试剂有限公司
N,N'-亚甲基双丙烯酰胺 (N,N'-Methylenebisacrylamide,MBAM)	分析纯	阿法埃沙试剂有限公司
2-酮戊二酸(2-Oxoglutaric Acid)	分析纯	麦克林试剂有限公司
甲醇(methanol)	分析纯	国药集团化学试剂有限公司
丙酮(acetone)	分析纯	国药集团化学试剂有限公司

表 47-2 主要仪器

名称	型号	生产厂家
电子天平	FA1004B	上海越平科学仪器有限公司
循环水式真空泵	SHZ-D(Ⅲ)	巩义市予华仪器有限责任公司
真空干燥箱	DZF-6020	巩义市英峪予仪器厂
电热恒温鼓风干燥箱	DHG-9101-2SA	上海光都仪器设备有限公司
紫外灯箱	YH80RR25	中山市小榄榭基照明电器厂
集热式磁力加热搅拌器	DF-Ⅱ	江苏宏凯仪器厂
高功率数控超声波清洗器	KQ-400KDE	昆山市超声仪器有限公司

五、实验步骤

1. 原料的精制

未避免杂质影响聚合,需要对实验原料进行重结晶等操作精制提纯。

2. 单网络水凝胶的制备

参考方案:按照单体浓度为 1 mol/L,交联剂、引发剂的量分别是单体的 4%、0.1%,配制 100 mL 2-丙烯酰胺-2-甲基丙磺酸(AMPS)溶液。将配制好的溶液进行避光、通 N₂ 处理 35 分钟,然后倒入自制的模具中,注意严格排除气体,放在 80 W 功率的紫外灯箱光照下进行辐射处理一定时间,得到单网络水凝胶。

3. 双网络水凝胶的制备

参考方案：将上述得到的 PAMPS 单网络水凝胶，放置于按照单体浓度为 2 mol/L、交联剂的浓度为单体浓度的 0.1％、引发剂的浓度为单体浓度的 0.1％的量配置好的第二网络水溶液中，进行充分的溶胀，达到溶胀平衡后。轻轻取出溶胀第二网络水溶液的 PAMPS 单网络水凝胶，放置于培养皿中，在紫外灯光下，进行辐照处理一定时间。即可形成双网络水凝胶。

4. 水凝胶性能表征

(1)溶胀性

室温下，将待测试的水凝胶切成小块样放置于一次性塑料杯中，标号处理，向塑料杯中倒入足够量的去离子水，浸泡水凝胶。每间隔一定时间取出待测的水凝胶，用滤纸轻轻蘸去表面的水分，称量并记录。更换去离子水继续浸泡，直到凝胶达到溶胀平衡，即水凝胶的质量不再变化。将达到溶胀平衡后的水凝胶放置于一定温度的鼓风干燥箱中干燥直到水分完全除掉，即水凝胶的质量达到恒重。按式(47 - 1)和(47 - 2)分别计算该水凝胶的溶胀度(SD)和凝胶分数(GF)，同时比较不同实验合成条件下水凝胶的溶胀动力学。

$$SD(100\%) = (W_t - W_0)/W_0 \times 100\% \quad (47 - 1)$$

$$GF(100\%) = W_d/W_0 \times 100\% \quad (47 - 2)$$

式中，W_0——水凝胶初始时的质量；

　　W_t——吸水溶胀 t 时的水凝胶的质量；

　　W_d——水凝胶完全干燥时的质量。

(2)失水性

室温下，将待测的水凝胶分别标号后，置于空气中自然干燥。间隔一定时间后，称量水凝胶的质量并记录，直到凝胶的质量不再随时间或基本不随时间变化为止。以纵坐标质量 Quality 对横坐标时间 Time 作图，得到该水凝胶产品的失水动力学曲线，同时比较不同实验合成条件的水凝胶的失水变化速率。

(3)拉伸性能

水凝胶性质不同于橡胶、塑料等材料，其力学性能测试样条形状也不同于橡胶、塑料测试用的哑铃型的形状，有关参考文献中大都采用自制的矩形形状。本实验中可自制长约为 50 mm，宽约为 15 mm，厚约为 5 mm 的矩形水凝胶样品(以实际测试计量时为准)，用于拉伸力学性能测试的。室温下，将待测样品置于夹具间，设定拉伸速率为 200 mm/min，启动电脑控制端。测定不同实验合成条件下的水凝胶样条，比较拉伸性能。

六、实验报告提纲

参照实验 1，详情略。

七、参考文献

[1] Shi H X, Fang Z W, Zhang X, et al. Double - network nanostructured hydrogel - derived ultrafine Sn - Fe alloy in three - dimensional carbon framework for enhanced

lithium storage[J]. Nano letters,2018,18(5):3193 - 3198.

[2] Shigemitsu H,Fujisaku T, Tanaka W,et al. An adaptive supramolecular hydrogel comprising self - sorting double nanofibre networks[J]. Nature nanotechnology,2018,13 (3):267 - 274.

[3] Li G, Zhang H J, Fortin D, et al. Poly(vinyl alcohol) - Poly(ethylene glycol) Double - Network Hydrogel:A General Approach to Shape Memory and Self - Healing Functionalities[J]. Langmuir,2015,31(42):11709 - 11716.

实验 48　功能性超支化聚合物增韧改性环氧树脂

一、实验设计思路

环氧树脂是一种黏接性强、收缩率小、耐腐蚀性好、工艺性能良好的热固性树脂。但环氧树脂固化后耐候性差、质脆、耐冲击性能差、容易开裂，这使其应用领域受到限制。对环氧树脂进行增韧具有重要的意义。超支化聚合物具有独特的分子支化结构，富含末端官能团，具有良好的溶解性、低黏度、易修饰性等，在很多领域有着大量应用研究。通过设计改变超支化分子端基的种类可调控与环氧树脂基体的相容性和反应性，从而实现对环氧树脂的增韧改性。

本实验拟利用二羟甲基丙酸和羟基化合物的缩聚反应合成端羟基超支化聚合物并制备环氧树脂复合材料。

二、实验目的

1. 了解环氧树脂的增韧机理。
2. 掌握由 AB_2 单体二羟甲基丙酸制备端羟基超支化聚合物的方法。
3. 掌握环氧树脂复合材料力学性能的测试方法。

三、实验原理

环氧树脂具有优良的加工性能，其固化物具有优异的化学稳定性、电绝缘性、力学性能、黏结性能和较小的固化收缩率，但是脆性较大。环氧树脂增韧的方法很多，如橡胶弹性体、热致性液晶高分子、热塑性塑料、核壳聚合物、纳米粒子和超支化聚合物等均被应用到环氧树脂增韧改性中。

超支化聚合物是由一个中心核和逐渐伸展的支化单体（Abx）组成的，呈三维球状立体结构，含有丰富的末端官能团。这种近似球状的结构，与线性聚合物相比，分子链不易缠结，相同相对分子质量的情况下，熔融或溶液状态时黏度更低。同时，分子含有大量端基，通过改变端基的种类可调控与环氧树脂基体的相容性和反应性。

聚酯类超支化聚合物的中心核可以是二元醇、多元醇及酸酐等，依据单体（同时含羟基和羧基）官能团中羟基和羧基含量不同，选择单体，从而实现控制产物端基的目的。如图 48-1 中 a 为端羟基支化分子，是由季戊四醇核与二羟甲基丙酸单体形成的三代支化分子；b 为端羧基支化分子，是马来酸酐核与柠檬酸单体形成的二代支化分子。

以二羟甲基丙酸为单体、以乙二醇为核，属于 B_2 核 AB_2 单体反应型原理，反应过程如图 48-2 所示。按照核与 AB_2 单体的配比控制超支化聚合物的分子量，获得超支化聚合物。

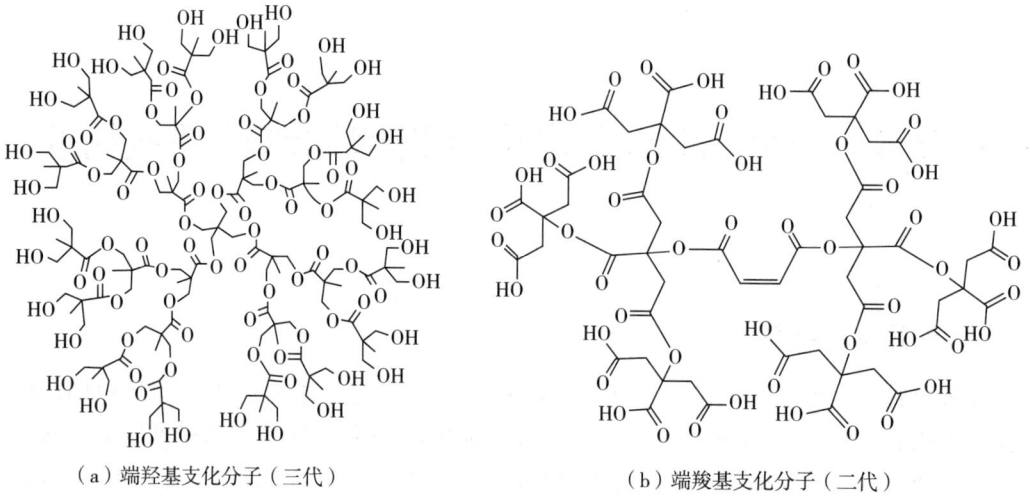

（a）端羟基支化分子（三代）　　　　　　　（b）端羧基支化分子（二代）

图 48-1　聚酯类超支化分子结构

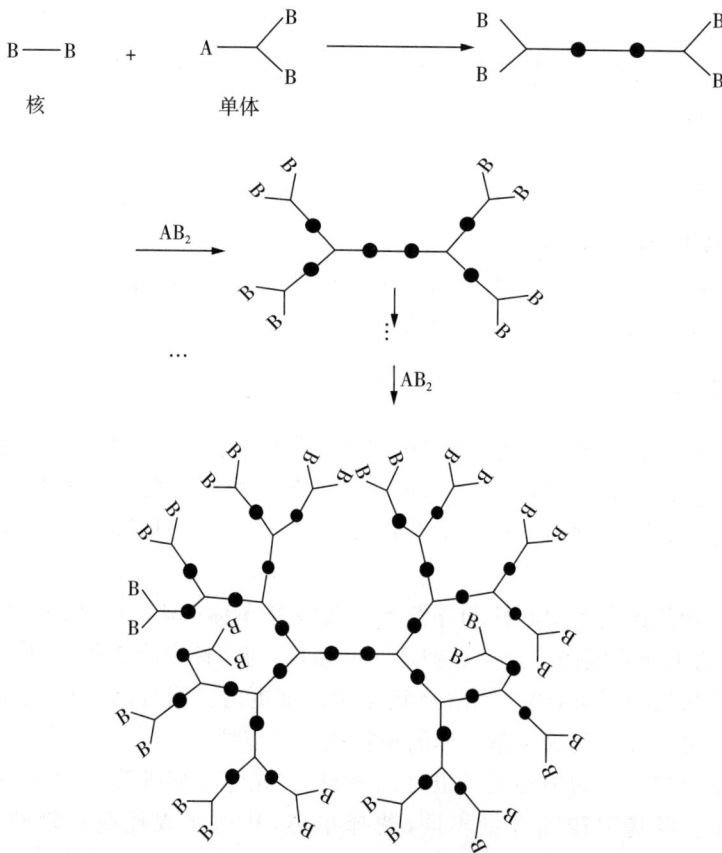

图 48-2　AB₂型单体缩聚聚合原理示意图

　　将超支化聚合物、双酚 A 型环氧树脂、酸酐固化剂进行混合均匀,浇注成型,获得环氧树脂的复合材料,然后测试不同超支化聚合物含量复合材料的机械性能,考察超支化聚合物含量对各种机械性能的影响及其规律性。聚酯类超支化聚合物增韧环氧树脂可以用化学诱导相分离和颗粒空穴化解释。即在固化前,超支化聚合物与环氧树脂具有较好的相容性。在固化过程中,由于环氧树脂固化,导致二者相容性变差,超支化聚合物从基体中析出形成第二相(即反应诱导相分离),但此时分散相与基体间仍然保持较好的界面相互作用。所以当固化后的材料受到外力冲击时,分散相与环氧树脂基体间的界面相互作用可促使应力转移到超支化聚合物颗粒,使颗粒产生应力集中并从基体中脱黏或者由于自身分子内空腔而空穴化,引起基体形成广泛的剪切变形而耗散能量,从而提高环氧树脂的韧性。

四、实验仪器与药品

三口烧瓶、温度计、搅拌器、分水器、烧杯、真空玻璃瓶、万能电子拉伸试验机、冲击试验机。

二羟甲基丙酸、一缩二乙二醇、乙二醇、甲基四氢苯酐、乙酰丙酮钴、苯乙烯、双酚 A 型环氧树脂、对甲苯磺酸、铝箔纸。

五、实验内容

将设计好分子量配比的二羟甲基丙酸和二元醇加到带搅拌器、温度计、分水器的三口烧瓶中,继续升温至 $160\sim180$ ℃,然后加入二羟甲基丙酸质量 1% 的对甲苯磺酸,在 $180-200$ ℃之间搅拌反应,观察分水器中水量的变化,分水器中水的质量接近理论分水量时,测试三口烧瓶中树脂的酸值,酸值小于 10 mg KOH/g 时,将树脂倒入不锈钢盘中,冷却粉碎,即可得到端羟基超支化聚酯树脂。

按照超支化聚合物与双酚 A 型环氧树脂的配比分别在 0∶100、3∶100、6∶100、9∶100、12∶100、15∶100、20∶100 混合均匀后,分别加入计算量的甲基四氢苯酐,再加入促进剂(乙酰丙酮钴与苯乙烯的质量比 1∶9 混合)0.2 g,搅拌混合均匀,放置于真空玻璃瓶中抽真空脱除气泡,然后将已经脱泡的树脂混合物浇注于由铝箔纸制备的标准样条(每种样条不少于 10 个)模具中,放入烘箱中固化,分别在 120 ℃固化 2 h、140 ℃固化 2 h、180 ℃固化 4 h,取出样品冷却后脱模,室温放置 12 h 以上测试其各种力学性能,包括拉伸强度、弯曲强度、冲击强度。

固化试样测试参照 ASTM D638－2008 标准,用万能电子拉伸试验机测拉伸强度;固化试样的弯曲强度按 ASTM D5045—14 标准在万能电子拉伸试验机进行测试;材料冲击强度参照 ASTM D6110—2017 标准摆锤式冲击试验机进行测试。

六、实验报告提纲

参照实验 1,详情略。

七、注意事项

1. 支化聚合物聚合度控制;
2. 测试样制备平整规范。

八、思考题

1. 什么是超支化分子？
2. 超支化聚合物改性环氧树脂的原理是什么？

九、参考文献

［1］周智敏，米远祝．高分子化学与物理实验［M］．北京：化学工业出版社，2011.

［2］张爱清．高分子科学实验教程［M］．北京：化学工业出版社，2011.

［3］王荣民，宋鹏飞，彭辉．高分子材料合成实验［M］．北京：化学工业出版社，2019.

［4］李武松，魏延传，刘聪聪．超支化聚合物在塑料中的应用研究进展［J］．中国塑料，2017,45(2):102－107.

［5］许伟坤，王慧丽，董亿政，等．超支化聚酯在环氧树脂改性中的研究进展［J］．中国塑料,2021,35(1):110－123.

实验 49　聚氨酯增韧酚醛泡沫的制备与性能研究

一、实验设计思路

酚醛泡沫具有耐热性好、导热系数低、燃烧时低烟低毒等优点,被认为是最有前景的保温材料之一。然而,酚醛泡沫存在大量苯环的结构导致其机械性能差、易粉化,使其应用受到了一定的限制。因此,提高酚醛泡沫的韧性是当前研究的重点。

本实验通过简单的方法制备硼酸改性聚氨酯预聚体增韧酚醛泡沫。首先,利用聚醚多元醇(PPG)和二苯基甲烷二异氰酸酯(MDI)合成聚氨酯预聚(PUP),用 PUP 改性酚醛泡沫,研究 PUP 添加量对酚醛泡沫力学性能、泡孔结构和粉化率的影响,确定最佳添加量的 PUP 改性酚醛泡沫;然后通过 H_3BO_3 对其改性,研究了 H_3BO_3 用量对其阻燃性能、力学性能和粉化率的影响。

二、实验目的

1. 熟悉酚醛泡沫的制备方法和配方;
2. 掌握聚氨酯预聚体(PUP)的制备原理和方法;
3. 探究不同含量 PUP 对酚醛泡沫性能的影响(阻燃性能、抑烟性能、力学性能等);
4. 制备出高性能的酚醛泡沫。

三、实验原理

近年来,国内外研究人员针对酚醛泡沫的增韧改性进行了大量的研究工作,通过活性基团之间的反应将柔性链段引入酚醛树脂刚性骨架中对其增韧被认为是最有效的增韧方式,如聚乙二醇、腰果酚、聚氨酯预聚体等。在这些化合物中,聚氨酯预聚物由于其异氰酸酯基团的高反应性而受到关注。但聚氨酯柔性链段的引入往往会降低聚合物的热稳定性能与阻燃性能。为了解决这一问题,研究人员将具有阻燃作用的元素如磷、氮、硅等阻燃元素接到聚氨酯链段中制备出阻燃型增韧剂,利用这种阻燃型增韧剂去改性酚醛泡沫。薛采颖等人合成了一种含磷的聚氨酯预聚体(PPUP)用于增韧酚醛泡沫,结果表明:相比较纯酚醛泡沫,力学性能随着 PPUP 含量的增加出现不同程度的提高,但当 PPUP 添加量为 1ppr 时,氧指数却降低。杨红宇等人制备了一种含磷和硅的聚氨酯预聚体(PSPUP)来增韧酚醛泡沫,结果表明:与纯样对比,5wt％PSPUP 改性酚醛泡沫力学性能最好,但氧指数却由 45％降低到 43.5％。由此可见,由于改性聚氨酯预聚体中磷、氮、硅的含量有限,对提高酚醛泡沫的阻燃性能效果并不理想。硼化合物作为绿色阻燃剂在聚合物材料中得到了广泛的运用,这是因为一方面含硼化合物在分解过程中放出结合水,起到吸热和冷却基体的作用;另一方面含硼化合物复合材料在燃烧过程中可形成 B_2O_3 玻璃状层覆盖在基体表面,起到防止基体进一步燃烧的作用。

由于 H_3BO_3 在燃烧过程同时具有吸热和阻隔作用,被考虑与 PUP 结合共同改性酚醛泡沫,以期提高其力学性能的同时又能提高其阻燃和抑烟性能。聚氨酯增韧酚醛泡沫制备过程如图 49-1 所示。

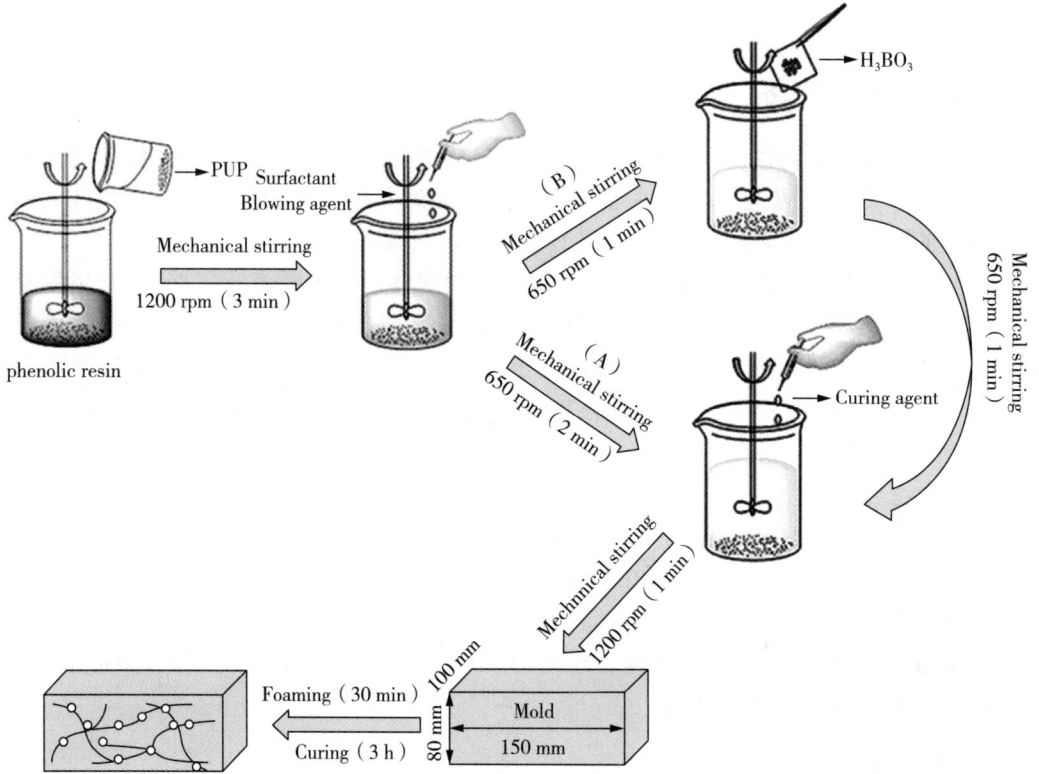

图 49-1 聚氨酯增韧酚醛泡沫制备过程示意图

四、实验仪器与原料

1. 实验仪器

锥形量热仪、热重分析仪、水平燃烧测试、扫描电子显微镜、X-射线衍射仪、傅里叶红外光谱仪、激光拉曼光谱、X 射线电子能谱、拉力试验机、真空干燥箱、电子搅拌机、恒温磁力搅拌油浴锅、三颈烧瓶、制样模具和烧杯。

2. 实验原料

苯酚、多聚甲醛、氢氧化钠、硼酸、聚醚多元醇、4,4′-亚甲基二对苯基二异氰酸酯、吐温-80、正戊烷、对甲苯磺酸、去离子水。

五、实验步骤

1. 合成 PUP 并制备不同添加量的酚醛泡沫复合材料,对其结构与泡孔形貌进行表征分析。研究其添加量对酚醛泡沫力学性能,泡孔结构和粉化率的影响。

　　2. 通过添加不同量 H_3BO_3 来提高 PUP 增韧酚醛泡沫的阻燃性能和热稳定性能。通过 LOI(极限氧指数仪),CC(锥型量热仪),拉曼光谱仪(LRS),扫描电子显微镜(SEM)研究 H_3BO_3 添加量对其阻燃性能的影响。

　　3. 对改性酚醛泡沫的增韧阻燃机理进行探讨。

　　4. 分析酚醛泡沫复合材料经锥型量热仪燃烧后的残炭,探讨其阻燃机理。

六、实验报告提纲

参照实验 1,实验报告中着重讨论:

(1)PUP 对酚醛泡沫性能的影响;

(2)H_3BO_3 添加量对酚醛泡沫的阻燃及物理性能影响。

七、注意事项

1. 实验前要查找相关文献,对将要进行的实验有个大致的了解;

2. 在实验过程中需要身着实验服,谨慎操作,避免出现烫伤、碰伤事件发生;

3. 对样品进行表征时,应在老师的指导下进行,避免发生意外事件。

八、参考文献

Xu W Z,Chen R,Xu J Y,et al. Preparation and mechanism of polyurethane prepolymer and boric acid co‐modified phenolic foam composite:Mechanical properties,thermal stability,and flame retardant properties[J]. Polymers for Advanced Technologies,2019,30 (7):1738‐1750.

实验 50　电纺制备 PS/PVP 复合纤维膜及其表面亲/疏水性能调控

一、实验设计思路

随着静电纺丝技术的发展,多组分聚合物纳米纤维材料越来越受欢迎。例如:PVP/PLA,PVC/PU,PMMA/PAN 等。与单一组分体系相比,多组分聚合物纳米纤维综合了各个组分的性能,弥补了单一组分在化学或结构上的不足。共混纤维的制备一般是将两种高分子溶于同一溶剂,使其具有不同的物理性能和化学性能,包括相对分子质量、亲/疏水性、表面电荷、降解和力学性能等。当两种不同的聚合物共混进行静电纺丝时,由于两者之间的结构和极性差异,随着纤维形成过程中溶剂的挥发,共混纤维会形成相分离结构。

聚苯乙烯(PS)是应用最广泛的塑料之一,由于其疏水性能,可以通过静电纺丝制备 PS 纳米纤维膜作为防污层。聚乙烯吡咯烷酮(PVP)具有很好的化学稳定性、热稳定性和亲水性基团。本实验采用静电纺丝技术合成 PS/PVP 复合纤维,并根据复合纤维中 PVP 和 PS 含量的不同,通过接触角的测量来研究复合纤维膜的亲/疏水性能,并研究两者之间的比例与相分离结构的关系。实验内容涉及有机化学、高分子化学、仪器表征方面知识。具体思路如图 50-1 所列。

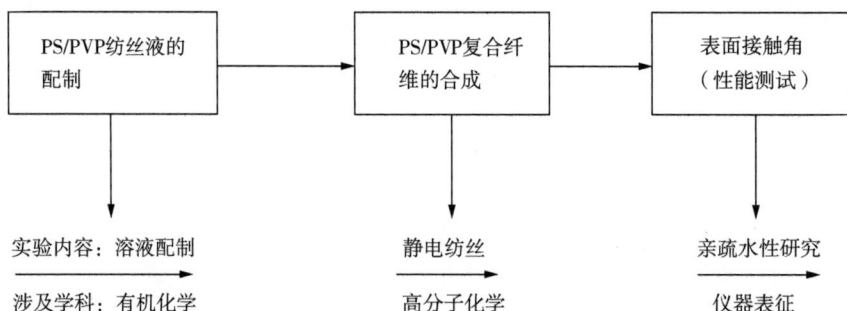

图 50-1　电纺制备 PS/PVP 复合纤维膜及其表面亲/疏水性能调控设计思路

二、实验目的

1. 掌握静电纺丝的原理,并学习高压静电纺丝机的使用;
2. 探讨不同比例的 PVP 和 PS 对复合纤维形貌结构和相分离结构的影响;
3. 学会纺丝参数的合理调控以及材料分析表征方法;
4. 通过复合纤维表面接触角的测量,学会使用接触角测量仪,讨论不同比例的 PS/PVP

复合纤维的亲/疏水性。

三、实验原理

　　静电纺丝法即聚合物喷射静电拉伸纺丝法,与传统方法截然不同。首先将聚合物溶液或熔体带上几千至上万伏高压静电,带电的聚合物液滴在电场力的作用下在毛细管的 Taylor 锥顶点被加速。当电场力足够大时,聚合物液滴克服表面张力形成喷射细流,细流在喷射过程中溶剂蒸发而固化,最终落在接收装置上,形成类似非织造布状的纤维毡。在静电纺丝过程中,液滴通常具有一定的静电压并处于一个电场当中,因此,当射流从毛细管末端向接收装置运动时,都会出现加速现象,从而导致了射流在电场中的拉伸。静电纺丝法制备纳米纤维的影响因素很多,这些因素可分为溶液性质因素,如黏度、弹性、电导率和表面张力;环境参数,如纺丝环境中的空气湿度、温度和气流速度等。

　　水滴接触角是指在一固体水平平面上滴一水滴,固体表面上的固-液-气三相交界点处,其气-液界面和固-液界面两切线把液相夹在其中所成的角(如图 50-2)。

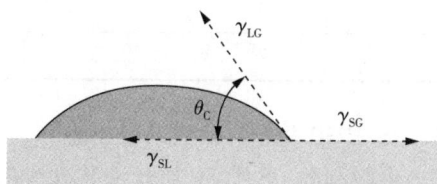

　　当液滴自由地处于不受力场影响的空间时,由于界面张力的存在而呈圆球状。但是,当液滴与固体平面接触时,其最终形状取决

图 50-2　水滴接触角示意图

于液滴内部的内聚力和液滴与固体间的黏附力的相对大小。当液滴放置在固体平面上时,液滴能自动地在固体表面铺展开来,或以与固体表面成一定水滴角的液滴存在。以接触角度 θ 说明亲水接触角和疏水接触角的划分。当 θ 为 0° 时,叫完全润湿;当 0°<θ<90° 时,液体可润湿固体,且越小,润湿性越好,叫亲水接触角;当 90°<θ<180° 时,液体不润湿固体,也叫疏水接触角,或者憎水接触角;θ=180° 时,叫完全不润湿。

　　本综合设计课题是通过 PS 与 PVP 极性的不同,利用复合纤维膜中二者含量的变化进而调控纤维膜表面的亲疏水性能。研究两种成分的投入比对二组分空间分布和表面性能的影响。

四、实验仪器与试剂

　　1. 静电纺丝所需试剂与仪器

　　PVP(K30)、PS(M_w>300000)、去离子水、DMF。

　　高压静电纺丝机一台(FM-1206),水浴锅一个,磁力搅拌器一台,电子天平一台,带盖玻璃瓶若干,量筒一个,直尺 1 把,真空干燥箱一个。

　　2. 纤维膜表征所需仪器

　　傅里叶红外光谱一台,恒温水浴锅一台,电子天平一台,微量进样器两个,带盖玻璃瓶若干,接触角测量仪一台(CHD-JCJ180),扫描电子显微镜一台。

五、实验步骤

　　1. PS/PVP 纺丝液的配制

　　(1)用电子天平称取一定量的 PVP 和 PS,分别用 DMF 配制质量分数(wt%)为 8 % 的

纺丝前液,搅拌溶解得到均匀液体;

(2)将 PS 纺丝液和 PVP 纺丝液按照不同体积比共混,搅拌均匀得到 PS/PVP 纺丝液,见表 50-1 所示。

表 50-1　不同 PS/PVP 配比纺丝液的配置

样品编号	纺丝液组分配比
1	PS：PVP(10：0)
2	PS：PVP(9：1)
3	PS：PVP(7：3)
4	PS：PVP(5：5)
5	PS：PVP(3：7)
6	PS：PVP(1：9)
7	PS：PVP(0：10)

2. PS/PVP 复合纤维膜的静电纺丝

(1)将配制的 PS/PVP 纺丝液装入注射泵中,排出注射器内的空气;

(2)设置电压为 20 kV,喷丝头距离滚筒接收器的距离为 20 cm,纺丝液的推进速度为 0.020 mm/s 进行纺丝,得到复合纤维膜。

3. PS/PVP 复合纤维膜接触角测量实验

(1)将不同比例的 PS/PVP 复合纤维膜剪成同样大小备用;

(2)每个比例的复合纤维膜取三个不同地方测量接触角,取平均值。

4. PS/PVP 复合纤维膜形貌测试

用扫描电子显微镜(SEM)观察不同比例的 PS/PVP 复合纤维膜的表面形貌。同时,通过水洗步骤将复合纤维膜中 PVP 相除去,利用 SEM 观察 PVP 相分布情况,讨论表面形貌对材料表面性能的影响。

5. PS/PVP 复合纤维膜红外光谱测试

采用傅里叶变换衰减全反射红外光谱法(ATR-FTIR)测试不同比例 PS/PVP 复合纤维膜的表面功能基,讨论表面功能基团对表面接触角的影响。

六、实验报告提纲

1. 目的

2. 知识背景

(1)静电纺丝技术文献综述;

(2)静电纺丝法制备 PS/PVP 复合纤维膜原理。

注:列出参考文献 8~10 篇。

3. 实验内容及数据记录

(1)实验方案(包括所用仪器设备及型号等);

(2)实验步骤及现象;

（3）数据记录（单独用记录纸，教师签字），见表 50-2 所列。

表 50-2　实验数据记录样表

样品编号	接触角 1	接触角 2	接触角 3	平均值
PS∶PVP(10∶0)				
PS∶PVP(9∶1)				
PS∶PVP(7∶3)				
PS∶PVP(5∶5)				
PS∶PVP(3∶7)				
PS∶PVP(1∶9)				
PS∶PVP(0∶10)				

4. 结果与讨论

（1）用 origin 软件绘制不同比例的 PS/PVP 复合纤维膜亲/疏水性变化趋势的柱状图；

（2）重点讨论内容：

不同比例的 PS/PVP 复合纤维膜在静电纺丝过程中的相分离情况和后面接触角测量结果不同的原因。

注：讨论部分应另外列出参考文献 8～10 篇。

5. 产品使用前景和可持续性评估

注：高效并合理地评价高分子纤维膜对社会的周期效益及隐患。

七、注意事项

1. 在进行接触角测量实验时，注意保护镜头和注射器，操作过程需小心谨慎。

2. 为了接触角测量实验的准确性，纤维膜一定要铺平，同一个比例的纤维膜要取不同地方的点测量后取平均值。

3. 由于静电纺丝是在高电压的环境下进行，实验过程中需要保证玻璃罩关闭，防止触电。

4. 参考文献格式统一按照作者，题名，刊名，年，卷（期），始末页码的格式列出。

八、参考文献

[1] Wang Y, Ren R, Ling J, et al. One-pot "grafting-from" synthesis of amphiphilic bottlebrush block copolymers containing PLA and PVP side chains via tandem ROP and RAFT polymerization[J]. Polymer, 2018, 138(38): 378-386.

[2] Chen C J, Tseng I H, Lu H T, et al. Thermal and tensile properties of HTPB-based PU with PVC blends[J]. Materials Science & Engineering A, 2011, 528(15): 4917-4923.

[3] Zhang T, Qu H, Sun K. Development of polydopamine coated electrospun PAN/PMMA nanofibrous membrane as composite separator for Lithium-ion batteries[J]. Materials Letters, 2019, 245(15): 10-13.

实验 51　聚丙烯木塑复合材料的制备及性能测试

一、实验设计思路

转矩流变仪可用于测定聚合物熔体的流变行为和混合聚合物等制备多组分混合物（混合器实验）。本实验采用转矩流变仪进行混合器实验来实现木粉和聚丙烯（PP）的熔融共混，并对制得样品的力学性能进行测试。

二、实验目的

1. 掌握转矩流变仪的基本结构、工作原理及使用范围。

2. 熟练掌握用转矩流变仪制备木塑复合材料的操作方法。

3. 掌握热压机、电子拉伸力机的使用方法，并将木塑共混物压成规定厚度的样片以测定其相应的性能。通过拉伸实验，加深对应力-应变曲线的理解；测定木塑复合材料的强度和断裂伸长率，绘制应力-应变曲线。

三、实验原理

1. 转矩流变仪工作原理

转矩流变仪按结构分为三部分：主机控制系统、测量驱动系统和辅机附件部分。主机控制系统用于设备的校正、实验参数的设置、数据的采集、显示和处理，发出对辅机的参数控制信号；测量驱动系统用于测量温度、压力、转速和转矩信号，随时把信息传给主机，并为辅机提供电源和驱动；辅机部分包括混合器、单螺杆挤出机、双螺杆挤出机、吹膜机、压延挤带机、电缆包覆装置和造粒装置等附件部分包括转子、漏斗、加料器、传感器等。根据不同的实验要求，将主机、辅机和附件有机地组合起来，便可完成。转矩流变仪的示意图如图 51 - 1所示。

转矩流变仪通常有两种应用，一是用于测定聚合物熔体的流变行为，二是混合聚合物等制备多组分混合物（混合器实验）。本实验采用转矩流变仪进行混合实验来实现木粉和聚丙烯（PP）的熔融共混。混合器相当于一个小型密炼机，是转矩流变仪的一个重要辅机。由 1个"∞"字形混合室和 1 对相向旋转的转子组成，如图 51 - 2 所示。

（1）加料量的确定。实验开始，物料从混合器上部的加料口加入混合室，受到上顶栓对物料施加的压力并且通过转子外表面与混合室壁间的剪切、搅拌、挤压，转子之间的捏合、撕拉，轴向间的翻捣、捏炼等作用，以连续变化的速度梯度和转子对物料产生的轴向力的变形实现物料的混炼和塑化。当混合室内的物料不足时，转子难以充分接触物料，达不到混炼塑化的最佳效果。反之，加入的物料过量，部分物料集中于加料口而不能进入混合

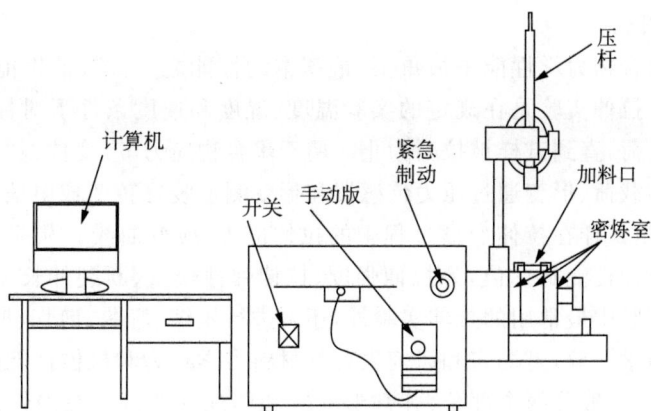

图 51-1　转矩流变仪示意图

室均匀塑化,或出现超额的阻力转矩时,仪器安全装置将发生作用,停止运转。若实验过程中,去除上顶栓对物料的施压作用,仪器转矩值变化不明显,说明加料量正合适。另外,加料量应由混合室容积、转子容积、物料密度及加料系数计算来确定。样品的质量可按下式(51-1)计算:

$$m=\left[(V-V_{\mathrm{D}})\times69\%\right]\times\rho \tag{51-1}$$

式中,V——没有转子时混炼器的容积,mL;

　　　V_{D}——转子的体积,mL;

　　　ρ——物料密度,g·mL。

(2)实验温度与转速根据实际生产条件确定,本实验设定混合温度为 180 ℃,转速为 100 r·min^{-1},混炼 10 min。

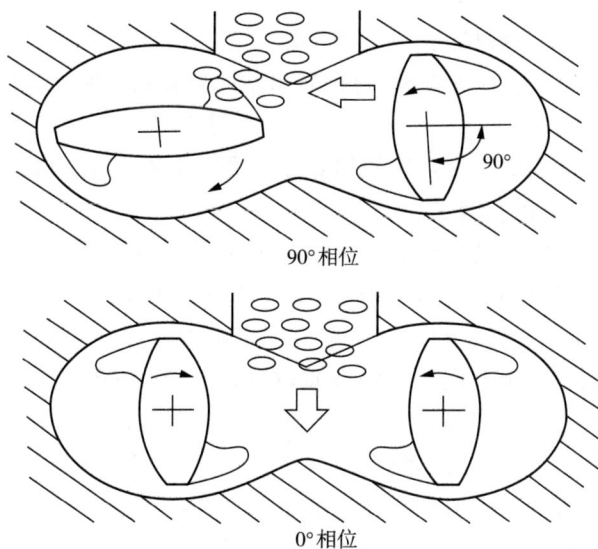

90° 相位

0° 相位

图 51-2　转矩流变仪工作模式示意图

2. 拉伸性能测试

拉伸性能是聚合物力学性能中最重要、最基本的性能之一。拉伸性能的好坏可以通过拉伸实验来检验。拉伸实验是在规定的实验温度、湿度和速度条件下对标准试样沿纵轴方向施加静态拉伸负荷,直到试样被拉断为止。用于聚合物应力-应变曲线测定的电子拉力机是将试样上施加的载荷、形变通过压力传感器和形变测量装置转变成电信号记录下来,经计算机处理后,测绘出试样在拉伸变形过程中的拉伸应力-应变曲线。从应力-应变曲线上可得到材料的各项拉伸性能指标值,如拉伸强度、拉伸弹性模量、断裂伸长率等。电子拉力机除了应用于力学实验中最常用的拉伸实验外,还可进行压缩、弯曲、剪切、撕裂、剥离及疲劳、应力松弛等各种力学实验,是测定和研究聚合物材料力学行为和机械性能的有效手段。

应力-应变曲线一般分两个部分:弹性形变区和塑性形变区。在弹性形变区,材料发生可完全恢复的弹性变形,应力与应变成线性关系,符合胡克定律。在塑性形变区,形变是不可逆的塑性变形,应力和应变增加不再呈正比关系,最后出现断裂。不同的高聚物材料、不同的测定条件,分别呈现不同的应力-应变行为。根据应力-应变曲线的形状,目前大致可归纳成五种类型,如图 51 - 3 所示。

(1)硬而脆:拉伸强度和弹性模量较大,断裂伸长率小,如聚苯乙烯等。

(2)硬而强:拉伸强度和弹性模量较大,且有适当的伸长率,如硬聚氯乙烯等。

(3)硬而韧:弹性模量大,拉伸强度和断裂伸长率也大,如聚对苯二甲酸乙二醇酯、尼龙等。

(4)软而弱:拉伸强度低,弹性模量小,且伸长率也不大,如溶胀的凝胶等。

(5)软而韧:断裂伸长率大,拉伸强度也较高,但弹性模量低,如天然橡胶、顺丁橡胶等。

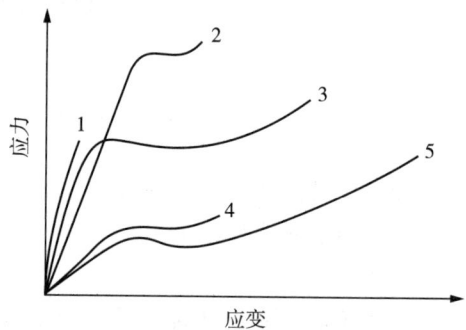

图 51 - 3 应力-应变曲线的形状

由以上五种类型的应力-应变曲线,可以看出不同聚合物的断裂过程。影响聚合物拉伸强度的因素有:

(1)高聚物的结构和组成。聚合物的相对分子质量及其分布、取代基、交联、结晶和取向是决定其机械强度的主要内在因素。

(2)实验状态。拉伸实验是用标准形状的试样,在规定的标准状态下测定聚合物的拉伸性能。标准化状态包括试样制备、状态调节、实验环境和实验条件等,这些因素都将直接影响实验结果。现仅就试样制备、拉伸速率、温度的影响阐述如下。①在试样制备过程中,由于混料及塑化不均,引起微小气泡或各种杂质,在加工过程中留下各种痕迹如裂缝、结构不均匀的细纹、凹陷、真空泡等,这些缺陷都会使材料强度降低。②拉伸速率和环境温度对拉伸强度有着非常重要的影响。当低速拉伸时,分子链来得及位移、重排,呈现韧性行为,表现为拉伸强度减小,而断裂伸长率增大。高速拉伸时,高分子链段的运动速度小于外力作用速度,呈现脆性行为,表现为拉伸强度增大,而断裂伸长率减小。不同的聚合物对拉伸速率的敏感程度不同,硬而脆的聚合物对拉伸速率比较敏感,一般采用较低的拉伸速率。韧性塑料对拉伸速率的敏感性小,一般采用较高的拉伸速率,以缩短实验周期,提高效率。高分子材料的力学性能表现出对温度的依赖性,随着温度的升高,拉伸强度降低,而断裂伸长率则随着温度的升高而增大,因此实验要求在规定的温度下进行。

拉伸实验共有 4 种类型的试样,试样的选择遵循以下规则:

(1)热固性模塑料材料:用 I 型(双铲形),如图 51-4(a)所示。

(2)硬板、半硬质热塑性模塑料材料:用 II 型(哑铃形),厚度＝(4±0.2)mm,如图 51-4(b)所示。

(3)软板、片:用田型(8 字形),厚度 $d \leqslant 2$ mm。

(4)薄膜:用 IV 型(长条形)。

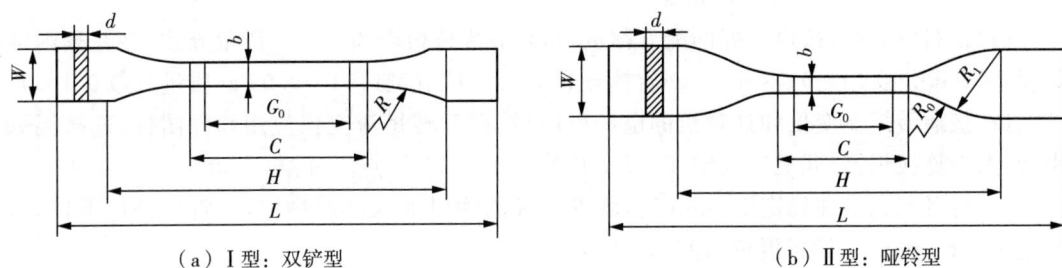

（a）I 型:双铲型　　　　　　　　　　（b）II 型:哑铃型

图 51-4　拉伸式样类型

图中(a) I 型:双铲形;(b) II 型:哑铃形。

试样的类型和尺寸参照 GB/T 1040—2006 执行。本次实验材料为聚丙烯木塑复合材料,属于热塑性材料,所以试样采用 II 型试样,每组试样不少于 5 个,尺寸长度为(10.0±0.5)cm,厚度 2.5 mm,由多型腔模具注射成型获得。实验要求表面平整,无气泡、裂纹、分层、伤痕等缺陷。

数据的处理:

(1)拉伸强度

$$O_t' = P/(b\,d)$$

式中,O_t'——拉伸强度,MPa;

　　P——破坏荷载或最大载荷,N;

　　b——试样宽度,mm;

　　d——试样厚度,mm。

(2)断裂伸长率

$$\varepsilon = (l-l_0)/l_0 = \triangle l/\,l_0$$

式中,ε——断裂伸长率,%;

　　l——试样标距伸长后长度,mm;

　　l_0——试样标距长度,mm。

四、实验仪器及原料

1. 仪器

天平,RM-200 转矩流变仪及计算机控制系统和配套工具,平板热压机,钢锯,割刀,直尺等,电子拉力实验机,游标卡尺,记号笔。

2. 原料

聚丙烯粉料,木粉(60~80 目),抗氧剂-1010,偶联剂(马来酸酐接枝聚丙烯)。

五、实验步骤

1. 聚丙烯木塑复合材料的制备

(1)备料(称量):按设计好的配方称量,马来酸接枝聚丙烯 4.5 g(质量分数 9%)、聚丙烯 25.5 g(质量分数 51%)、木粉 20 g(质量分数 40%)、抗氧剂(1010)0.05 g(质量分数 0.1%)。

(2)接通转矩流变仪和计算机的电源(开机),打开转矩流变仪应用软件图标,选择混炼平台,点击连接仪器(联机),设定 T_1、T_2、T_3 均为 180 ℃后,点击升温。

(3)待升温完毕并稳定 10 min 后,将准备好的物料加入物料槽中,并将压杆放下锁紧,转速 100 r·min^{-1},设置混炼时间为 10 min。

(4)接通平板热压机电源,预热,设置温度为 180 ℃。

(5)混合完毕后,密炼机会自动停止。提升压杆,依次打开一区、二区,第一时间将熔融态木塑取下,于平板热压机下压成厚度为 4 mm 的板材,取下后冷却定型,以备测试力学性能时使用。

(6)卸下转子,并分别进行清理,待仪器清理干净后,将已卸下的一区、二区动板和转子安装好,准备下次实验使用。

(7)断开主机与转矩流变仪设备的连接,并关闭计算机与转矩流变仪。清理实验产生的杂物(打扫清理转矩流变仪时产生的垃圾)。

(8)将木塑板材锯成具有一定规格的样条,以备测试其力学性能和极限氧指数、垂直燃烧等实验时使用。

2. 拉伸性能测试

六、实验报告提纲

参照实验 1,实验报告重点讨论:
(1)转矩流变仪共混制备复合物的原理;
(2)配方中各组分的作用。

七、注意事项

1. 由于本实验在高温下进行,因此为了防止烫伤,实验操作过程中必须戴手套;
2. 清理完料槽和转子后,要正确安装转矩流变仪,切勿将转子装反,否则会损坏仪器;
3. 拉伸实验过程中,不要将身体置于移动横梁之下;
4. 如出现飞车现象,立即关闭总电源。

八、参考文献

[1] 宋荣君,李加民. 高分子化学综合实验[M]. 北京:科学出版社,2017.

[2] 何昱萱. 聚丙烯木塑复合材料的制备与研究[J]. 绿色科技,2018,20(6),195 - 197.

[3] 曹金星,张玲等. 聚丙烯基木塑复合材料增韧改性研究进展[J]. 中国塑料,2017,31(2):1 - 7.

[4] 王国建,肖丽. 高分子基础实验[M]. 上海:同济大学出版社,1999.

[5] 潘祖仁. 高分子化学[M]. 北京:化学工业出版社,2014.

实验 52 聚乙烯(PE)共混改性材料的制备及性能测试

一、实验设计思路

PE 是最重要的通用塑料之一,其产量居各品种之首,但由于合成工艺的差别,出现了性能各异的品种。各个品种的性能各有优劣,如高密度聚乙烯(HDPE)刚性较好,而低密度聚乙烯/线性低密度聚乙烯(LDPE/LLDPE)韧性较好,但又都存在着不足之处。为了获得性能更佳的 PE 材料,通常采用物理或化学方法对其进行改性。物理改性是在 PE 基体中加入另一组分,但不改变 PE 分子链结构的一种改性方法。一般情况,物理改性又分共混、填充及增强改性。本实验选择共混改性进行探索,将不同种类聚乙烯按不同比例共混得到一系列具有中间性能的聚乙烯。具体的改性思路如下:

1. 不同密度的聚乙烯共混改性,以期获得材料的模量和强度的改进;
2. 不同分子量的聚乙烯进行共混改性,以期获得材料的冲击强度和耐环境应力开裂性能的改进。

二、实验目的

1. 了解聚合物改性的目的;
2. 掌握塑料改性配方设计的基础知识;
3. 掌握塑料基本性能的测试方法;
4. 了解塑料加工常用设备的基本结构原理与操作。

三、实验原理

所谓共混,从物理过程而言,其实质就是一般工程上的混合,它是一种为提高混合物均匀性的操作过程。混合过程中,在整个体系的全部体积内,各组分在其基本单元没有本质变化的情况下进行细化和均化分布,也就是说纯粹的物理混合过程包括分布混合作用和分散混合作用两部分涵义。分布混合作用是指不同组分相互分散到对方所占据的空间中,即使得两种或多种组分所占空间的最初分布情况发生变化并达到均化,如图 52-1 所示。分散混合作用是指参与混合的组分发生颗粒尺寸减小的变化,极端情况达到分子级别的分散,如图 52-2 所示。实际的混合过程中,分布作用和分散作用大多同时存在,即在混合过程中,通过各种混合机械的能量的作用,使被混物料粒子不断减小并相互分散重新分布,最终形成在某种尺度范围内均匀的混合物。

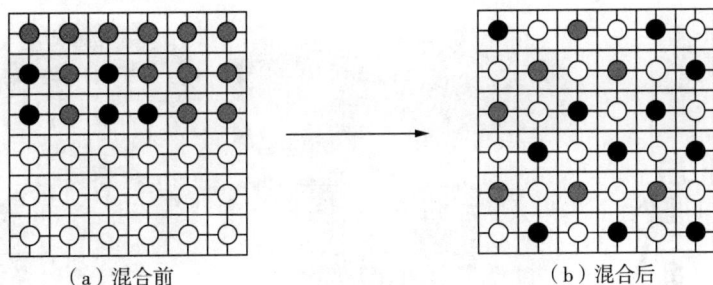

（a）混合前　　　　　　　　　　（b）混合后

图 52-1　混合过程中分布作用示意图

聚合物共混改性的方法主要有物理共混法和共聚共混法两大类,此外还有互穿聚合物网络法(IPN)。各种共混法所得共混物的理想形态结构大多应为稳定的微观多相体系。这里的"稳定"是指聚合物共混物在成型以及其制品在使用过程中不会产生宏观的相分离。

物理共混法是依靠物理作用实现聚合物共混的方法,工程界又称机械共混法。共混过程在不同种类的混合或混炼设备中完成。大多数聚合物共混物都可以采用物理共混法制备。在混合和混炼过程中,通常仅有物理变化。有时,

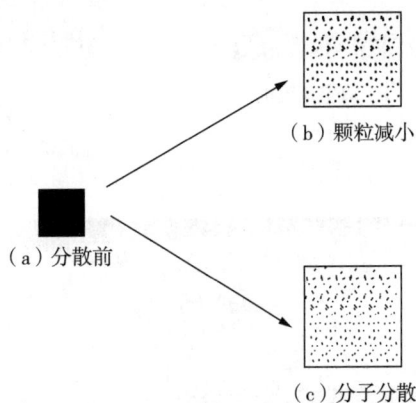

（b）颗粒减小

（a）分散前

（c）分子分散

图 52-2　混合过程中分散作用示意图

由于强烈的机械剪切及热效应使一部分聚合物发生降解,产生大分子自由基,继而形成少量接枝或嵌段共聚物,这类化学反应不属于该过程的主体,否则就不属于物理共混法的范畴。

1. 不同密度的聚乙烯的共混改性

PE 由于合成工艺的差别,出现了性能各异的 HDPE、LDPE 和 LLDPE 等品种。如 HDPE 刚性较好,LDPE 和 LLDPE 韧性较好,但又都存在不足。为了获得较好性能的 PE,传统方法是将不同密度 PE 按不同比例进行物理共混,以期改进材料的模量和强度。

2. 不同分子量的高密度聚乙烯共混改性

不同分子量、不同牌号的聚乙烯按比例共混,对于改善材料的物理性能大有好处。从制品的化学性能,机械性能及生产中的各项工艺性出发,可以比较自由地设计出各种不同的配方,来满足各种不同的要求,往往还可达到降低生产成本的目的。

四、仪器与试剂

1. 仪器
鼓风干燥箱、密炼机、标样件模具。

2. 原料
HDPE(分子量 8 万、10 万、15 万),LDPE(分子量 8 万、10 万、15 万),LLDPE(分子量 8 万、10 万、15 万)。

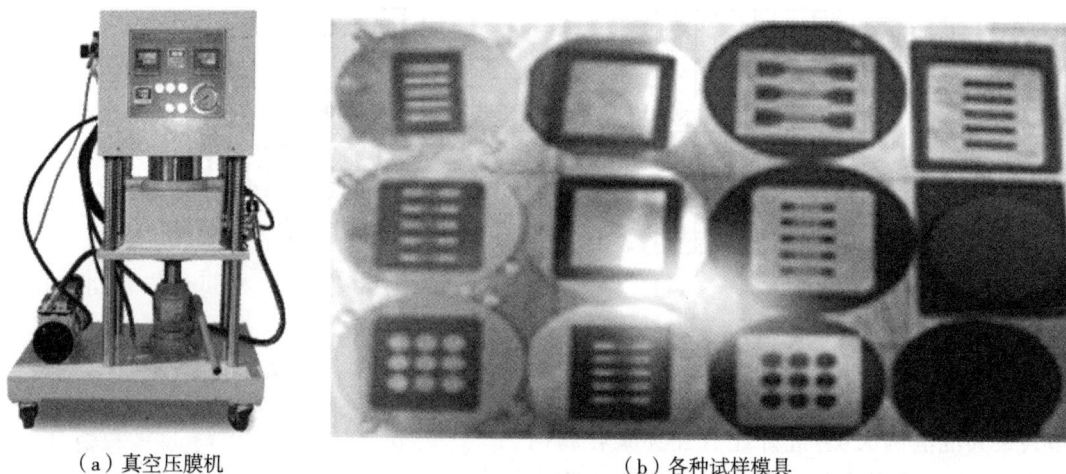

（a）真空压膜机　　　　　　　　　　　　（b）各种试样模具

图52-3　真空压膜机(制样)

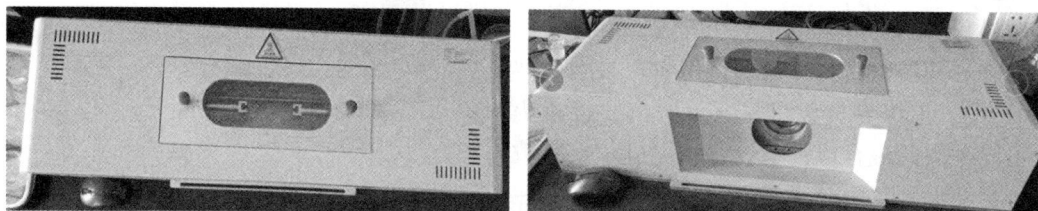

图52-4　微型薄膜单向受限拉伸装置

五、实验步骤

1. 根据文献调研,制定实验方案;

2. 根据实验方案的配比均匀混合两种或两种以上聚合物;

3. 根据实际情况选择先共混造粒再用真空压膜机压片(如图52-3),或直接用真空压膜机压片;

4. 测量铸片(压片)的厚度和宽度,多测几次取平均值,然后将其用气动夹具固定到拉伸装置上,尽可能放平整(如图52-4);

5. 盖上加热腔的盖子,升温至设定温度后,保持5至10分钟;

6. 设定拉伸参数(拉伸速度、拉伸距离);

7. 拉伸,同时采集力学数据;

8. 拉伸结束后,升高5 ℃受限保持10分钟;

9. 降温至室温后取出样品;

10. 将上述拉伸后的样品裁剪成一定宽度的样条,并测量厚度和宽度,同样要多测几次取平均值;

11. 将第10步的样品小心固定到拉伸装置上,在室温下,以一定拉伸参数拉伸至断裂,同时采集力学数据,获得相应应力应变曲线;

12. 将第 10 步的样品进行 SEM 测试,观察比较不同配方样品的表面形貌;

13. 分析数据,撰写实验报告。

六、实验报告提纲

参照实验 1,详情略。

七、注意事项

1. 压膜时安全注意事项:上下模板都是高温,注意防止烫伤;合模时要将周围物品清理干净,防止手脚被夹。

2. 拉伸时安全注意事项:上样时样品尽可能平整摆放;气动夹具要俩人合作,以防夹手;升温后腔体高温,防止烫伤。

3. 实验尽量多做几组,数据取平均值。

八、参考文献

[1] 刘生鹏,张苗,胡昊泽,等. 聚乙烯改性研究进展[J]. 武汉工程大学学报,2010,32(3):31 - 36.

[2] 李凤红,李红艺,白晓琳,等. 聚乙烯和纳米蒙脱土与淀粉共混改性研究进展[J]. 化工新型材料,2015,43(1):24 - 26.

[3] 吴培熙,张留城. 聚合物共混改性[M]. 3 版. 北京:中国轻工业出版社,2017.

实验 53　聚乳酸基可生物降解膜袋材料的制备及性能研究

一、实验设计思路

通过采用熔融共混工艺,将具有优异韧性和加工性能的聚酯、聚酯共聚物或者聚烯烃弹性体等引入聚乳酸(PLA)基体中,制备出韧性优异的 PLA 基共混材料;同时向 PLA 基共混材料中引入反应性增容剂或者界面增强剂,改善 PLA 与聚酯、聚酯共聚物或者聚烯烃弹性体的相容性,并在其界面处产生交联结构,增强材料的综合性能,获得刚韧平衡性优异兼具良好加工性能的 PLA 基可生物降解膜袋材料。通过改变熔融共混过程的温度、转速、时间及原料的配比等因素,对共混材料的相界面反应和相结构有效控制,并研究 PLA 基可生物降解膜袋材料相界面及凝聚态结构的演变行为对宏观性能的影响,初步探讨其结构和性能的内在联系。

二、实验目的

1. 掌握熔融共混法制备共混复合材料的原理及实验方法,深入分析温度、转速等条件的变化对材料微观结构演化过程的影响及其机理。

2. 掌握 PLA 可生物降解膜袋材料的成型工艺,掌握聚合物熔体结构、温度等对 PLA 基膜袋材料成型的影响。

3. 掌握 PLA 可生物降解膜袋材料机械性能及降解性能等宏观性能的测试评价方法。

4. 掌握材料微观结构对其降解性能及机械性能等方面的影响,探讨共混复合材料微观结构与宏观性能的内在联系及其机理,加深对材料结构与性能关系的认识。

三、实验原理

由于塑料具有质轻、耐用、阻隔性、易成型、形状多样、资源和能源消耗少等优点广泛用于食品等包装领域。塑料膜袋材料主要以石油基聚合物为主,其中就包括聚对苯二甲酸乙二醇酯(PET),聚氯乙烯(PVC),聚乙烯(PE),聚丙烯(PP),聚苯乙烯(PS),聚酰胺(PA)等。然而随着石油资源的枯竭以及绿色环境发展的要求,具有可堆肥及可生物降解特性的一类聚合物受到广泛关注,而且在广泛的商品和工程应用中,PLA 可以被认为是石油化工衍生的聚合物的有前途的替代品。PLA 也是其研究最多的可持续聚合物之一,因为它具有生物降解性、生物相容性、堆肥性和良好的机械性能等诸多优点。在食品包装、餐具、水杯、托儿所和电子产品缓冲包装等一次性产品领域中,PLA 具有广阔的应用前景,可有效预防和缓解由目前可用的非生物降解石油引起的环境问题,例如"白色污染"基塑料。此外,PLA 是在医学上有众多应用的领先生物材料。因此,大力促进以 PLA 为代表的可生物降解材料的应用是实现可持续绿色发展的重要措施。例如,国家近年来颁布的一系列"禁塑令",力求使用 PLA 这种生物降解聚合物来替代传统石油基聚合物。然而,对于 PLA 基可生物降解膜袋材料的研发还处于萌芽阶段,其中制约着 PLA 基可生物降解膜袋研发的最大问题在于 PLA 本身脆性,导致其在膜袋的应用上成为致命的缺陷。几十年来,提高 PLA 的韧性已在学术和工业领域广泛推广。PLA 应提高其性能并达到平衡的机械性能,从而使其成为广泛适用于低成本和灵活的常规石油基聚合物的替代品应用范围。已经致力于增强 PLA 的研究工作已经应用了各种策略和技术,包括用增塑剂改性 PLA,与其他聚合物共混,共聚化学品以及掺入填充剂等来增韧 PLA。与化学共聚相反,与熔融共混是一种有效且经济高效的改进 PLA 韧性的方法。

在早期研究中,柔韧性或弹性聚合物通常是从石油资源中生产的不可生物降解的聚合物,例如聚乙烯(PE)、丙烯腈-丁二烯-苯乙烯(ABS)共聚物、聚氨酯(PU)、聚甲基丙烯酸乙烯-共缩水甘油酯(EGMA)。考虑到使用不可降解的聚合物增韧 PLA 已经不符合社会生产的实际需求,故需采用可生物降解的聚合物来增强 PLA 的韧性。例如:某些天然橡胶的生物基材料,从某些植物油及其衍生物中获得的生物弹性体,聚酰胺 11(PA11)和可生物降解的材料,例如聚己二酸丁二醇酯-对苯二甲酸丁二醇酯(PBAT)、聚丁二酸丁二酯(PBS)、淀粉和纤维素广泛用于改性 PLA。将 PLA 与柔软或弹性的聚合物共混,可以显著提高其韧性,是制备 PLA 可生物降解膜袋材料的有效途径。

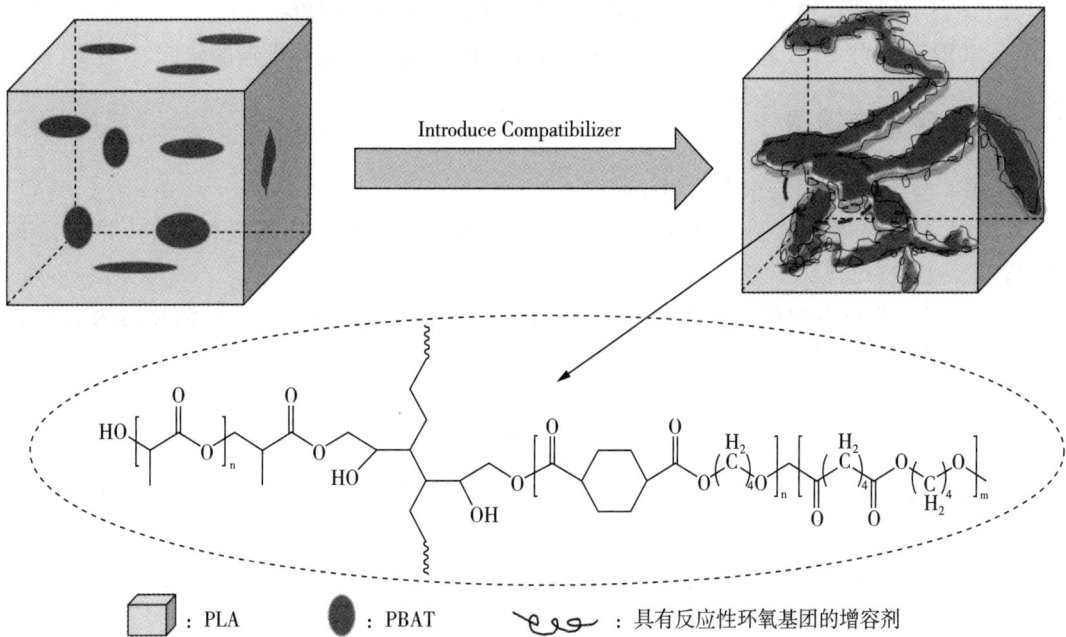

图 53-1　具有环氧活性基团对 PLA 与 PBAT 界面调控的机制图

在 PLA 的大部分共混体系中,通常会出现两组分不相容的问题。为了促进 PLA 共混物的相容性,通常会在体系中引入第三组分作为增容剂,提高 PLA 共混材料的相容性,同时利用增容剂,调控 PLA 相与增韧相的界面结构,获得刚韧平衡性优异的 PLA 可生物降解膜袋材料(如图 53-1)。然而,引入具有反应性基团的增容剂,对 PLA 的凝聚态结构与增韧相界面演化的行为,共混时体系中各相相互作用力的形式及大小及熔融共混过程中产生的反应性机理等都会影响最终材料的性能。因此获得具有优异刚韧平衡性的 PLA 基材,必须对以上的问题进行科学的探索。

四、实验仪器与原料

1. 仪器

真空干燥箱、转矩流变仪、平板硫化仪、差示扫描量热仪、热重分析仪、扫描电子显微镜、透射电子显微镜、吹膜机等。

2. 原料

PLA、聚己内酯、乙烯-醋酸乙烯共聚物、乙烯-辛烯共聚物、聚己二酸丁二醇酯-对苯二甲酸丁二醇酯、聚碳酸二丙酯、离子液体、乙烯-甲基丙烯酸甲酯-甲基丙烯酸缩水甘油酯共聚物、马来酸酐接枝乙烯-辛烯共聚物(POE-g-MAH)和甲基丙烯酸缩水甘油酯接枝乙烯-辛烯共聚物等。

五、实验步骤

1. PLA 共混材料的制备及其性能评价;
2. 含有不同结构增容剂的 PLA 共混材料的制备及其性能评价;
3. 共混工艺对 PLA 基膜袋材料微观结构及宏观性能影响及其机理的研究。

六、实验报告提纲

参照实验 1,实验报告中着重讨论:

(1)PLA 共混材料的制备方法以及共混工艺条件对材料性能的具体影响,并探讨其机理;

(2)共混复合材料的制备方法及工艺条件、增容剂结构对共混材料界面演化行为及性能的影响,并探讨其机理。

七、注意事项

1. 实验前做好预习工作及文献调研等,对实验过程中,尤其是熔融共混过程中材料结构演化行为的机理及影响因素有一定的认识。

2. 材料测试过程中需对材料性能表征方法及仪器设备的使用有全面的了解。

八、参考文献

[1] Racha A,Khalid L,Abderrahim M. Improvement of thermal stability,rheological and mechanical properties of PLA,PBAT and their blends by reactive extrusion with functionalized epoxy[J]. Polymer Degradation and Stability,2012,97(10):1898-1914.

［2］Wu N，Zhang H. Mechanical properties and phase morphology of super - tough PLA/PBAT/EMA - GMA multicomponent blends［J］. Materials Letters，2017，192：17 - 20.

［3］Roberto S，Andrea M，Fortunato G，et al. The effects of nanoclay on the mechanical properties，carvacrol release and degradation of a PLA/PBAT blend［J］. Materials，2020，13(4)：983.

实验 54 环保高强可降解户外栏网复合材料的制备及其性能研究

一、实验设计思路

聚乳酸是一种完全可生物降解的新型材料,但是聚乳酸的韧性较差,限制了聚乳酸的应用。通过添加合适的增容剂采用熔融共混的方法将聚己二酸/对苯二甲酸丁二酯(PBAT)、聚乳酸(PLA)和聚丙烯(PP)共混制备环保高强可降解的户外栏网复合材料。通过改变增容剂的种类、用量以及熔融共混过程中的温度等因素,对共混复合材料的相结构、韧性以及强度等进行有效的调控,并探讨材料的微观结构演化与其宏观性能变化行为的内在联系及其机理。

二、实验目的

1. 掌握熔融共混法制备共混复合材料的原理及实验方法,深入分析温度、转速等条件的变化对材料微观结构演化过程的影响及其机理。

2. 掌握一些测试材料的结晶度、熔融温度以及力学性能的一些测试方法。

3. 掌握材料微观结构对其降解性能以及机械性能等方面的影响,探讨共混复合材料微观结构与宏观性能的内在联系及其机理,加深对材料结构与性能关系的认识。

三、实验原理

塑料栏网在户外养殖、焦炭运输、土工覆盖等领域有广泛应用,这类户外栏网大多数由通用塑料加工而成,如 PP、聚氯乙烯、聚乙烯、聚对苯二甲酸乙二醇酯等。近年来为了降低成本,采用再生塑料为原料生产户外栏网,这种廉价的栏网,尤其是焦炭网,因其大量使用且不易回收给环境造成了严重的污染,所以制备环保可降解的户外栏网势在必行。然而受到成本及技术的限制,目前市场上还未见环保可降解户外栏网,即使可降解也常常由于加入了生物质而无法维持高的强度,不适用于工业使用。因此,研发制备环保高强可降解户外栏网并解决其所用再生塑料可降解改性的关键技术十分有意义。塑料的降解过程是指构成塑料的大分子链在光和微生物的作用下被切断而变成小分子的过程,其可分解成 CO_2 和 H_2O,最终消失于自然界中。实际应用的可降解塑料主要有两种,一种是光降解塑料,另外一种是生物可降解塑料。而光降解塑料由于聚合物分子链在紫外线等光线照射下可激发电子活性,进而发生光化学反应,再加上大气环境中 O_2 的影响,最终可发生光、氧降解反应,这显然并不适合户外栏网专用料。可生物降解聚合物可在自然界中通过细菌、真菌、藻类等厌氧或非厌氧微生物的代谢作用而最终分解为 CO_2 及 H_2O 等对环境无害的物质,该特性十分符合当前材料发展的要求,因此将废旧塑料与具有优异性能的可生物降解聚合物进行共混,大力发展可生物降解型户外栏网专用料是目前及未来的必然趋势。可生物降解高分子可分为天然可生物降解高分子及人工合成可生物降解高分子两类,其中天然可生物降解高分子主要包括淀粉、纤维素、海藻酸等,人工合成可生物降解高分子主要包括聚乳酸、聚己内酯、聚对苯二甲酸乙二醇酯等可生物降解聚酯及可生物降解聚酸酐、可生物降解聚氨酯等。其中,聚乳酸是目前应用最为广泛的可生物降解聚合物材料,由于其具有较高的机械强度及熔点、优异的生物降解性以及相对较低的成本,受到了研究者的青睐。

PLA 是一种以可再生的植物资源为原料,经过化学合成制备的可生物降解的热塑性脂肪族聚酯,其玻璃化转变温度(T_g)和熔点(T_m)分别在 60 ℃和 175 ℃左右。PLA 具有高强度、无毒、无刺激性、生物相容性良好等优点,并且可以用传统的加工工艺对其进行加工,废弃的 PLA 在自然界中可以通过微生物、水、酸、碱等作用完全分解,最终生成二氧化碳和水。但是聚乳酸的韧性较差限制了 PLA 在栏网领域的应用。

基于以上原因,本实验采用具有较好的韧性的 PBAT、PP 与 PLA 熔融共混,但是两者的相容性差,为了增强两相的相容性,分别添加环氧类高分子扩链剂(SAG、ADR)。首先将 PLA 与 PBAT 进行熔融共混选取一组力学性能最好的比例,然后在这个比例下分别添加不同含量的 SAG 和 ADR。研究扩链剂的种类、含量对 PLA/PBAT 共混体系的力学性能的影响,并探讨 PLA/PBAT 内部结构与宏观性能之间的关系。

四、实验仪器与原料

1. 仪器

真空干燥箱、转矩流变仪、平板硫化仪、差示扫描量热仪、热重分析仪、扫描电子显微镜、透射电子显微镜等。

2. 原料

PLA、PP、PBAT、环氧型扩链剂 SAG、环氧型扩链剂 ADR 等。

五、实验步骤

1. 聚乳酸共混材料的制备及其性能评价。

2. 分别添加了环氧型扩链剂 SAG、ADR 的 PLA/PBAT 共混复合材料的制备及其性能评价。

3. 共混工艺对 PLA/PBAT 共混材料的微观结构及宏观性能的影响及其机理的研究。

六、实验报告提纲

参照实验 1,实验报告中着重讨论:

(1)聚乳酸共混材料的制备方法以及共混工艺条件对材料性能的具体影响,并探讨其机理;

(2)共混复合材料的制备方法及工艺条件、环氧型扩链剂的加入对 PLA/PBAT 共混体系结构以及宏观性能的影响,并探讨其机理。

七、注意事项

1. 实验前做好预习工作及文献调研等,对实验过程中,尤其是熔融共混过程中材料结构演化行为的机理及影响因素有一定的认识。

2. 材料测试过程中需对材料性能表征方法及仪器设备的使用有全面的了解。

八、参考文献

[1] Rabek J F. Photodegradation of polymers:physical characteristics and applications [M]. Springer Science & Business Media,2012.

[2] Schaer M,Nüesch F,Berner D,et al. Water vapor and oxygen degradation mechanisms in organic light emitting diodes[J]. Advanced Functional Materials,2001,11 (2):116-121.

[3] Mofokeng J P,Luyt A S. Morphology and thermal degradation studies of melt-mixed poly(lactic acid)(PLA)/poly(ε-caprolactone)(PCL)biodegradable polymer blend nanocomposites with TiO_2 as filler[J]. Polymer Testing,2015,45:93-100.

实验 55　界面交联结构对 PLA/PBAT 共混复合体系性能影响的研究

一、实验设计思路

利用熔融共混法将具有高韧性的己二酸丁二醇酯-对苯二甲酸丁二醇酯共聚物（PBAT）、环氧类高分子扩链剂（ADR）引入可生物降解聚合物聚乳酸（PLA）的共混物中，制备综合性能优异的超韧 PLA 基生物可降解材料。明确扩链剂对 PLA/PBAT 共混体系界面的演化状态，揭示聚合物共混材料微观结构演化与宏观性能变化构效关系，并探讨两相聚合物配比、共混工艺等对复合材料结晶性能、机械性能等影响。

二、实验目的

1. 掌握熔融共混法制备共混复合材料的原理及实验方法，深入分析温度、转速等条件的变化对材料微观结构演化过程的影响及其机理。

2. 掌握材料结晶性能、流变行为、机械性能、界面状态等性能的测试评价方法。

3. 明确共混体系中界面交联结构的构筑方式及其对材料微观结构、宏观性能的影响，在此基础上，阐明共混体系中界面交联结构与其聚集态结构等特性之间的构效关系，并研究两相聚合物配比、共混工艺等对复合材料结晶性能、机械性能等影响，加深对材料结构与性能关系的认识。

三、实验原理

聚乳酸（PLA）是一种完全生物可降解的高分子材料，由于其原料来源取之于自然且性能较为优良，因此在汽车、电子、一次性用品、生物医药等领域得到广泛的关注。但是，由于 PLA 材料本身较差的韧性，制约了 PLA 材料的广泛使用。

应力应变曲线被用于研究材料的机械性能，材料的模量 E 与曲线斜率有关，斜率越大，材料越硬，斜率越小，材料越软。屈服点是否出现代表了材料断裂时的不同情况，有屈服点为韧性断裂，无屈服点为脆性断裂，屈服点越大，材料越强，屈服点越小，材料越弱。同时屈服点到原点的距离表征材料的韧脆，距离越远材料越韧，反之则越脆。

PLA 的应力应变曲线如图 55-1 所示，高斜率说明其高强度，同时没有屈服现象表明其为脆性断裂，是典型的硬而脆的材料。

聚合物共混是开发新的聚合物复合材料的重要手段，通过熔融共混改性 PLA 是必不可少的环节，为获得优异性能的 PLA 基材，实现 PLA 的高性能化，需要对 PLA 进行增韧改性。PBAT 兼具 PBA 和 PBT 的特性，既有较好的延展性和断裂伸长率，也有较好的耐热性

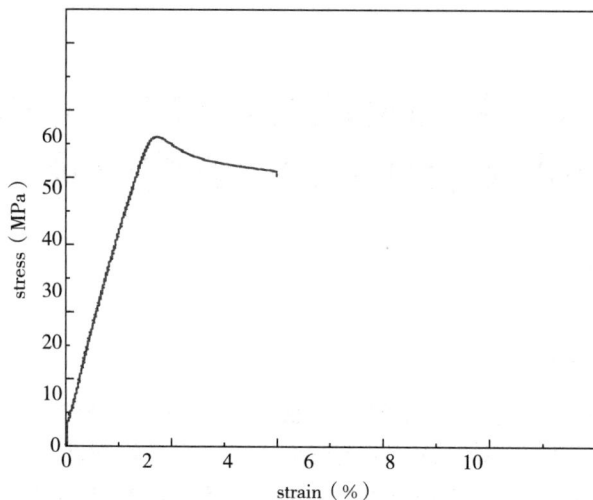

图 55-1　PLA 应力应变曲线

和冲击性能。此外，还具有优良的生物降解性，是生物降解塑料研究中非常活跃和市场应用最好降解材料之一。但是 PLA 与 PBAT 的热力学相容性较差，力的作用难以在相间均匀传递，从而无法达到预期的性能，而体系的界面状态对其相容性有着十分重要的作用。因此，对 PLA/PBAT 共混体系的界面调控、明确微观结构演化机理成了当下研究热门。

但是共混复合体系的界面状态十分复杂，例如：通过加入无机纳米颗粒降低表面张力增强界面间的黏附力，引入双键或通过反应性基团形成界面交联结构，引入离子在界面间形成氢键或离子间相互作用等。不同的界面状态对共混复合体系结晶性能、流变性能、机械性能等有着不同的影响。因此，明确 PLA/PBAT 共混体系界面的演化状态，探究聚合物共混材料微观结构演化与宏观性能变化构效关系就变得尤为重要。

基于以上原因，本实验将可生物降解聚合物 PLA 作为基体，并将其与具备高韧性的己二酸丁二醇酯-对苯二甲酸丁二醇酯共聚物（PBAT）等进行共混。首先制备具有高韧性的 PLA 共混材料，并研究两相聚合物结构（如分子量、分子链结构等）以及加工工艺（如熔融共混温度、转速等）对共混材料微观结构及宏观机械性能等方面的影响，在此基础上，将扩链剂 ADR 引入共混体系中，研究两相聚合物配比、共混工艺等对复合材料结晶性能、机械性能等影响，并探究扩链剂 ADR 对 PLA/PBAT 共混体系界面的演化状态，明确聚合物共混材料微观结构演化与宏观性能变化构效关系，通过以上研究，可加深对材料结构与性能内在联系的认识。

四、实验仪器与原料

1. 仪器

真空干燥箱、转矩流变仪、平板硫化仪、平板流变仪、差示扫描量热仪、热重分析仪、扫描电子显微镜、透射电子显微镜等。

2. 原料

聚乳酸、己二酸丁二醇酯-对苯二甲酸丁二醇酯共聚物、ADR 等。

五、实验步骤

1. 聚乳酸共混材料的制备及其性能评价；
2. 含有扩链剂的聚乳酸共混复合材料的制备及其性能评价；
3. 共混工艺及 ADR 含量对材料微观结构演化和宏观性能影响及其机理的研究。

六、实验报告提纲

参考实验 1,实验报告中着重讨论：

（1）聚乳酸共混材料的制备方法以及共混工艺条件对材料性能的具体影响,并探讨其机理；

（2）共混复合材料的制备方法及工艺条件、扩链剂结构对共混复合材料流变行为、结晶性能、机械性能等性能的影响,并探讨其机理。

七、注意事项

1. 实验前做好预习工作及文献调研等,对实验过程中,尤其是熔融共混过程中材料结构演化行为的机理及影响因素有一定的认识。

2. 材料测试过程中需对材料性能表征方法及仪器设备的使用有全面的了解。

八、参考文献

[1] He H,Wang G,Chen M,et al. Effect of different compatibilizers on the properties of Poly(lactic acid)/Poly(butylene adipate - co - terephthalate) blends prepared under intense shear flow field[J]. Materials,2020,13(9):2094.

[2] Gigante V,Canesi I,Cinelli P,et al. Rubber toughening of polylactic acid(PLA) with Poly(butylene adipate - co - terephthalate)(PBAT):mechanical properties,fracture mechanics and analysis of ductile - to - brittle behavior while varying temperature and test speed [J]. European Polymer Journal,2019,115:125 - 137.

[3] Wang X,Peng S,Chen H,et al. Mechanical properties,rheological behaviors,and phase morphologies of high - toughness PLA/PBAT blends by in - situ reactive compatibilization [J]. Composites Part B:Engineering,2019,173:107028.

实验 56　离子液体改性型弹性体偶联剂对线缆用聚烯烃基复合材料结构与性能影响的研究

一、实验设计思路

采用熔融共混与热压硫化工艺,以聚烯烃为基体,配合无卤阻燃剂、补强填料、离子液体改性型弹性体偶联剂、硫化剂以及其他加工助剂等,制备出线缆用复合材料。基于结构决定性能的思想,通过相关表征与分析方法,研究离子液体改性型弹性体偶联剂对上述复合材料结构与性能的影响,从而为实现线缆用聚烯烃基复合材料的高性能化提供理论依据与指导。

二、实验目的

1. 了解线缆用复合材料配方设计的基本原则以及配方中各组分的主要作用;
2. 熟悉并掌握线缆用复合材料的制备方法以及相关加工仪器的使用方法;
3. 熟悉并掌握线缆用复合材料基本性能(如阻燃性能、力学性能、电气绝缘性能)的测试标准及其检测仪器设备的操作方法以及掌握相关的结构表征与分析分析方法。

三、实验原理

线缆用复合材料(如图 56-1)主要用于线缆中护套与绝缘层的制造,通常需要满足低烟无卤阻燃、耐油、耐老化、耐高低温、电气绝缘等要求,作为一种多相多组分体系,其配方设计中主要包括聚合物基体、阻燃剂、补强填料、硫化体系以及其他加工助剂等。

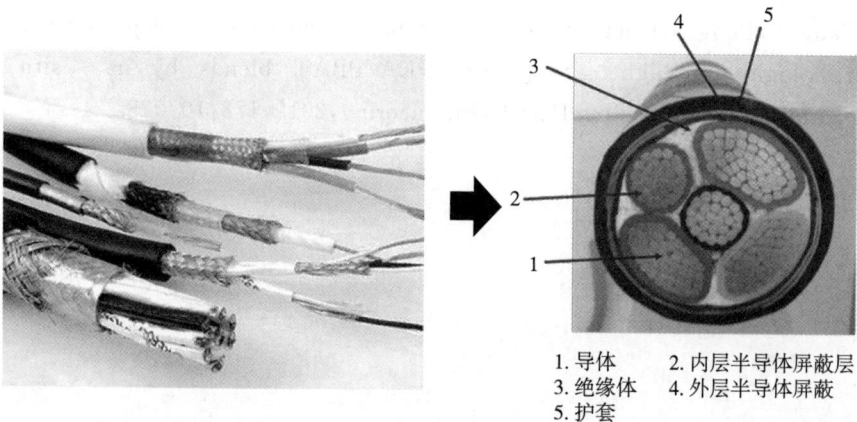

1. 导体　　2. 内层半导体屏蔽层
3. 绝缘体　4. 外层半导体屏蔽
5. 护套

图 56-1　电线电缆及其结构示意图

(1)高分子基体。工业上应用成熟的包括聚烯烃如聚乙烯、聚氯乙烯、聚丙烯、三元乙丙橡胶、乙烯-醋酸乙烯酯共聚物等,以及橡胶类如氯丁橡胶、硅橡胶等,特殊类如氟塑料、聚醚醚酮等。

(2)阻燃剂。主要作用是阻止材料燃烧时火焰的进一步蔓延。主要有卤素类、无机氢氧化物类、氮系和磷系等。其中氢氧化镁和氢氧化铝为两种典型无机氢氧化物类阻燃剂,这类阻燃剂在高温下发生分解,脱除结合水产生水蒸气,对可燃气体予以稀释,此外分解残余物为金属氧化物,能形成具有隔氧隔热的保护层。

(3)补强填料。主要作用是提高材料的力学性能。具体有碳酸钙、滑石粉、煅烧陶土、炭黑和白炭黑等,其中白炭黑(即二氧化硅)是线缆材料配方设计中使用较多的补强填料。

(4)硫化体系。主要作用是通过硫化使聚合物形成三维交联网状结构,从而提高力学性能、提高耐热性等。过氧化物类是线缆用复合材料常用的硫化剂,通过与助硫化剂配合可提高硫化效率。

(5)其他加工助剂。如抗氧剂、润滑剂等,主要作用分别是抑制加工过程中的金属热氧老化、改善加工性能等。

在工业上,阻燃剂多选用氢氧化镁和氢氧化铝,该类阻燃剂成本低、环保无污染且阻燃效果较好。但是,由于无机氢氧化物类阻燃剂的阻燃效率低,一般需要较高的添加量才能实现特定的阻燃效果,因此在复合材料体系中会发生明显的团聚现象,导致复合材料的力学性能等严重下降,并且还会影响尺寸稳定性、绝缘性能等。因此,实现无机氢氧化物类阻燃剂在复合材料的良好分散以及提高其与聚合物基体的相互作用,是实现复合材料性能提高的本质途径。

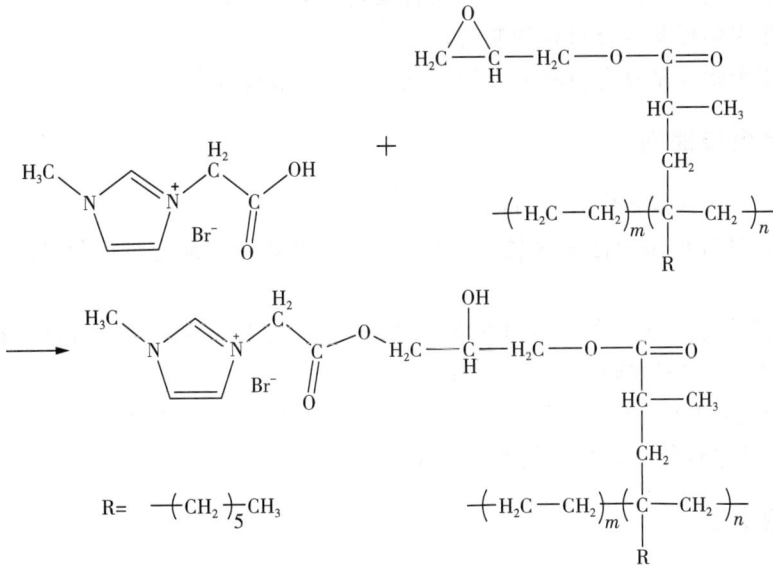

图 56-2　离子液体改性型弹性体偶联剂的制备

离子液体是一种绿色环保的化学试剂,具有热稳定性好、化学稳定性高等特点,并且具体特定结构的离子液体还具有表面处理能力。弹性体偶联剂是一类大分子物质,一方面其可以与无机物表面通过化学键作用链接,另一个面与聚合物以化学键或物理缠结等方面结合,从而达到偶联效果。理论上将离子液体与弹性体偶联剂相结合,能更有效地提高无机粒子在聚合物基体中的分散相容。本实验中弹性体偶联剂为甲基丙烯酸缩水甘油酯接枝乙烯-辛烯共聚物,离子液体为溴化 1-羧甲基-3-甲基咪唑,利用偶联剂结构中的环氧基团与离子液体的羧基官能团的开环反应,制备得到离子液体改性型弹性体偶联剂(如图 56-2)。

基于此,以聚烯烃中的乙烯-醋酸乙烯酯共聚物为基体,阻燃剂为氢氧化镁与氢氧化铝的混合物、白炭黑为补强填料,配合硫化剂及其他加工助剂,并引入离子液体改性型弹性体偶联剂,制备线缆用聚烯烃基复合材料。具体研究改性型偶联剂及其用量对复合材料各项性能影响,并通过相关的表征与分析方法,探究各性能变化的机理,从而明确结构与性能的关系。

四、实验仪器与原料

1. 仪器

电子天平、转矩流变仪、高速混合机、开放式双辊混炼机、真空平板硫化机、万能制样机、拉伸试验机、氧指数测试仪、高阻计、傅里叶红外光谱仪、扫描式电子显微镜、热重分析仪等。

2. 原料

乙烯-醋酸乙烯酯共聚物、弹性体偶联剂 POE-g-GMA、溴化 1-羧甲基-3-甲基咪唑、氢氧化镁、氢氧化铝、白炭黑、硫化剂、助硫化剂以及其他常用加工助剂。

五、实验步骤

1. 离子液体改性型弹性体偶联剂的制备及其结构表征;
2. 线缆用聚烯烃基复合材料的制备;
3. 线缆用聚烯烃基复合材料的性能测试以及结构表征与分析。

六、实验报告提纲

参照实验1,实验报告中着重讨论:

(1)离子液体改性型弹性体偶联剂的制备工艺以及条件的确定与优化,以及产物的结构表征与分析;

(2)线缆用聚烯烃基复合材料的性能测试,具体包括力学性能、阻燃性能、绝缘性能等,以及各项性能变化与配方调整的对应关系;

(3)复合材料的结构表征与分析,具体包括门尼黏度、热行为以及微观结构等,并以此建立该复合材料体系性能变化与结构的对应关系。

七、注意事项

1. 实验前需做好充分的预习工作,对实验过程中涉及的仪器设备有清楚的了解,并掌握相关的安全防护措施;

2. 需对材料测试中涉及仪器设备的使用方法有充分的认识,且需按照规定的操作步骤来进行操作。

八、参考文献

[1] 邹欢. 低烟无卤阻燃耐油复合材料的制备及其性能研究[D]. 北京：北京化工大学,2014.

[2] Livi S,Duchet R,Gérard J F,et al. Polymers and ionic liquids:a successful wedding [J]. Macromolecular Chemistry and Physics,2015,216(4):359 - 368.

[3] 张鑫,杨荣,邹国享,等. 含硅阻燃大分子相容剂的制备及其在无卤阻燃聚乙烯复合材料中的协效作用[J]. 复合材料学报,2015,32(6):1618 - 1624.

实验 57　聚氨酯水泥砂浆制备及性能研究

一、实验设计思路

聚氨酯水泥砂浆,是以水泥砂浆中引入少量的水性聚氨酯树脂,将其均匀地分散在水泥基材中,以水泥的水化和聚氨酯的固化同时进行相互填充形成整体结构。聚氨酯水泥砂浆是以聚氨酯材料和水泥共同作为胶凝材料的聚氨酯水泥砂浆,克服了普通砂浆因拉压比低,干缩变形大,抗渗性、抗裂性、耐腐蚀性差,密度大等缺点。

1. 利用 TDI、IDPI、IPDI 等异氰酸酯和 N204、N220、N330 等多元醇合成不同分子量和异氰酸酯含量的水性聚氨酯;

2. 聚氨酯水泥砂浆试样采用相同配合比:灰砂比为 1∶2,聚灰比为 5%,水灰比为0.55。主要研究内容为砂浆的流动性和强度;

3. 基准水泥砂浆试样的配比为:灰砂比为 1∶2,水灰比为 0.53。聚氨酯掺量采用 1%、3%、5%、7%、10%进行聚氨酯水泥砂浆性能研究。主要研究内容为砂浆的强度、收缩性能、抗渗性能、碳化性能、抗冻性能、黏结性能等,以及砂浆试样的微观机理分析。

二、实验目的

1. 掌握聚氨酯水泥砂浆原理以及合成的工艺参数;

2. 了解聚氨酯水泥砂浆的在耐磨、耐化学腐蚀、度高,抗冲击、韧性和施工性等性能特点;

3. 了解聚氨酯水泥砂浆工程中的应用。

三、实验原理

聚氨酯掺入水泥砂浆中后,会引起砂浆性能的变化,如抗压强度变化、刚性降低、抗折性能的提高、柔性增加等。聚氨酯对水泥砂浆的改性作用,一般认为是聚氨酯与水泥水化产物硅酸盐发生某些缔合作用,并在浆和骨料间形成具有高黏结力填充了砂浆中的空隙而实现的。聚氨酯成膜与砂浆中水泥的水化产物一同进行,形成聚氨酯膜和水泥砂浆相互交叉的网络结构,增强骨料与水泥水化产物之间的结合力,从而改善砂浆的性能。对于聚氨酯水泥砂浆的机理分为三个阶段。

第一阶段:当聚氨酯与水泥砂浆拌和均匀后,聚氨酯均匀地分散于水泥浆体中,随着水泥的水化,浆体中水分不断地消耗,聚氨酯逐渐地沉积在水泥水化产物和未水化颗粒表面。

第二阶段:随着水化反应的进行,浆体内水量继续减少,在水化产物上和空隙中紧密堆积的聚氨酯便凝聚成连续的薄膜,混合物中较大的孔隙被聚氨酯填充。

第三阶段:由于水化反应继续进行,浆体之间的绝大部分水分逐渐被全部吸收,形成化学结合水。最终聚氨酯形成连续的聚氨酯网络,聚氨酯分子链中含有一些电负基团和结构,这些基团和结构与水泥水化产物发生缔合反应,另外聚氨酯网络结构与水泥水化物交织缠绕在一起,形成了聚氨酯和水泥胶凝结构一体的互穿网络结构,填充了混合物中的空隙,改善了水泥的结构形态。

四、实验仪器与原料

1. 试剂

(1)水泥:42.5 普通硅酸盐水泥,其主要矿物组成为 C_sS、C_zS、$C3A$、CAF。

(2)沙子:河沙,最大粒径 0.8 mm,表观密度 1457.3 g/L,细度模数=1.68,属细砂(由于条件所限,采用河砂模拟沙漠中的沙子)。

(3)早强剂(甲酸钙)、减水剂(萘磺酸盐甲醛缩合物)。

(4)PAPI、TDI、IDPI、IPDIN204、N220、N330N204、N220、N330、聚醚 210、聚醚 220、聚醚 330、DEP330N、DMPA、POP 聚醚(2045/3628)、丙酮、乙酸乙酯、辛酸亚锡、甲基硅油、氯化石蜡、三乙胺。

2. 仪器

傅里叶变换红外光谱仪 WQF300 型、乌氏黏度计、电位仪、热量计、水泥净浆搅拌机、DKZ-5000 型电动抗折机、YAW-300 微机控制压力试验机、CDT1305-2 型 CA 砂浆弹性模量试验机、Y-2000 型 XRD 衍射仪、Sirion200 型扫描电镜。

恒温水浴锅一台,电子天平一台,带盖玻璃瓶若干,紫外可见分光光度计(T6)一台,红外光谱仪一台,水浴锅一个,磁力搅拌器一台,真空泵一台,电子天平一台量筒一个,直尺 1 把(20 cm),真空干燥箱一个。

五、实验步骤

1. 水性聚氨酯制备

(1)聚氨酯的制备过程包括以下步骤:

① 将聚醚升温至 110~120 ℃,在 0.06~0.08 MPa 真空度下脱水 2~3 h。测得聚醚水分质量分数在 0.05% 以下时,降温至 40~50 ℃,制得脱水混合聚醚。

② 将异氰酸酯缓慢加入步骤(1)制得的脱水混合聚醚中,在氮气保护下,滴入辛酸亚锡,自然升温结束后升温 80~85 ℃加入 DMPA 保温 4~6 h(根据黏度大小用丙酮调节黏度),将产物的温度降至 40~50 ℃,三乙胺和水高速乳化,脱去丙酮,得到水性聚氨酯。

(2)聚氨酯水泥砂浆的制备方法,其特征在于,包括以下步骤:

① 将水泥和细沙按重量比 1:2 混合均匀形成干粉料;

② 将一定量的水加入上述干粉料中,继续搅拌至混合均匀;

③ 将减水剂、早强剂依次加入步骤②形成的混合物中搅拌均匀,时间各为 5~8 min;

④ 向步骤③的混合物中加入水泥,快速搅拌均匀。

2. 检测方法

设计配合比的水泥砂浆制成 40 mm×40 mm×160 mm 的试件,标准养护至测试龄期。

试块抗压强度和抗折强度按 GB/T 1986—1997 进行检测。吸水性：将和测定强度相同条件下成型养护 28 d 的试块完全浸泡于水中，测定质量变化。保水性：将和测定强度相同条件下成型养护 28 d 的试块完全浸泡于水中，充分吸水后取出，擦干试块表面水分，把试块置于烘箱中，温度控制在 60 ℃，定期取出称重。

六、实验报告提纲

实验报告中着重讨论：
(1)讨论聚氨酯制备影响因素；
(2)讨论早强剂、减水剂、消泡剂等对聚氨酯水泥砂浆性能影响；
(3)从分子结构入手，讨论聚氨酯水泥砂浆的机理。

七、注意事项

1. 异氰酸酯的滴加方式会影响最终预聚物的结构性能，最重要的就是在滴加过程中不断搅拌。

2. 需要用一个高速的搅拌器；预聚体需逐滴加入，并注意不要从搅拌器的正上方加入（避免聚氨酯弄脏搅拌器）。

3. 聚氨酯黏度较大，使用时分步加入，快速搅拌。

八、参考文献

[1] 郑凯，何树林，赵宏远，等．晶须与聚氨酯改性水泥砂浆的性能研究[J]．四川水力发电，2017,36(1):81-86.

[2] 李兴贵，吴燕华，朱杰．无溶剂聚氨酯改性水泥砂浆及其性能研究[J]．新型建筑材料，2017,(7):45-47.

[3] 游胜勇，戴润英，董晓娜，等．有机硅改性聚氨酯水泥砂浆材料的制备及性能研究[J]．混凝土与水泥制品，2018,(3):64-67.

实验 58　附聚法制备大粒径丙烯酸丁酯胶乳

一、实验设计思路

以丙烯酸丁酯(BA)为原料,通过乳液聚合法制备丙烯酸丁酯(PBA)胶乳作为待附聚胶乳;同时使用丙烯酸丁酯(BA)、丙烯酸(AA)为原料,采用种子乳液聚合法制备丙烯酸丁酯/丙烯酸(PBA/AA)附聚胶乳,并用来对 PBA 胶乳进行附聚放大。探究待附聚胶乳固含量、附聚胶乳中丙烯酸含量等因素对所制备附聚胶乳性状及附聚放大效果的影响,以寻求最佳配比。

二、实验目的

1. 掌握乳液聚合法制备聚丙烯酸丁酯乳液的原理与实验方法(主要为合成反应实施路线和条件设计、产物合成与结构确定)。

2. 掌握种子乳液聚合法制备丙烯酸丁酯/丙烯酸附聚胶乳的原理与实验方法(主要为合成反应实施路线和条件设计、产物合成与结构确定)。

3. 掌握通过附聚法制备大粒径丙烯酸丁酯胶乳的原理和实验方法(主要为合成反应实施路线和条件设计、产物合成与结构确定)。

4. 掌握产物结构、粒径的测试评价方法。

三、实验原理

苯乙烯-丙烯腈-丙烯酸丁酯共聚树脂(ASA)是一种具有广泛用途,优点很多的聚合物。有研究发现,组成 ASA 树脂的橡胶相 PBA 的粒径对于 ASA 的抗冲击性能和机械性能有着十分重要的影响,当橡胶相 PBA 乳胶粒子粒径在 300 nm 左右时,ASA 树脂的机械性能达到最好。但是由于普通的乳液聚合得到的聚丙烯酸胶乳的粒径仅仅在 80 nm 左右,虽然延长反应时间、控制乳化剂用量、降低反应速度等方法可以用来增大乳胶粒子的粒径,但以上方法得到的胶乳粒径增大效果都不理想,想用上述方法使 PBA 粒径增大几倍几乎不可能。基于以上的情况,制备大粒径的丙烯酸丁酯胶乳是生产高性能 ASA 树脂的一个关键步骤,探寻出一种新的聚合方法来制备大粒径的 PBA 胶乳使得 ASA 得到更加优越的性能、获得更广泛的应用变得尤为重要。

附聚法是近几年出现的制备大粒径胶乳的新方法,由于该方法能够使胶乳粒径快速增大而受到了普遍的关注。所谓附聚法就是采用物理、化学或者物理化学的方法使胶乳从含聚合物小颗粒的稳定态转变为含聚合物大颗粒稳定态的一个过程。其基本原理就是采用不同的方法克服被乳化剂分子包裹的乳胶粒子之间的排斥力,使表面的乳化剂层被部分破坏,从而使粒子之间界面靠近、黏连,达到粒径放大的目的。附聚可分为两类:第一类是用物理方法实现附聚,如冷冻法和压力梯度法等。通过这类方法可制得纯净的大颗粒胶乳,但是能耗高、设备昂贵,常有絮凝物形成,不易控制。第二类方法是采用化学试剂进行附聚,例如向胶乳中加入氯化铵之类的无机盐,有机溶剂如苯、甲苯、丙酮、苯-醇混合物以及亲水性聚合物如聚乙烯醇、聚氧化乙烯、丙烯酸系电解质、聚氨酯、聚乙二醇、甲基纤维素和聚乙烯缩醛等。

采用胶乳附聚法制备大粒径胶乳是近年来研究和应用比较多的附聚方法即用一种聚合物胶乳(附聚胶乳 B)使另一种聚合物胶乳(待附聚胶乳 A)的粒径增大。附聚胶乳法基于两个基本理论:一、排斥体积效应;二、桥接效应。排斥体积效应理论认为,由于聚合物稀溶液中大分子链的排斥体积效应,使得某一临界浓度下乳胶粒子产生附聚作用;桥接作用理论认为溶于介质中的大分子链可以同时被多个乳胶粒吸附而导致附聚作用。胶乳附聚的方法简单易行、经济、可靠,具有很大的实用价值,在 ABS、ACR、MBS 等的生产中以及在橡胶及增韧塑料的生产中已获得重要应用。用于附聚的胶乳主要有两种:非离子型乳化剂胶乳和 α、β-不饱和羧酸共聚胶乳。α、β-不饱和羧酸共聚胶乳最适用的是丙烯酸丁酯与甲基丙烯酸的共聚物。这种胶乳使不饱和羧酸成分主要集中在胶粒表层,可显著提高附聚效果。

四、实验仪器与原料

1. 仪器

磁力搅拌恒温加热器、250 mL 三颈瓶、温度计、烧杯等;

傅立叶变换红外光谱仪、紫外-可见光分光光度计等。

2. 原料

丙烯酸丁酯(BA)、丙烯酸(AA)、十二烷基硫酸钠、OP-10、过硫酸钾(KPS)等。

五、实验步骤

1. 聚丙烯酸丁酯乳液的合成与结构表征;

2. 丙烯酸丁酯/丙烯酸附聚胶乳的合成与结构表征;

3. 大粒径丙烯酸丁酯胶乳的合成与结构表征;

4. 丙烯酸丁酯/丙烯酸附聚胶乳附聚放大性能的测试与评价。

六、实验报告提纲

参照实验 1,详情略。

七、参考文献

[1] 王宁,王华伟,王希. ABS 高分子附聚工艺的中试放大[J]. 天津化工,2018,32(4):21-22.

[2] 刘俊威,高山俊,沈春晖. ASA 树脂的合成及 PC/ASA 合金的研究现状[J]. 2017,31(2):8-15.

[3] 左立娟. 附聚后胶乳粒子形态对接枝聚合的影响[J]. 石油化工,2016,45(5):559-563.

实验 59　Pickering 乳液模板法制备聚乙烯醇/二氧化钛纳米管复合凝胶微球

一、实验设计思路

水凝胶和无机物的复合材料既具有水凝胶的亲水性、生物相容性和响应性,又具有无机物的刚性以及其他功能性,兼有两者的优势。特别是由水凝胶和无机粒子复合而成的微球或微胶囊,在生物分离、生物医药和催化领域都有着重要的应用价值。本实验拟以正己烷为油相,聚乙烯醇(PVA)水溶液为水相,以及二氧化钛纳米管为稳定剂,制备 W/O 型 Pickering 乳液,并以其为模板,通过循环冻融法制备聚乙烯醇/二氧化钛纳米管(PVA/TiO_2)复合凝胶微球;研究 TiO_2 纳米管浓度、PVA 浓度等因素对 Pickering 乳液稳定性以及 PVA/TiO_2 复合凝胶微球形貌的影响。

二、实验目的

1. 理解 Pickering 乳液的组成以及稳定机理;
2. 掌握二氧化钛纳米管表面改性实验方法;
3. 掌握 Pickering 乳液模板法制备 PVA/TiO_2 复合凝胶微球的实验方法。

三、实验原理

有机-无机复合微球的设计和构筑方法有很多,包括各种物理的或化学的方法。目前,以 Pickering 乳液为模板构筑胶体粒子为壳层的核壳微球成为研究的一个热点。所谓 Pickering 乳液,是指以固体颗粒稳定的乳液体系。Pickering 对这种乳液体系开展了系统的研究工作,因此这类乳液又被称为 Pickering 乳液。在 Pickering 乳液体系中,胶体粒子自发组装在乳液界面降低界面张力,从而代替传统的表面活性剂起到稳定作用(如图 59 - 1)。根据前人的研究结果,固体颗粒的表面润湿性是 Pickering 乳液类型以及稳定性的重要影响因素,当固体颗粒能够同时被水相和油相润湿,即颗粒具有适当的润湿性时,所得 Pickering 乳液稳定性最好。当接触角略大于 90°时,吸附在界面上的颗粒更多的浸没在油相中,因此更容易形成油包水型乳液。而当接触角略小于 90°时,吸附在界面上的颗粒更多的浸没在水相中从而更容易形成水包油型的乳液。

如果将可反应单体引入 Pickering 乳液的连续相或分散相并引发聚合,则可以利用 Pickering 乳液为模板,制备出具有特殊结构的复合微球或多孔材料。相对其他的一些制备核壳结构复合微球的方法,Pickering 乳液模板法操作简单,一步即可完成,不需要使用乳化剂,因此受到了广泛的关注。研究者们使用不同的固体粒子稳定剂以及不同类型的

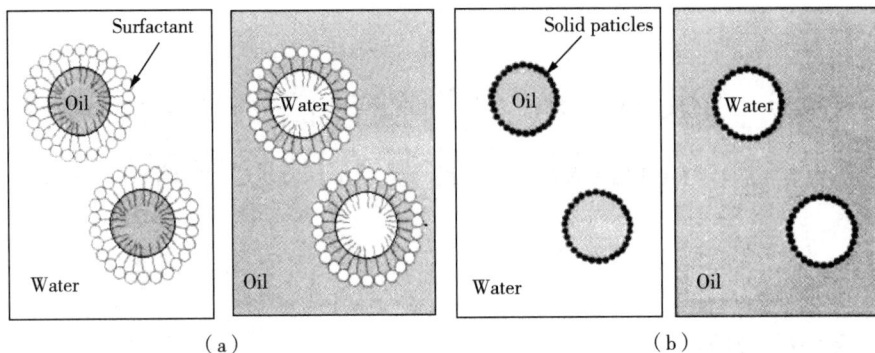

图 59-1 传统乳液(a)和 Pickering 乳液示意图(b)

Pickering 乳液为模板,制备了各种具有特殊性质和结构的有机—无机复合微球。若以 Pickering 乳液为模板,采用物理凝胶法则可以制备以无机粒子为壳,水凝胶为核的复合凝胶微球或微胶囊。所谓物理凝胶法,即是以油包水型的 Pickering 乳液为模板,无机粒子自组装在油水界面后,经凝胶化水相,从而将胶体粒子固定到复合凝胶微球表面,整个制备过程简单方便。本实验即采用物理凝胶法,拟以正己烷为油相,聚乙烯醇(PVA)水溶液为水相,以及二氧化钛纳米管为稳定剂,制备 W/O 型 Pickering 乳液,并以其为模板,通过循环冻融法制备聚乙烯醇/二氧化钛纳米管(PVA/TiO$_2$)复合凝胶微球。

四、实验仪器与试剂

1. 实验仪器

磁力搅拌恒温加热器、高压釜、温度计(300 ℃)、烧杯(100 mL、200 mL、400 mL)等;红外光谱仪、扫描电镜、透射电镜等。

2. 实验试剂

聚乙烯醇、纳米二氧化钛、硅烷偶联剂 KH570、油酸、无水乙醇、氢氧化钠等。

五、实验步骤

1. 二氧化钛纳米管的合成与表面改性。以纳米二氧化钛为主要原料,采用水热法,设计合理的配方和反应条件,制备二氧化钛纳米管。随后使用油酸为改性剂,设计合理的配方和反应条件,对二氧化钛纳米管表面进行改性,使其具有合适的表面润湿性。

2. W/O 型 Pickering 乳液的制备。设计合理的配方和反应条件,以正己烷为油相,聚乙烯醇(PVA)水溶液为水相,以及二氧化钛纳米管为稳定剂,制备 W/O 型 Pickering 乳液。

3. PVA/TiO$_2$复合凝胶微球的制备和形貌分析。以制得的 W/O 型 Pickering 乳液为模板,采用循环冻融法制备 PVA/TiO$_2$复合凝胶微球,并采用合理的方法,对其形貌和结构进行表征。

六、实验报告提纲

参照实验1,详情略。

七、参考文献

［1］Chen Y, Wei W, Zhu Y, et al. Synthesis of temperature/pH dual – stimuli – response multicompartmental microcapsules via pickering emulsion for preprogrammable payload release[J]. ACS Applied Materials & Interfaces, 2020, 12(4): 4821 – 4832.

［2］Wang X, Chen L, Sun G, et al. Hollow microcapsules with controlled mechanical properties templated from pickering emulsion droplets[J]. Macromolecular Chemistry and Physics, 2019, 220(4): 1800395.

［3］Wang H, Zhao L, Song G, et al. Organic – inorganic hybrid shell microencapsulated phase change materials prepared from SiO_2/TiC – stabilized pickering emulsion polymerization[J]. Solar Energy Materials & Solar Cells, 2018, 175: 102 – 110.

实验 60　乳液聚合法制备 SiO_2/PMMA 纳米复合微球

一、实验设计思路

无机纳米粒子尺寸小、比表面积大,呈现出表面效应、体积效应、量子尺寸效应、宏观量子隧道效应等独特的效应。有机高分子化合物因相对分子质量很大,所以在物理、化学和力学性能上与小分子化合物有很大差异,用途广泛。有机高分子/无机纳米粒子复合材料具有除了各组分独特性能外,往往还具有复合协同多种功能,因而有望广泛用于制备高耐磨、高强度复合涂料、功能涂料、新型复合磁性材料、新型导电聚合物和新型发光材料以及其他功能材料等。

纳米 SiO_2 是超细粒子,性能独特,能提高其他材料的抗老化性、强度和耐化学性能。PMMA 具有高度透明,易于合成、易于加工的优点。乳液聚合法制得的微球粒径细小且均匀。

本实验拟利用乳液聚合制备 SiO_2/PMMA 纳米复合微球,并对其形貌进行表征。

二、实验目的

1. 熟悉常规乳液聚合方法制备有机/无机复合微球的基本原理。
2. 掌握有机/无机复合微球的制备方法。
3. 掌握表征有机/无机复合微球的基本手段。

三、实验原理

有机/无机复合纳米微球将两种不同性质纳米粒子结合在一起,兼具两者的优点。乳液聚合法制备 SiO_2/PMMA 纳米复合微球,即在无机纳米粒子 SiO_2 和有机聚合物单体 MMA 同时存在下引发聚合,得到的纳米复合微球具有形态均一且可控的特征。乳液聚合过程中可依据单体的加入方式不同,设计微球的形貌。单体一步法加入,形成 SiO_2 富集于微球表面且均匀分布的草莓型 SiO_2/PMMA 纳米复合微球。采用单体滴加法,体系中单体处于饥饿状态,则得到以二氧化硅纳米粒子为核,PMMA 为壳的复合微球。

要将无机纳米粒子和有机聚合物粒子成功地结合在一起形成复合微球,必须具备一个前提条件,即两者之间具有一种相互作用,否则仅仅依靠机械共混的方法不能制备形态均一、结构稳定的复合粒子。采用经典的 Stöber 方法制备粒径均一且可控的二氧化硅纳米粒子。由于在二氧化硅粒子表面存在大量的 Si—OH 硅醇基,其可以部分电离而使粒子带上负电荷,同时也可以显示一定的酸性。利用这两个特点,选用一种合适的单体,该单体既能与二氧化硅作用,同时含有一些可聚合基团,能与其他单体共聚,只需要很少的用量即可,从而起到桥梁的作用,成功地将有机聚合物粒子和无机纳米粒子结合起来。该种单体一般被称为功能单体或者辅助单体。

如上所述,可以利用二氧化硅具有弱酸性的特点,选择一种碱性功能单体可以将二氧化硅与聚合物粒子结合起来;利用二氧化硅微球的等电点为 2 左右,在 pH 值高于等电点时二氧化硅粒子表面会带有负电荷,可以选用一种可聚合的带有正电荷的功能单体。4-乙烯基吡啶具有可聚合的双键,同时显示碱性,可以与二氧化硅通过酸碱作用而结合,同时能够与甲基丙烯酸甲酯共聚。控制适当的条件,可制备草莓型和核壳型 SiO₂//PMMA 纳米复合微球,如图 60-1 所示。

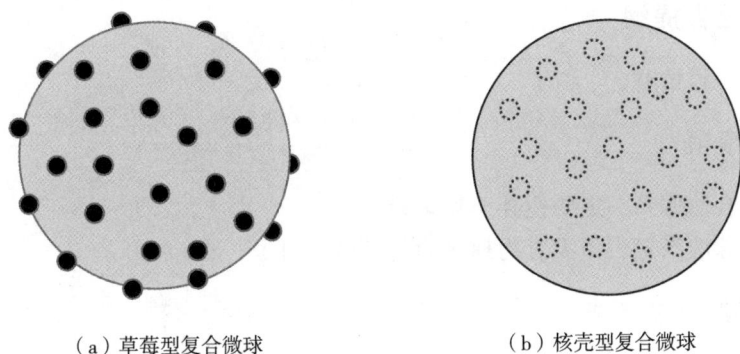

（a）草莓型复合微球　　　　　（b）核壳型复合微球

图 60-1　复合微球模型

四、实验仪器与药品

电热套、四颈烧瓶、温度计、搅拌棒、冷凝管、烧杯、氮气接入装置、滴液漏斗、分液漏斗、高速离心机、电子显微镜。

甲基丙烯酸甲酯、正硅酸乙酯(TEOS)、氨水、过硫酸铵(APS)、无水乙醇、4-乙烯基吡啶、辛基酚聚氧乙烯醚。

五、实验内容

1. 二氧化硅纳米粒子的制备

向 250 mL 烧瓶中加入 85 g 水与 15 g 氨水的混合溶液,滴液漏斗中加入 10.4 g TEOS 溶于 20 g 乙醇制备的溶液,常温下于 1 h 内滴加到烧瓶中,并搅拌,反应 24 h。

将上述方法制得的白色溶胶于 6000 r/min 速度下离心 15 min,除去乙醇及氨水,重新分散在去离子水中,如此离心—洗涤—分散 3 次,得到纯净的二氧化硅水溶胶备用。

2. 草莓型 SiO₂/PMMA 纳米复合微球的制备

取上述方法制得的二氧化硅水溶胶(测定了二氧化硅的固含量)10 g,加水 80 g,辛基酚聚氧乙烯醚 0.2 g,4-乙烯基吡啶与甲基丙烯酸甲酯混合(2∶8)单体 10 g,超声混合均匀后加入 250 mL 四颈烧瓶中,搅拌下通氮气 30 min。然后升温至 65 ℃,再加入 APS 水溶液(0.1 g APS 溶于 10 g 水中)。聚合反应进行 12 h 后,停止加热,得到的乳液产品。

3. 核壳型 $SiO_2/PMMA$ 纳米复合微球的制备

取上述方法制得的二氧化硅水溶胶(测定了二氧化硅的固含量)10 g,加水 80 g,辛基酚聚氧乙烯醚 0.2 g,再加入 APS 水溶液(0.1 g APS 溶于 10 g 水中)。超声混合均匀后加入 250 mL 四颈烧瓶中,搅拌下通氮气 30 min。然后升温至 65 ℃,缓慢滴加 10 g 单体混合液 (1%4-乙烯基吡啶,99%甲基丙烯酸甲酯)。聚合反应进行 12 h 后,停止加热,得到的乳液产品。

4. 分析表征

将上述制得的二氧化硅粒子复合微球离心—洗涤—分散后滴加到铜网上,观测不同条件下得到粒子的形貌,分析形成不同形貌粒子的原因。

六、实验报告提纲

参照实验 1,详情略。

七、注意事项

1. 乳液聚合前体系一定要搅拌至均匀稳定。
2. 复合微球洗涤至表面没有物理吸附的 SiO_2 粒子。

八、思考题

1. SiO_2 与 PMMA 有效复合的关键是什么?
2. 草莓型复合微球和核壳型复合微球制备过程有何区别? 二者在应用中各有什么优缺点?

九、参考文献

[1] 周智敏,米远祝. 高分子化学与物理实验[M]. 北京:化学工业出版社,2011.
[2] 张爱清. 高分子科学实验教程[M]. 北京:化学工业出版社,2011.
[3] 王荣民,宋鹏飞,彭辉. 高分子材料合成实验[M]. 北京:化学工业出版社,2019.
[4] 陈敏,游波,周树学,武利民. 草莓型 $SiO_2/PMMA$ 纳米复合微球的制备[J]. 高等学校化学学报,2005,26(7):1352-1355.
[5] 陈金庆,李青松,吕宏凌,王海. 无皂乳液聚合制备 $SiO_2/PMMA$ 纳米复合胶体微球[J]. 塑料工业,2011,39(10):30-33.

实验 61　核壳结构 Pd/TiO₂/MoS₂/PS 复合微球的制备及催化性能研究

一、实验设计思路

光催化制氢是开发可再生、清洁、环保的能源的有效途径,为 21 世纪新能源的发展提供了可行性。未来在光催化这一领域深入研究能缓解资源危机,提高资源使用率。现在我们利用的 TiO₂ 光催化剂本体光催化活性都很低。为了将光催化剂推广运用到现实的生活中,方便经济实惠,我们需要对 TiO₂ 进行合理掺杂和改性以提高光催化反应活性,增加对太阳光的利用率。课题在查阅了大量的文献资料的基础上,在实验室的已有条件下合理制定出一套可实用的方案,拟用硫醇改性聚苯乙烯微球(PS)的核壳结构对 TiO₂ 光催化剂进行改性,最后用 CEL−SPH2N 光催化系统装置光催化制氢探究光催化剂的催化性能。实验控制 TiO₂ 与 MoS₂ 粒子的聚集态结构,控制光催化剂制备的反应条件,最后对催化剂进行 TEM 等的表征,核壳结构的 Pd/TiO₂/MoS₂/PS 光催化剂能够很达到优异的成果。

以引入贵金属 Pd 和半导体复合两种方式对 TiO₂ 进行改性研究。在 MoS₂ 片层结构上负载 TiO₂ 纳米粒子制成复合材料,在此基础上,调节半导体的带隙,再将贵金属 Pd 粒子引入到复合材料结构的片层上,改变电子分布,增加更多的催化活性位利用率,制备能对可见光响应的催化效果良好的 TiO₂ 复合光催化剂。在可见光下进行光催化制氢和光还原硝基苯。当金属钯(Pd)沉积于 TiO₂ 表面,荧光效应不再发生,而是在 TiO₂ 与 Pd 之间形成捕获光生电子的肖特基势垒,光生电子由 TiO₂ 表面转移至金属钯表面,完成析氢反应。此外,当 Pd 分散到半导体表面时,电子由半导体表面转移至金属表面,促进 H₂ 的产生,其催化活性也明显增强。由于催化剂的高表面积的是不稳定的,将 TiO₂ 包覆到对苄基硫醇 PS 球表面得到规则的核壳结构,提高热稳定性。通过在核壳结构的配方中引入 MoS₂,形成具有多个片层结构的材料,使 MoS₂ 析氢活性位点变高,再通过晶体生长技术将 TiO₂ 复合在材料表面,最后加入 Pd 粒子制成具有高效催化活性的复合材料。

二、实验目的

1. 学生学会检索论文,制定实验方案,学会根据实验方案开展实验研究。
2. 掌握核壳结构的 Pd/TiO₂/MoS₂/PS 微球的制备。
3. 掌握利用 Pd/TiO₂/MoS₂/PS 为催化剂,光催化制氢。

三、实验原理

在碱性的条件下,以对苄基硫醇 PS 球为核,首先制备具有 2~3 个片层结构的 MoS₂,合

成 MoS_2/PS 核壳结构；之后采用溶剂热法加入 TiO_2 制得 $TiO_2/MoS_2/PS$ 材料；在此基础上，引入金属 Pd 到复合材料的片层上，增加了复合材料的催化活性，由此制备出 $Pd/TiO_2/MoS_2/PS$ 复合材料。以 $Pd/TiO_2/MoS_2/PS$ 光催化剂，研究光催化剂的制氢实验条件，反应过程如下式。

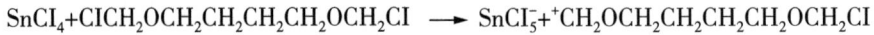

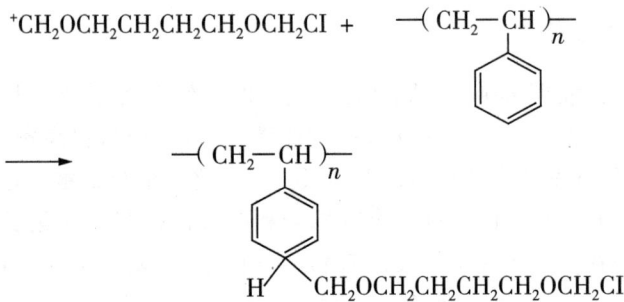

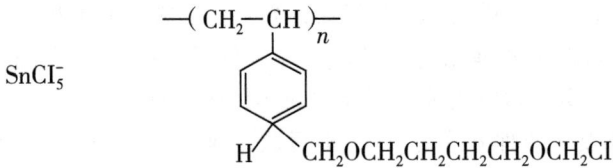

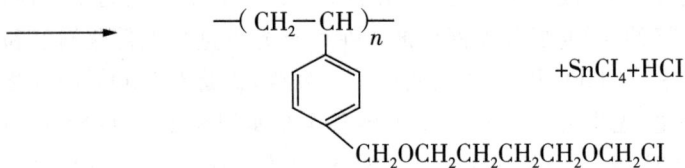

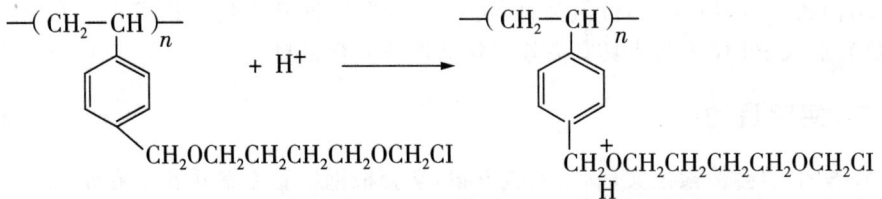

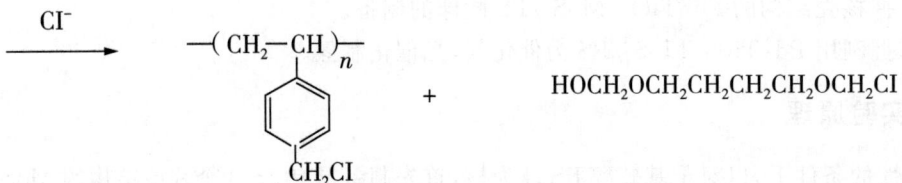

$$PCl_3 + 3H_2O \longrightarrow H_3PO_3 + 3HCl \tag{61-1}$$

$$HO(CH_2)_4OH + 2HCHO + 2HCl \rightarrow COH_2Cl(CH_2)_4COH_2Cl + 2H_2O \tag{61-2}$$

$$SnCl_4 + ClCH_2OCH_2CH_2CH_2CH_2OCH_2Cl \longrightarrow SnCl_5^- + {}^+CH_2OCH_2CH_2CH_2CH_2OCH_2Cl$$

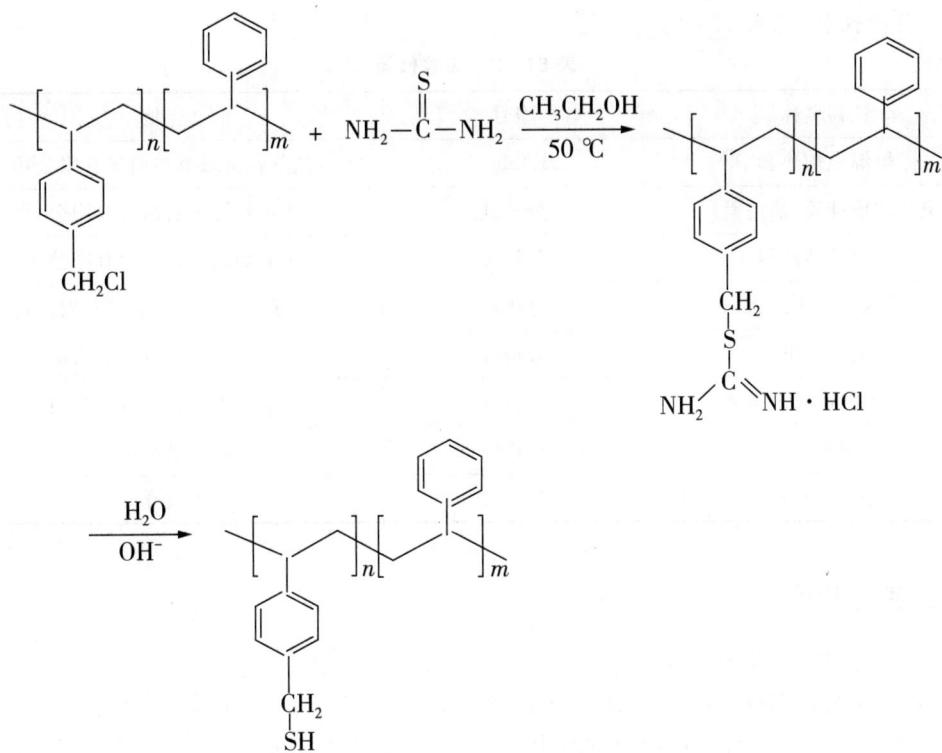

$$(61-3)$$

MoS₂ 的制备反应：$MoO_4^{2-} + 2N_2H_4 \longrightarrow Mo^{4+} + 2N_2 \uparrow + 4H_2O + 6e^- \qquad (61-4)$

$$CS(NH_2)_2 + 2OH^- \longrightarrow S^{2-} + HN = C = NH + 2H_2O \qquad (61-5)$$

$$Mo^{4+} + 2S^{2-} \longrightarrow MoS_2 \qquad (61-6)$$

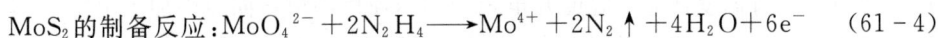

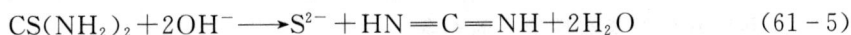

四、实验仪器与试剂

1. 实验试剂(见表 61-1)

表 61-1　实验试剂

试剂名称	规格	生产厂家
苯乙烯磺酸钠	分析纯	国药集团化学试剂有限公司
苯乙烯	分析纯	国药集团化学试剂有限公司
钼酸钠	分析纯	国药集团化学试剂有限公司
硫脲	分析纯	国药集团化学试剂有限公司
甲醛	分析纯	国药集团化学试剂有限公司
三氯化磷	分析纯	国药集团化学试剂有限公司
1,4-丁二醇	分析纯	国药集团化学试剂有限公司
无水乙醇	分析纯	国药集团化学试剂有限公司
钛酸丁酯	分析纯	国药集团化学试剂有限公司

2. 实验仪器(见表 61-2)

表 61-2　实验仪器

仪器名称	型号	产地
恒温电加热套	HDM500	江苏省金坛市杰瑞尔有限公司
集热式搅拌器(油浴锅)	分析纯	常州普天仪器制造有限公司
超声波清洗器	分析纯	必能信超声(上海)有限公司
数显恒温水浴锅	分析纯	江苏省金坛市杰瑞尔有限公司
电子天平	分析纯	北京赛多利斯仪器系统有限公司
电热恒温鼓风干燥箱	分析纯	上海齐欣科技有限公司
真空干燥箱	分析纯	上海博讯实业公司
光催化装置	分析纯	中教开元

五、实验步骤

1. 单分散 PS 微球的制备

分析天平称取 $NaHCO_3$ 0.1388 g,苯乙烯磺酸钠 0.0389 g 过硫酸钾(提纯后)0.148 g 于烧杯中,加入 200 mL 水溶解;向单颈瓶中加入 9.2 g 的苯乙烯单体(提纯后)和 0.5 g 的二乙烯基苯,瓶内抽真空,充氪除氧;操作完成后,将密闭的单颈瓶放入正在加热的油浴锅中,设置温度 90 ℃;待温度计显示温度升至 80 ℃时,使用注射器向瓶中加入引发剂,继续升温;温度升至 85 ℃时,迅速调整设置温度,将温度设置为 76 ℃;恒温 76 ℃,反应 24 h,得到产物。

2. 氯甲基化聚苯乙烯微球的制备

(1)制备氯甲基化试剂 1,4-二氯甲氧基丁烷

在装有滴液漏斗及温度计的 500 mL 三颈瓶中,加入 60 mL 1,4-丁二醇和 150 mL 甲醛溶液;开启磁石搅拌,滴加 100 mL PCl_3;滴加过程中用冰水浴控温,使温度保持在 $10\sim25$ ℃,滴加速度约为 3 秒 1 滴;反应 3 h 后结束,静置反应液使其油水分层,收集上清液;用无水硫酸镁干燥后减压蒸馏,收集在 5.8 mmHg 真空度下的高沸点馏分,得到产物。

(2)PS 球的氯甲基化

称取 9 g 白球加入 250 mL 三颈瓶中,装好温度计;加入二氯甲烷,使白球溶于其中;加入 30 mL 1,4-二氯甲氧基丁烷,使白球充分溶胀;一段时间后滴加 4.5 mL $SnCl_4$,室温下反应 10 h,搅拌;反应 10 h 后,停止搅拌,用 1 mol/L 的稀盐酸处理产物混合液;抽滤除去反应母液,蒸馏水洗涤至无氯离子;乙醇洗涤,真空干燥,得到产物。

3. 聚苯乙烯苄基硫醇的微球的制备

将氯甲基化 PS 球在无水乙醇中分散,搅拌数次;称取 10 g 硫脲,溶于 95% 乙醇中配成饱和溶液;将上述两种混合液倒入圆底烧瓶中,放入搅拌子,调节转速,控制油浴锅恒温 50 ℃,反应 48 h;反应结束后,不采取碱洗步骤,将产物倒出,用蒸馏水充分洗涤,除过量的硫脲残留对红外表征产生影响;将加入蒸馏水的混合液导入漏斗中,真空抽滤;反复洗涤抽滤几次;烘干,得到产物。

4. MoS$_2$/PS 核壳结构的合成

取两个聚四氟乙烯内胆,洗净烘干;称取 0.1 g PS 球导入内胆中,加入 25 g 蒸馏水,搅拌,超声分散 10 min;分散完全后,向混合液中加入 0.125 g 钼酸钠,0.125 g 硫脲和 0.125 g 水合肼,搅拌片刻后取出搅拌子;将盛有混合液的内胆置于反应釜中并放入恒温鼓风干燥箱中;设置反应温度为 180 ℃,反应时间 24 h。待结束后冷却至常温,取出内胆,充分摇匀后将反应液倒入烧杯中;取两只离心管,分别倒入反应液和清水,放入离心机中离心处理,结束后用无水乙醇洗涤产物,直至反应液全部离心;放入真空干燥箱中,抽真空干燥,持续 60 ℃干燥 24 h 得到成品。

5. TiO$_2$/MoS$_2$/PS 的合成

TiO$_2$/MoS$_2$/PS 的合成方法如下:取两个聚四氟乙烯内胆,洗净烘干;各取 0.1 g 的 MoS$_2$/PS 制品,30 g 异丙醇分别加入聚四氟乙烯内胆中;之后各加入 0.6 g 二乙烯三铵,0.15 g 钛酸异丙酯,每加一步需超声分散 15 min,搅拌 15 min,重复操作多次;分散完全后,取出搅拌子,将盛有混合液的内胆置于反应釜中拧紧在放入鼓风干燥箱中;设置反应温度为 180 ℃,反应时间 24 h。反应结束后,冷却反应釜至常温,取出两个内胆,充分摇匀后将反应液倒入烧杯中;取两只离心管,分别倒入反应液和清水,放入离心机中离心处理,结束后用无水乙醇洗涤产物,直至反应液全部离心,贴签备用。

6. 制备 Pd/TiO$_2$/MoS$_2$/PS

制备 Pd/TiO$_2$/MoS$_2$/PS 的复合材料的具体步骤如下:取 TiO$_2$/MoS$_2$/PS 的制品,在离心管中加入无水乙醇摇匀,使固体颗粒在乙醇中混合均匀;称取乙酸钯 0.1499 g,加入圆底烧瓶中,再加入少量无水乙醇分散均匀;将离心管中的混合液加入圆底烧瓶中,并用滴管吸取无水乙醇将离心管与圆底烧瓶内壁洗涤几次,加入无水乙醇至圆底烧瓶的 2/3 处,加入搅拌子;开启搅拌装置,通入冷凝水,调整搅拌速率,设定温度 110 ℃,回流 48 h;关闭回流搅拌装置,用滴管将液体移至离心管中离心处理,结束后用无水乙醇洗涤产物,直至液体全部离心;放入真空干燥箱中抽真空干燥,设置温度 60 ℃,时间 24 h,得到制品。

7. 光催化制氢实验

光催化活性评价系统气密性的检查,打开冷水循环机;称取 0.1 g 光催化剂,5 mL 甲醇溶液,45 mL 二蒸水至烧杯中,并用超声分散仪分散 15 min;抽反应体系真空。打开真空泵和系统连接真空泵的控制阀门,再打开抽主反应系统的阀门;待体系冷凝水温度降至 5 ℃左右,溶液从烧杯转移至反应器中;在反应器中加入磁石,反应器加盖,密封并与系统连接,使样品保持悬浮状态;打开磁石搅拌,并缓慢打开冷凝水两端真空玻璃阀门,仔细观察反应溶液,避免因排除溶液内气泡时出现剧烈气泡,造成爆沸;待排净气泡后关闭阀门,使体系保持真空状态,通入氮气;设置气相色谱仪的控制程序,选定时间间隔与进样次数;开启氙灯光源系统,电流控制在 15 A,记录反应时间、峰类别、峰面积、高度、时间等数据;绘制标准曲线并对产得的氢气含量进行分析计算产氢效率。

六、实验报告提纲

参照实验 1,注意讨论和评价 Pd/TiO$_2$/MoS$_2$/PS 的应用。

七、注意事项

1. 聚合反应的温度、引发剂用量;
2. 制备 1,4 -二氯甲氧基丁烷的反应温度;
3. 使用 95%乙醇。

八、参考文献

[1] 潘才元. 功能高分子[M]. 北京:科学出版社,2005.

[2] Colmenares J C, Magdziarz A, Aramendia M A. Influence of the strong metal support interaction effect(SMSI)of Pt/TiO$_2$ and Pd/TiO$_2$ systems in the photocatalytic bio-hydrogen production from glucose solution[J]. Catalysis Communications,2019,16(1): 1 - 6.

[3] 杨珊荣,楚扬民,葛飞. TiO$_2$太阳能光催化降解有机污染物的研究进展[J]. 石油化工环境保护,2020,25(1):13 - 14.

实验 62　改性聚苯乙烯/水杨酸微胶囊的制备及其缓释放研究

一、实验设计思路

聚合物微胶囊可以用在化学、生物技术以及材料科学等诸多领域,作为限制性反应器、药物输送体系和核内物质保护器使用,其显现的及潜在的应用价值近些年来已引起了相关领域研究人员的广泛关注。近二十年来,研究者们已经发展了多种聚合物微胶囊的制备方法,其尺度从几十(甚至十几)纳米到几百微米不等,有些已经实现了工业化。而在众多制备方法中,以模板法和自组装法最为常用,二者均可以精确地控制微胶囊的形貌。此外,对于模板法,聚合物微胶囊壳、核材料可以灵活选择,因而品种繁多。不足之处是有些制备过程烦琐,不易操作,且通常需要复杂的分析手段来表征制备过程。此外,自组装法获得的聚合物微胶囊的组成相对单一。聚合相分离法和界面缩聚法近年来发展很快,制备途径多样,研究十分活跃。而对于超支化聚合物法以及其他方法,由于制备过程复杂,原料选择单一,目前大多仅限于学术研究,距离实际应用仍有较大距离。聚合物微胶囊将主要应用于生命科学和医药科学,因而对材料的生物相容性有极高的要求。而现阶段,研究者们对这方面的考虑不是很多,对聚合物微胶囊主要偏重于理论研究。因此,制备与生物体具有极好相容性的聚合物微胶囊既是对研究者们的一种挑战,同时也是一种机遇。此外,随着研究工作的不断开展,聚合物微胶囊更多的优异性能和应用价值也必将被开发出来。

实验以聚苯乙烯骨架结构引入功能基团腺嘌呤,利用高分子链上不同功能基的"协同效应",改变链的疏水性,以这种功能高分子制备微胶囊,研究微胶囊的在缓释、金属的富集、废水处理等方面的广泛应用。

二、实验目的

1. 掌握聚苯乙烯的改性原理;
2. 掌握改性聚苯乙烯微胶囊的制备方法和应用。

三、实验原理

1. 聚苯乙烯微球表面的氯甲基化改性

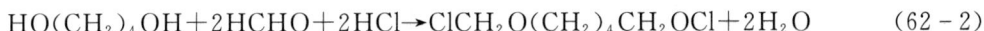

$$PCl_3 + 3H_2O \longrightarrow H_3PO_3 + 3HCl \tag{62-1}$$

$$HO(CH_2)_4OH + 2HCHO + 2HCl \longrightarrow ClCH_2O(CH_2)_4CH_2OCl + 2H_2O \tag{62-2}$$

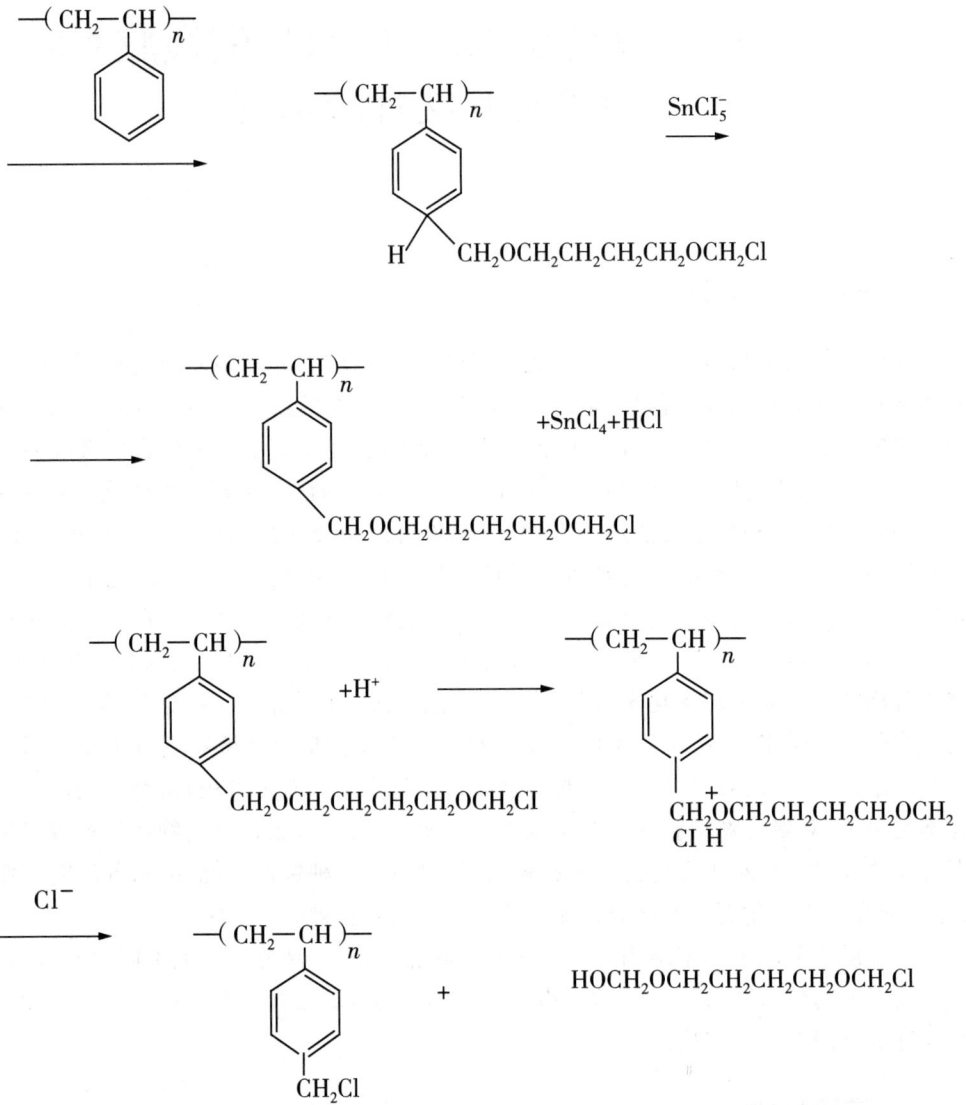

$$SnCl_4 + ClCH_2OCH_2CH_2CH_2CH_2OCH_2Cl \longrightarrow SnCl_5^- + {}^+CH_2OCH_2CH_2CH_2CH_2OCH_2Cl$$

$$\xrightarrow{} \quad \xrightarrow{SnCl_5^-}$$

$$+ SnCl_4 + HCl$$

$$+ H^+ \longrightarrow$$

$$\xrightarrow{Cl^-} \qquad + \qquad HOCH_2OCH_2CH_2CH_2CH_2OCH_2Cl$$

$$(62 - 3)$$

2. 苯乙烯表面功能化(腺嘌呤)

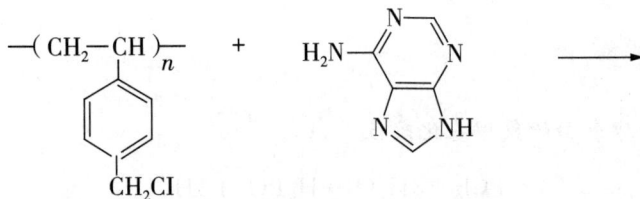

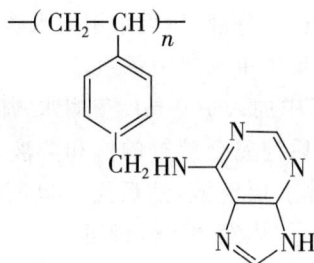

$$-(CH_2-CH)_n$$

(62-4)

四、实验试剂和仪器

1. 实验用化学试剂(见表 62-1)

表 62-1　实验所用化学试剂

化学试剂	规格	生产厂家
苯乙烯	分析纯	天津市博迪化学有限公司
明胶	分析纯	天津市博迪化工有限公司
腺嘌呤	分析纯	国药集团化学试剂有限公司
乙醇	分析纯	天津市博迪化学有限公司
颗粒状活性炭	分析纯	国药集团化学试剂有限公司
水杨酸	分析纯	国药集团化学试剂有限公司

2. 实验所用仪器(见表 62-2)

表 62-2　实验所用仪器

仪器名称	型号	生产厂家
电子天平	BS210S	北京赛多利斯仪器有限公司
电热恒温鼓风干燥箱	DGG-9140AD	上海齐欣科技有限公司
数显恒温水浴锅	HH	江苏金坛市杰瑞尔有限公司
超声波清洗器	BRANSON	必能信超声(上海)有限公司
集热式搅拌器(油浴锅)	DF-101S	常州普天仪器制造有限公司
恒温电加热套	HDM500	江苏金坛市杰瑞尔有限公司

五、实验步骤

1. 单分散 PS 微球的制备

(1)10%氢氧化钠溶液配制

通过计算称取 20 g 氢氧化钠固体置于 250 mL 烧杯中,加入 180 mL 蒸馏水溶解,配制成溶液,贮存于带橡皮塞的细口瓶中,充分摇匀备用。

(2)实验试剂提纯

单体提纯:取 100 mL 苯乙烯置于分液漏斗中,用配制的 10%氢氧化钠溶液洗涤,再用蒸馏水洗涤至中性,液体呈现浅黄色,分液,然后采用无水硫酸钠干燥 1 h,然后 50 摄氏度减压蒸馏,得到无色纯净苯乙烯,收集于单颈瓶中备用。

引发剂提纯:在 500 mL 烧杯中加入 100 mL 蒸馏水,加热至 40 ℃恒温,然后逐渐加入过硫酸钾,直至不能溶解为止,然后把完全溶解的饱和溶液放在室温下冷却,在放入 4 ℃冰箱中重结晶,重结晶 12 h 后,倒掉上层清液,然后用广口瓶中的蒸馏水洗涤两次,重结晶 2 次,洗涤后倒掉上层清液,放入 30 ℃烘箱中干燥即可。

(3)合成聚苯乙烯纳米微球

聚苯乙烯微球采用无皂乳液聚合的方法,分析天平称取 NaHCO₃,溶解于之前煮沸过的蒸馏水中;加入一定量的苯乙烯磺酸钠;称取一定量过硫酸铵(提纯后)于小烧杯中,加入 10 mL 水溶解得到的溶液;向单颈瓶中加入苯乙烯单体(提纯后)和二乙烯基苯,瓶内抽真空,充氮除氧;操作完成后,将密闭的单颈瓶放入正在加热的油浴锅中,将温度设置为 76 ℃,反应 24 h,得到产物。

2. 氯甲基化聚苯乙烯微球的制备

(1)制备氯甲基化试剂 1,4 -二氯甲氧基丁烷

在装有滴液漏斗及温度计的三颈瓶中,加入 1,4 -丁二醇和甲醛溶液。开启磁石搅拌,滴加 PCl₃;滴加过程中用冰水浴控温,使温度保持在 10～25 ℃,滴加速度约为 3 秒 1 滴;反应 3 h 后结束,静置反应液使其油水分层,收集上清液;用无水硫酸镁干燥后减压蒸馏,收集在 5.8 mmHg 真空度下的高沸点馏分,得到产物。

(2)PS 球的氯甲基化

称取聚苯乙烯微球加入 250 mL 三颈瓶中,装好温度计,加入二氯甲烷,使白球溶胀于其中;加入 1,4 -二氯甲氧基丁烷,使白球充分溶胀;一段时间后滴加 SnCl₄,室温下反应 10 h,搅拌;反应 10 h 后,停止搅拌,用 1 mol/L 的稀盐酸处理产物混合液;抽滤除去反应母液,蒸馏水洗涤至无氯离子;乙醇洗涤,真空干燥,得到产物。

3. 氯甲基化聚苯乙烯微球的腺嘌呤功能化

取氯甲基化的聚苯乙烯微球,加入二氯甲烷,充分溶胀后加入腺嘌呤,在 40 ℃下回流反应 10 h,抽滤,乙醇洗涤,真空干燥,得到产物。

4. 功能化(腺嘌呤)聚苯乙烯微球/水杨酸微胶囊的制备

取 10 份 10%的聚苯乙烯的二氯甲烷溶液及 1 份 8%明胶水溶液(内含 30%水杨酸),高速搅拌 5 h,加热到 37 ℃,缓慢蒸发掉二氯甲烷,形成聚苯乙烯微球/水杨酸微胶囊。

5. 聚苯乙烯微球/水杨酸微胶囊的缓释放研究

准确称取 2 g 聚苯乙烯微球/水杨酸微胶囊加入三氯化铁的水溶液中,用分光光度计检测 520 nm 处的吸收,测定水杨酸的释放量。

六、实验报告提纲

参照实验 1,详情略。

七、注意事项

1. 1,4 -丁二醇需干燥;

2. 使用无水 $SnCl_4$。

八、参考文献

[1] Peng H L, Xiong H, Li J H, et al. Methoxy poly(ethylene glycol)-grafted-chitosan based microcapsules: Synthesis, characterization and properties as a potential hydrophilic wall material for stabilization and controlled release of algal oil. Journal of Food Engineering, 2019, 101: 113 - 119.

[2] Chika T, Ibuki S, Masayoshi F, et al. Effect of water-soluble polymers on formation of Na_2SO_4 contained SiO_2 microcapsules by W/O emulsion for latent heat storage. Advanced Powder Technology, 2018, 27: 2032 - 2038.

实验 63　壳聚糖/铝氧化物复合材料的制备、表征及对金属离子的吸附

一、实验设计思路

壳聚糖是富含碱性氨基的多糖,分子链上存在大量羟基和氨基,可作为良好的吸附剂用于废水中重金属离子的处理。但是,在酸性条件下,氨基易被质子化,限制了氨基对金属离子的螯合作用,影响了壳聚糖的吸附能力。其次,羟基和氨基易形成氢键,对氨基参与螯合金属离子起到一定的阻碍,影响了壳聚糖的吸附能力。再次,壳聚糖的机械强度、热稳定性和化学稳定性也有待进一步提高。铝氧化物是表面富含羟基的无机化合物,也可作为吸附剂用于废水中重金属离子的处理,但是它的脆性大,在水溶液中容易失活,不易沉降,难回收再利用,因此其应用受到了限制。有机高分子化合物/无机物复合材料兼具高分子化合物和无机物的优点。壳聚糖与铝氧化物复合可以改善单一组分各自的不足,同时保留甚至是加强共同的吸附性。

本实验拟通过壳聚糖与铝氧化物复合制备针对重金属离子的高吸附性能材料,并对其性能进行表征。

二、实验目的

1. 掌握高分子/无机氧化物复合材料的制备方法;
2. 熟悉高分子复合材料的各种表征方法。

三、实验原理

重金属具有毒性大、生物富集性强、不可自然降解及来源复杂等特点,对生态环境造成了严重的危害,因此含重金属废水的治理已越来越受到人们的关注。去除工业废水中重金属离子的方法主要有化学沉淀法、微电解－混凝沉淀法、吸附法等方法,其中以吸附法较为引人注意,吸附剂的基质材料可以是无机物(如氧化铝、氧化硅、活性炭等),也可以是高分子(如聚丙烯酰胺、壳聚糖等)。

壳聚糖是自然界中储量仅次于纤维素的天然高分子材料甲壳素脱乙酰化反应后得到的产物,分子链上存在大量的羟基和氨基(如图 63－1),因此可作为良好的吸附剂用于废水中重金属离子的吸附。但是天然壳聚糖作吸附剂有一定的局限性,主要是壳聚糖在酸性溶液中会部分溶解造成吸附剂的损失;并且由于壳聚糖分子链间和分子链内氢键的存在而限制了吸附能力;壳聚糖的机械强度、热稳定性和化学稳定性也都待进一步提高。三氧化二铝等无机化合物表面含有丰富的羟基,也可作为吸附剂用于废水中重金属离子的处理,但它们在

水溶液中容易失活、不易沉降、吸附能力有限并且难以回收和再利用,因此其应用收到了限制。

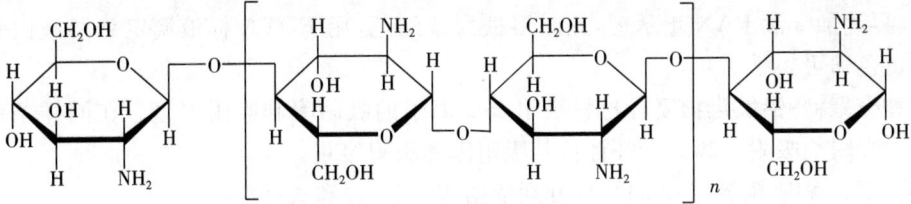

图 63-1　壳聚糖的结构式

有机高分子/无机物复合材料兼具高分子和无机物的优点。本实验利用铝氧化物具有路易斯酸,壳聚糖上的羟基和氨基具有路易斯碱的性质,以壳聚糖和异丙醇铝为原料,采用化学键合方法在壳聚糖分子链单元引入金属氧化物,制备壳聚糖-铝氧化物复合材料,通过 FTIR、SEM 和 TG 对其表面复合情况和热稳定性进行表征,发现这种复合材料对 Cu^{2+}、Hg^{2+} 等金属离子具有较好的吸附性能,与壳聚糖和氧化铝相比,吸附性能得到了较大的改善,稳定性得到了提高。

四、实验仪器与药品

恒温加热磁力搅拌器、电热恒温鼓风干燥箱、电热真空干燥箱、电子天平、循环水式真空泵。

壳聚糖(脱乙酰度 90%)、异丙醇铝(化学纯)、乙二胺四乙酸二钠、六亚甲基四胺、乙酸铵、无水乙酸钠、冰乙酸、盐酸、硝酸、甲苯、无水乙醇。

五、实验内容

1. 壳聚糖-铝氧化物复合材料的制备

在装有回流冷凝管、氮气保护的 250 mL 三口瓶中依次加入 100 mL 干燥甲苯和 3 g 异丙醇铝,50 ℃下搅拌 30 min 后,再加入 10 g 壳聚糖,升温至 120 ℃,回流 5 h。停止反应,过滤后依次用无水甲苯、无水乙醇、蒸馏水分别洗涤产物三次。最后将产品放入 80 ℃烘箱中烘干,得壳聚糖-铝氧化物复合材料。用煅烧法测量复合材料中铝氧化物的质量分数。

2. 复合材料表征

红外光谱表征,电镜形貌观察,热失重分析热稳定性。

3. 吸附实验

取一定量的硝酸铜或硝酸汞放入烧杯中溶解后,再转入 100 mL 容量瓶中,用水稀释至刻度,摇匀,配成浓度为 0.01 mol/L 的溶液。

准确称取 20 mg 复合材料置于试管中,加入 10 mL 离子溶液,于室温下恒温振荡 2 h,离心后取 2 mL 上层清液,用 EDTA 标准溶液滴定剩余离子浓度,缓冲溶液为 20%的六亚甲基四胺。

Hg^{2+} 滴定:取 2 mL Hg^{2+} 溶液于锥形瓶中,滴加 2 滴 1∶3 的硝酸溶液,再加入 5 mL 六亚甲基四胺溶液(pH=5～5.5),再滴加 2 滴二甲基酚橙指示剂,此时溶液为紫红色,用EDTA 标准溶液滴定到溶液由紫红色变为亮黄色即可。

Cu^{2+} 滴定:取 2 mL Cu^{2+} 溶液于锥形瓶中,加入 2 mL 乙醇溶液,再滴加 2 滴 1∶3 的硝酸溶液,再滴加 2 滴 PAN 指示剂,此时溶液为紫红色,用 EDTA 标液滴定到溶液由紫红色变为亮黄色即可。

计算壳聚糖-铝氧化物复合材料吸附金属离子的吸附率和吸附容量。在同样条件下以壳聚糖为吸附剂吸附金属离子并计算其吸附率和吸附容量。

吸附率 A 和吸附容量 Q 的计算分别依据式(63-1)和式(63-2):

$$A=(C_0-C)/C_0×100\% \tag{63-1}$$

$$Q=(C_0-C)VM/m \tag{63-2}$$

式中,A——吸附率;

$\quad Q$——吸附量,mg/g;

$\quad C_0$——吸附前离子溶液浓度,mol/L;

$\quad C$——吸附后离子溶液浓度,mol/L;

$\quad m$——复合材料质量,g;

$\quad M$——金属离子的原子量;

$\quad V$——吸附离子溶液的体积,mL。

六、实验报告提纲

参照实验 1,详情略。

七、注意事项

1. 产物清洗至表面无游离氧化铝存在;
2. 金属离子浓度滴定实验需小心控制终点。

八、思考题

1. 壳聚糖与铝氧化物复合材料的优势有哪些?
2. 壳聚糖与铝氧化物复合原理是什么?

九、参考文献

[1] 周智敏,米远祝. 高分子化学与物理实验[M]. 北京:化学工业出版社,2011.

[2] 张爱清. 高分子科学实验教程[M]. 北京:化学工业出版社,2011.

[3] 王荣民,宋鹏飞,彭辉. 高分子材料合成实验[M]. 北京:化学工业出版社,2019.

[4] 谢光勇,杜传青. 壳聚糖-铝氧化物复合材料的制备、表征及吸附性能[J]. 离子交换与吸附,2009,25(3):200-207.

[5] 谢光勇,杜传青. 壳聚糖复合材料对废水中汞离子的吸附[J]. 工业水处理,2009,29(5):24-26.

实验 64　纳米银颗粒修饰聚醚砜超滤膜的制备及其性能测试

一、实验设计思路

膜分离技术是利用不同类型的膜和膜过程进行分离,可以提供更高的吸收效率,并避免传统填料塔中常见的操作问题,被认为是传统吸附技术的一个有前途的替代方案,已广泛应用于污水处理、海水淡化、蛋白质提纯等领域。但是膜在使用过程中由于受到胶体污染或者不溶物质沉积,性能会逐渐降低,导致膜的有效面积减少,实际水通量值降低,限制了膜的应用。引入传统的抗菌材料纳米银可以提高膜的抗菌性。

二、实验目的

1. 了解膜及膜分离技术;
2. 学习浸没-沉淀相转化成膜法。

三、实验原理

膜是两相之间的分界,充当着选择性屏障、调节两相之间物质的分离。膜分离是借助膜的选择透过性,在压力、浓度和电势差等的驱动下,使混合物中的一种或多种组分透过膜,从而对产品进行提取、纯化或富集。

膜分离技术中使用的膜种类繁多。根据不同的成膜材料,可以分为由有机聚合物制备的高分子膜、由无机材料制备的无机膜和由复合材料制备的复合膜。根据外观形态可以分为平板膜、中空纤维膜和管状膜。根据膜结构中是否存在孔隙,可以将膜分为无孔膜和多孔膜。多孔膜根据膜断面结构进一步分为对称膜和非对称膜,非对称膜结构分为选择层和支撑层。具有非对称结构的膜,势垒层的电阻最小,从而保证了较高的膜水通量。超滤膜、纳滤膜、反透膜和气体分离膜一般为非对称膜,微滤膜一般为对称指状孔结构。

根据传质交换驱动力、分离原理、分离物质性质和应用条件的不同,可以将膜过程分为很多种。根据所使用进料液的情况和所达到目的的不同,可以选择不同的膜过程进行分离:①从大量进料液中除去少量的杂质,最终产生大量的纯化产物,可以通过反渗透过程分离去除小组分或通过渗透气化过程选择性渗透小组分。②将大量进料液浓缩成一小部分,可以选用超滤过程,利用超滤膜将溶液渗透过去,截留大分子,如蛋白质浓缩。③在少量或中量的溶液中分离两个或多个组分,可以通过超滤、钠滤、渗析或电渗析过程进行选择性渗透,使小分子溶液通过或将多个组分保留。

超滤分离技术是以孔径为 $10^{-3} \sim 10^{-1} \mu m$ 的超滤膜为分离介质,在 $0.1 \sim 0.5$ MPa 压力

驱动下,使处理料液中小于膜孔径的溶剂、分子和无机离子通过,截留住大分子化合物、胶体和其他大尺寸杂质,从而实现分离和提纯。超滤膜的截留特性以截留标准物质的相对分子质量大小来衡量,通常为500~100000。超滤膜进行分离时,并不完全依靠孔径进行筛选,膜表面化学性质也会对分离作用起到选择筛分作用。超滤技术是目前应用最广泛的膜分离技术,主要应用于工业生产、环境保护等方面,具有良好的发展前景。

膜制备方法有烧结法、拉伸法、径迹蚀刻法、相转化法等。浸没-沉淀相转化法由于制备工艺简单,对膜的结构和性能能够起到很好的调节作用,在非对称膜超滤膜的制备过程中广泛使用。通过溶剂和非溶剂的相互交换作用,在铸膜液和凝固浴之间的界面上发生相转化。浸没-沉淀相转化法成膜过程分为两个阶段:①分相过程。当铸膜液组成的初生态膜浸没到凝固浴中,溶剂与非溶剂之间相互扩散,促使铸膜液体系由热力学稳定状态向热力学不稳定状态转变,最终发生相分离。②相转化过程。研究的主要内容是从初生态膜分相后到固化过程的凝胶动力学过程,在浸没-沉淀相转化制备高分子膜时,聚合物在溶液/非溶液体系中的液-液相转化分相是关键步骤。随着初生态膜浸没到非溶剂凝固浴中,非溶剂向铸膜液中扩散,铸膜液的溶剂向非溶剂中扩散,体系由热力学稳定状态自发地向热力学不稳定状态偏移,最终形成液-液分相。

浸没-沉淀相转化法制备膜的三个基本步骤为铸膜液配制、分相过程和相转化过程。具体操作过程为:①将成膜聚合物和溶剂混合,有时需要加入非溶剂或添加剂,最终配制成均一稳定的铸膜液。溶剂选择时,要保证其对聚合物具有较高的溶解性,与非溶剂互溶性好,并且具有较高的挥发性。②利用刮刀在合适的固定表面(如玻璃或金属板、无纺布类的支撑材料或基底)上刮制固定厚度的初生态膜。③随即将初生态膜浸没到凝固浴中,在凝固浴中铸膜液的溶剂与凝固浴的非溶剂相互传质交换,最终初生态膜完全固化形成具有非对称结构的膜。

膜污染是由胶体或不溶物质沉积在膜表面上引起膜性能降低的过程,导致膜的有效面积减少,实际水通量值降低,限制了膜的应用。银作为传统的抗菌材料,已广泛用于防菌和防腐。纳米银因具有量子效应、小尺寸效应和极大的比表面积,抗菌效果比常规抗菌剂好,杀菌效力更持久。纳米银颗粒抗菌机理为纳米银与微生物和细菌发生吸附作用,加速活性氧自由基的氧化并诱导脱氧酶失活,促使菌体内容物泄漏,中断细胞信号转导从而将细菌杀死。纳米银颗粒加入铸膜液中,不仅能起抗菌剂的作用,还可以充当纳米无机添加剂。采用浸没-沉淀相转化法制备复合膜的过程中,高分子铸膜液中添加无机纳米颗粒会影响膜分相机理,从而对膜结构和膜孔径产生影响。无机材料一般具有良好的耐热性和化学稳定性,与高分子聚合物结合,可以提高膜的分离性能和抗污染能力。

本实验选用乙二醇为还原剂,使用聚乙烯吡咯烷酮作为保护剂,在聚醚砜与N-2-甲基吡咯烷酮溶液中,原位将硝酸银还原成纳米银颗粒。采用浸没-沉淀相转化法制备出具有高分离和抗生物污染性能的纳米银颗粒修饰聚醚砜平板超滤膜并测试其性能。

四、实验仪器及试剂

1. 实验仪器:分析天平、烘箱、三口烧瓶、搅拌器、恒温水浴、烧杯、锥形瓶、实验室自制分离装置。

2. 主要试剂：聚醚砜(PES)、N-甲基吡咯烷酮(NMP)、聚乙烯吡咯烷酮(PVP)、牛血清白蛋白、乙二醇(EG)、硝酸银、蒸馏水。

五、实验步骤

1. PES、PVP 在 60 ℃下烘干 24 h。

2. 聚醚砜平板膜铸膜液的配制。按表 64-1 所示 PES 膜配方的比例向三口烧中加入 PES、PVP 粉末和 NMP、EG 液体，在 60 ℃下不断搅拌，直至固体完全溶解，形成均一溶液。将三口烧瓶内液体转移到烧杯中，静止 24 h 脱去气泡。

表 64-1　超滤膜铸模液配方

	PES	PVP	NMP	EG	AgNO$_3$
EPS 膜	19.0	10.0	66.0	5.0	0.0
PES-Ag 膜	19.0	10.0	65.0	5.0	1.0

3. 纳米银颗粒修饰聚醚砜平板膜铸膜液的配制。

(1)在锥形瓶中按上表中所示 PES-Ag 膜配方，加入 EG 和 AgNO$_3$，在暗处振荡使其完全溶解。

(2)按比例在三口烧瓶中加入 PES、PVP 固体粉末和 NMP 溶液，在 60 ℃下不断搅拌使固体全部溶解。

(3)逐步升温至 120 ℃，将事先溶解好的 AgNO$_3$-EG 溶液滴加到 PES 溶液中，并在 120 ℃下反应 1 h，继续搅拌 6 h 后，将三口烧瓶中液体移到烧杯中静置 24 h。

4. 平板超滤膜的制备。使用 200 μm 厚刮刀在室温 23 ℃、相对湿度 55% 的条件下在玻璃板上刮制平板膜。初生态的膜立即浸泡在蒸馏水的 40 ℃凝固浴中，待膜完全转化后，放入大量水中浸泡。

5. 膜超滤性能测试。平板膜的超滤性能评价在实验室自制的分离装置上进行。采用单测试池，膜的有效面积为 7.065×10^{-4} m^2。超滤测试分为四个步骤：①在溶液罐中加入蒸馏水，在 N$_2$ 推动下进入过滤室内，过滤 30 min，每隔 5 min 测定一次膜水通量。②将蒸馏水换成 1 mg/mL 的牛血清白蛋白溶液测试 30 min，每隔 5 min 测定一次膜水通量。③在过滤完牛血清白蛋白溶液后，用蒸馏水反向清洗膜 20 min。④再一次通入蒸馏水进行过滤 30 min，每隔 5 min 记录一次清洗后的膜水通量。

膜水通量 J_w(L·m^{-2}h^{-1})是固定时间内通过膜过滤出的溶液体积，按式(64-1)计算：

$$J_w = V/(At) \tag{64-1}$$

式中，V——透过液体积(L)；

　　A——有效透过面积(m^2)；

　　t——渗透时间(h)。

六、实验报告提纲

参照实验 1，实验报告中重点讨论：

1. 膜分离的原理;
2. 分析超滤膜性能测试结果。

七、注意事项

1. 溶解好的 $AgNO_3$ - EG 溶液应避光保存;
2. 超滤测试在 0.1 MPa 下进行,在测试前,需将压力调至 0.15 MPa,当膜通量稳定后再调至 0.1 MPa。

八、参考文献

[1] 宋荣君,李加民. 高分子化学综合实验[M]. 北京:科学出版社,2017.

[2] 朱子沛,钟炼军,等. 负载纳米银磺化聚醚砜超滤膜的制备及其抗菌性[J]. 精细化工,2017,34(6):637 - 644.

[3] 喻文娟,金亚铃. 纳米 Cu - SiO_2 复合粒子改性聚醚砜超滤膜的制备及分离性能研究[J]. 化工新型材料,2018,46(7):118 - 122.

实验 65　优先透醇渗透汽化膜的制备及
对乙醇/水混合物的分离

一、实验设计思路

渗透汽化优先透醇膜分离技术用于燃料乙醇的浓缩分离,可以有效解决燃料乙醇生产中的产品控制问题,有望实现燃料乙醇的连续化生产,因此渗透汽化优先透醇膜的研究受到世界范围内的广泛关注。本实验合成了优先透醇渗透汽化膜,并对该膜的性能进行了测试。

二、实验目的

1. 学习膜分离技术;
2. 了解渗透汽化膜的制备方法;
3. 掌握膜性能测试方法。

三、实验原理

膜是一种分隔两相界面并以特定形式限制和传递各种化学物质的阻挡层。膜分离技术是当代新型高效分离技术,以选择性透过膜为分离介质,当膜两侧存在某种推动力(如浓度差、压力差、电位差等)时,原料侧组分选择性地透过膜,以达到分离、提纯的目的。膜分离技术具有效率高、能耗低、结构简单、操作方便的优势,已广泛应用于能源、电子、石油化工、医药卫生等领域。

渗透汽化(PV)分离过程,是指液体混合物流过膜的上游侧,在膜的下游侧抽真空、吹扫气体或造成温差使液体组分在膜的两侧形成化学位差,组分在化学位差的推动下透过膜,并以气相的形式从膜的下游侧逸出。由于膜与不同组分的相互作用大小不同及组分本身性质上的差异,各组分在膜中的溶解度和扩散速率不同,易渗透组分在渗透物中的比例增加,难透组分在料液中的浓度则得以提高,从而实现选择性分离。

根据溶解−扩散模型,渗透汽化的传质过程可分为三步:①被分离物质在膜表面上有选择地吸附、溶解;②溶解在膜上游侧表面的组分在化学位差的作用下,以分子扩散的形式从膜上游侧向膜下游侧扩散;③在膜的下游侧,渗透组分在较低的蒸汽分压下汽化,脱附而与膜分离。可见,渗透蒸发膜分离过程主要是利用料液中的各组分和膜之间不同的物理化学作用来实现分离的,渗透蒸发过程中组分有相变发生。

渗透蒸发过程中完成传质的推动力是组分在膜两侧的蒸汽分压差。由于液体压力的变化对蒸汽压的影响不太敏感,料液侧采用常压操作方式。为降低组分在膜下游侧的蒸汽分压,一般采用的方法有以下几种:①真空渗透蒸发,膜透过侧用真空泵抽真空,以造成膜两侧组分的蒸汽压差,这是从溶液中脱除挥发性有机物的最常用方法;②热渗透蒸发或温度梯度渗透蒸发,通过料液加热和透过侧冷凝的方法,形成膜两侧组分的蒸汽压差;③载气吹扫渗透蒸发,用载气吹扫膜的透过侧,以带走透过组分,吹扫气经冷却冷凝以回收透过组分。

渗透蒸发要求所用的膜材料具有良好的成膜性能、化学稳定性、耐酸碱腐蚀性及对透过组分的优先选择性。按照膜的结构形态,渗透汽化膜可分为致密的均质膜、复合膜、非对称膜。目前渗透汽化主要采用复合膜,特点是多孔的支撑层上覆盖一层致密的活性皮层,其支撑层与活性皮层由不同材料制成。支撑层通常为非对称的超滤膜,主要起机械支撑作用,厚度在 $10\sim100~\mu m$。起分离作用的主要是致密的活性皮层,厚度一般为 $0.1~\mu m$ 到几微米,由于复合膜的支撑层和分离层采用不同的材料制备而成,从而极大地增加了渗透汽化的选择性和适应性。

根据膜的功能,对于分离乙醇/水混合物,渗透汽化膜可分为优先透水膜和优先透乙醇膜。优先透水膜适宜分离含水量低的乙醇水混合物(如乙醇水共沸物),可制得无水乙醇。优先透乙醇膜适宜分离含乙醇浓度低的乙醇水溶液。根据优先透醇的活性层膜材料,透汽化膜可分为有机优先透醇膜、无机优先透醇膜和有机无机优先透醇膜。有机膜材料种类多、韧性好,但在高温、高压下和在有机溶剂中的稳定性较差。无机膜材料耐温、耐溶剂、使用寿命长,并易于清洗和消毒,但其成本高,限制了其广泛应用。将两种膜材料复合起来可以扬长避短,使膜性能达到最佳。目前用于优先透醇的有机无机复合膜主要有两种:无机材料支撑的有机膜和无机材料填充的有机膜。填充作为一种简便易行的膜材料改性方法受到众多关注,填充型渗透汽化膜一般由基质和填充剂两部分组成。加入填充剂的目的是提高膜的选择性、渗透通量和机械强度。

评价渗透汽化膜的分离性能的主要指标有两个,即膜的渗透通量和选择性渗透通量是指单位时间内通过单位膜面积的渗透组分的质量,其定义式为:

$$J = Q/(At) \tag{65-1}$$

式中,Q——透液的质量,g;

$\quad\quad A$——膜的有效面积,m^2(本实验中有效膜面积为 $39.6~cm^2$);

$\quad\quad t$——操作时间,h;

$\quad\quad J$——渗透通量,$g \cdot m^{-2}h^{-1}$

膜的选择性表示渗透汽化膜对不同组分分离效率的高低,一般用分离系数 a 来表示:

$$a = Y_A X_B/(X_A Y_B) \tag{65-2}$$

式中,Y_A——在渗透物中乙醇的质量分数;

$\quad\quad Y_B$——在渗透物中水的质量分数;

$\quad\quad X_A$——料液中乙醇的质量分数;

$\quad\quad X_B$——料液中水的质量分数。

在一定温度条件下,溶液的浓度与折光率具有一定的关系:

$$n_D = -0.058x^2 + 0.0878x + 1.3336 \tag{65-3}$$

式中,n_D——折光率;

x——乙醇的质量分数。

本实验以聚二甲基硅氧烷(PDMS)为膜材料,以乙酸纤维素(CA)微滤膜为支撑层,以硅烷偶联剂改性二氧化硅纳米粒子为添加剂,以低浓度乙醇/水溶液为分离体系,制备 PDMS/CA 分离膜并测试其渗透汽化性能。

四、实验仪器及试剂

1. 实验仪器:烘箱、烧杯(50 mL)、磁力搅拌器、超声振荡仪、分析天平、玻璃板、滤纸、胶带、刮膜机、渗透汽化装置、阿贝折射仪。

2. 主要试剂:乙酸纤维素微滤膜、蒸馏水、二氧化硅纳米粒子、硅烷偶联剂 KH550、正己烷、聚二甲基硅氧烷、正硅酸乙酯、二月桂酸二丁基锡。

五、实验步骤

1. 支撑层的预处理。将 CA 微滤膜在蒸馏水中浸泡 2 h,备用。

2. 二氧化硅纳米粒子预处理。将二氧化硅纳米粒子放入 100 ℃烘箱中烘烤一段时间,以便除去二氧化硅纳米粒子表面吸附的水分。

3. 二氧化硅纳米粒子表面改性。向烧杯 I 中加入 0.05 g 二氧化硅纳米粒子,然后依次加入 0.05 g 硅烷偶联剂 KH550 和溶剂正己烷(溶剂的质量为总所需溶剂质量的一半),将混合物放到磁力搅拌器上搅拌 1 h。为了使二氧化硅纳米粒子在溶液中分散均匀,再超声振荡 30 min。

4. 铸膜液的配制。用分析天平准确称取 1.0 g PDMS 黏稠液,置于烧杯中,加入 9 g (13 mL)溶剂正己烷,得到质量分数为 10% 的 PDMS 溶液。磁力搅拌 2 h 使溶液混合均匀。将烧杯 Ⅱ 中的 PDMS 溶液倒入烧杯 I 中,用磁力搅拌器继续搅拌一段时间,然后将混合溶液用超声振荡仪超声 30 min,以保证二氧化硅纳米粒子在铸膜液中分散均匀。超声后,向烧杯 I 中滴加 0.1 g(0.1 mL)交联剂正硅酸乙酯,继续在磁力搅拌器上搅拌 1 h,使混合液混合均匀。接着再加入催化剂二月桂酸二丁基锡 0.02 g,再继续搅拌 10 min,所得的均匀混合液即为添加了改性二氧化硅纳米粒子的铸膜液。

5. 膜液展开。在制备铸膜液的同时,将 CA 微滤膜从水中取出,平铺在玻璃板上,用滤纸擦干上表面的水,然后用透明胶带固定在玻璃板上,将玻璃板置于刮膜机上。将配制好的稀 PDMS 铸膜液倾倒在基膜上,使铸膜液在基膜表面上迅速均匀展开,形成一层厚度均匀的活性皮层。

6. 交联。将基板在室温条件下放置 24 h,基膜表面的 PDMS 铸膜液逐渐发生交联固化反应,随着溶剂的挥发,硅橡胶表皮层形成。

7. 后处理。将基板连同复合膜放入 80 ℃干燥箱中 6 h 高温硫化,使溶剂挥发完全,即得硅橡胶复合膜。

8. 膜性能的测试。

六、实验报告提纲

参照实验 1,实验报告中重点讨论:

1. 膜分离的原理；
2. 超滤膜的制备方法。

七、注意事项

1. 将 CA 微滤膜从水中取出,平铺在玻璃板上后,用滤纸擦干上表面的水;

2. 将膜裁剪成适当的尺寸大小,装入膜组件后,用硅橡胶垫密封,螺丝钉固定,保证密封良好且防止膜破损;

3. 停止通入氮气,关闭真空泵的顺序不能颠倒,避免氮气把平板渗透汽膜冲破。

八、参考文献

[1] 宋荣君,李加民. 高分子化学综合实验[M]. 北京:科学出版社,2017.

[2] 展侠,刘吉辉,夏阳. 渗透汽化优先透醇膜研究进展[J]. 化工新型材料,2013,41 (10):9-11.

[3] 李杰,王乃鑫,纪树兰. 有机/无机杂化渗透汽化优先透醇膜研究进展[J]. 化工进展,2014,33(11):2982-2990.

实验 66　用于海水淡化离子交换膜的制备与表征

一、实验设计思路

海水淡化离子交换膜的制备根据以下原则：海水淡化离子交换膜离子传输快，能耗低，离子交换容量高；且海水淡化离子交换膜制备简单，性价比高。离子交换膜由聚合物和离子交换基团组成，如聚苯乙烯和磺酸基团，按照聚合物和功能基团连接方式分类：物理连接和化学连接，分类如下：均相离子交换膜和异性离子交换膜。均相离子交换膜，性能好，制备复杂，环保难度大，成本高，国产工业化难度大；异性离子交换膜，性能较好，制备简单，环保容易控制，成本低，国产工业化潜力大，适应海水淡化广大市场。

异性离子交换膜，为了提高离子交换基团，加大基团含量，从而导致异性离子交换膜物理连接能力下降，形成 trade - off 效应，离子交换能力和机械性能的平衡是研究热点。本课题为了解决这个矛盾，引用低成本工业品聚氯乙烯，富含极性氯，有效增强物理连接能力，在高添加用非悬浮聚合制备的超细磺化聚苯乙烯，提高功能交换能力，也提高机械性能，巧妙地解决 trade - off 效应，满足海水淡化工业化需求。在制备中加入不环保铅盐，如改为钙、锌稳定剂，环保大豆油需要深入研究开发，以便向饮用水市场发展。

二、实验目的

1. 掌握热压成型制备离子交换膜。
2. 用电渗析方法脱盐，考查离子交换容量对脱盐率和能耗的影响。
3. 学会用 Origin 处理图像。

三、实验原理

淡水严重匮乏，海水淡化有重要意义。电渗析(ED)仅次于反渗透(RO)，是一种重要的淡水技术，用于中等盐份的水质有淡化优势，广泛用于海岛海水淡化和我国北方苦盐水淡化。各种脱盐方法见图 66 - 1，如 ED、RO，还有多级闪蒸(MSF)，多效蒸馏(MED)，混合动力系统(Hybrid)，连续电除盐技术(EDI)，其中 ED 占 3.53%，有一定市场。电渗析淡化原理：离子在电场下，水通过离子交换膜，离子被离子交换膜选择性通过，暨阳离子离子交换膜(膜带负电如 SO_3^{2-})，吸引阳离子如 K^+，让阳离子通过，实现淡化的目的，工作原理如图 66 - 2。现在电渗析淡化技术瓶颈是价格高，通过提高离子交换容量减少能耗，降低成本。为了解决离子交换膜制备中的"trade - off"效应问题，除了提高离子交换容量，改善电学性能，还要兼顾机械性能。

ED 成功脱盐关键在于离子交换膜(阴离子聚合膜或者阳离子聚合膜)。从结构上看，离

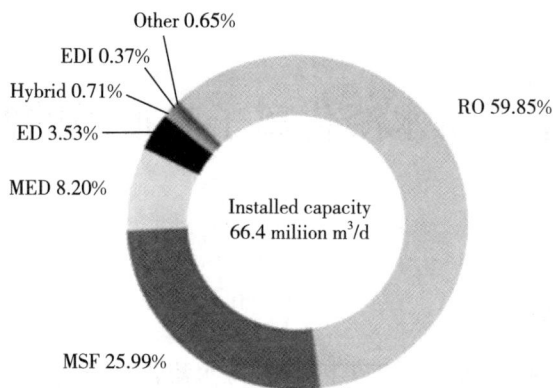

图 66-1 海水淡化脱盐方法份额示意图

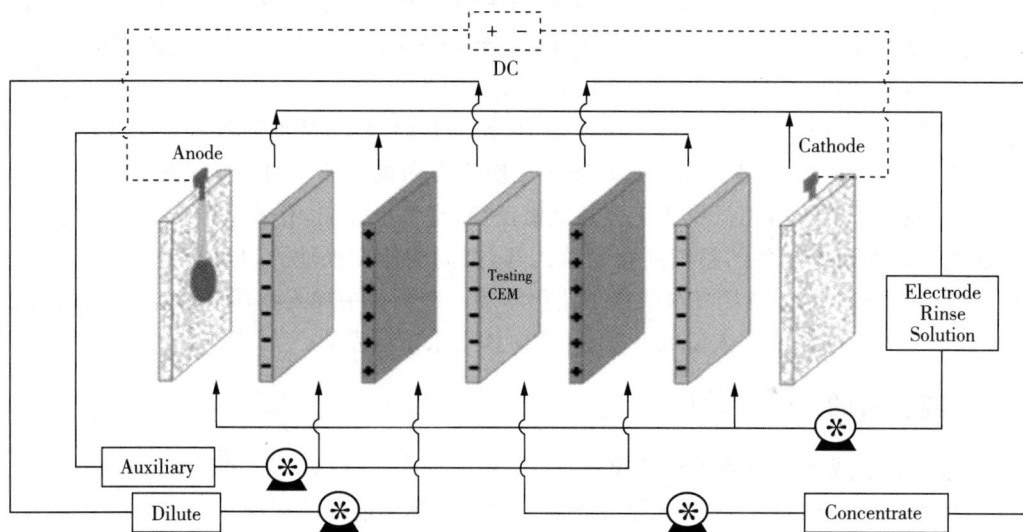

图 66-2 电渗析工作原理示意图

子交换膜可以分为两类：均相膜和异相膜。均相膜是功能基团与骨架以化学键形式结合；而异相膜以物理形式结合。均相膜有较好的电学性能，一般机械性能较差，同时成本较高环保难变大。而异相膜相反，电学性能较差，但机械性能较好，环保有优势。在 ED 应用时，异相膜机械强度高，尺寸稳定，容易封装，且成本低，因此异相膜有广阔的工业应用天地。

制备异相膜有以下路径：①把磨细的树脂粉与聚合物混合均匀，蒸发溶剂成膜；②树脂粉分散到聚合物中，高温热压成膜；③单体分散有超成核作用的树脂粉，聚合。在这些路线中，苯乙烯和二乙烯苯共聚物通常是功能基团，且有交联结构，交联聚合物较硬，很难研磨，而且磨粉对工人造成粉尘污染。因此通常的工艺不仅复杂，而且生产成本高。

因此，本研究开发了一种新的异相膜制备工艺：用细粉功能树脂制膜。这种细粉用悬浮聚合，经磺化达到。PVC 是一种通用高分子，极性、柔韧、机械强度高和耐腐蚀性能好。把以上两种原料共混、热压制备异相膜，用于 ED 脱盐，制备过程如图 66-3。膜的水含量、离子交换容量、膜面电阻、迁移数和扩散系数等性能被考查,并研究随树脂添加量变化的规律,同时优化 ED 脱盐膜制备参数,与商业膜比较,ED 脱盐过程的能耗和电流效率。

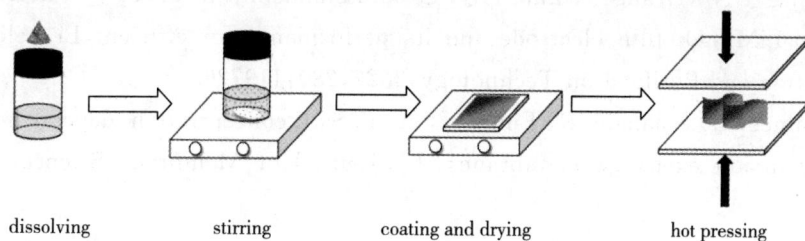

dissolving　　stirring　　coating and drying　　hot pressing

图 66-3　电渗析工作原理示意图

四、仪器与试剂

1. 仪器

热压成型机、加热搅拌器、智能集热式恒温磁力搅拌器、超声仪、3 对膜板、1 对极板、一对蠕动泵、电源、两根电线、万用表、酸和碱滴定管、磁粒子和小烧瓶各一只等。

2. 试剂

离子交换树脂,工业级;PVC,工业级;三氯甲烷,分析纯;DMF,分析纯;邻苯二甲酸辛酯,分析纯;LiCl,NaCl,Na_2SO_4,分析纯;铅盐稳定剂,钙锌稳定剂,工业品甲基橙,分析纯;邻苯二甲酸钠,分析纯;环保大豆油,工业品;氢氧化钠,分析纯;$K_2Cr_2O_7$,$AgNO_3$,分析纯;商业离子交换膜等。

五、实验步骤

1. 异相离子交换膜的制备与表征;
2. 电渗析脱盐;
3. 异相离子交换膜电渗析性能评价。

六、实验报告提纲

参照实验 1,实验报告中着重讨论:
(1)异相离子交换膜表征。
包括海水淡化离子交换膜高电导材料制备工艺选择依据,制备路线示意图、实验步骤和性能表征。
(2)电渗析脱盐工艺参数。
包括电渗析工作原理示意图、脱盐过程和淡化参数。
(3)异相离子交换膜电渗析脱盐评价。

七、注意事项

1. 挤出机,压延机和高搅机操作说明要熟悉,注意安全;
2. 在电渗析操作时,遇电渗析和电导仪仪器故障,要断电并在老师指导下检修。

八、参考文献

［1］ Fang J W，Wang J，Zhi Y J，et al. Establishment of PPy – derived carbon encapsulated $LiMn_2O_4$ film electrode and its performance for efficient Li^+ electro sorption. Separation and Purification Technology，2022，280：119726.

［2］ Kamcev J，Sujanani R，Eui S J，et al. Salt concentration dependence of ionic conductivity in ion exchange membranes［J］. Journal of Membrane Science，2018，547：123 – 133.

实验 67　聚乳酸/羟基磷灰石多孔材料的制备研究

一、实验设计思路

聚乳酸(PLA)具有良好的可降解性和生物相容性,常用作生物工程支架材料。但由于其表面亲油,生物活性低,制成多孔材料力学强度较低,大大的阻碍了它的实际应用。针对PLA 材料的性能的不足,本实验课题拟以 PLA 的二氯甲烷溶液为油相,引入纳米羟基磷灰石(Hap)作为稳定剂,首先制备 W/O 型高内相 Pickering 乳液;随后使用其为模板,制备出兼具良好生物活性和力学强度的聚乳酸/羟磷灰石(PLA/Hap)多孔材料。

二、实验目的

1. 理解高内相 Pickering 乳液的组成以及稳定机理;
2. 掌握纳米羟基磷灰石表面改性的实验方法;
3. 掌握利用高内相 Pickering 乳液为模板,制备 PLA/ Hap 多孔材料的实验方法。

三、实验原理

高内相乳液(high internal phase emulsions)指的是一种水相体积分数超过 74% 的乳液。该乳液在聚合之前水相液滴呈现为密闭且规则的球形,以其为模板,聚合后可以得到多孔块状材料(PolyHIPE),是一种绿色而简单的制备多孔复合物的方法(如图 67 - 1)。通常高内相乳液中需要大量的表面活性剂,对生态环境或人体健康具有潜在的危害。固体颗粒稳定的 Pickering 高内相乳液(HIPEs)模板法不仅操作简单,无毒环保,还具有极高的稳定性。

所谓 Pickering 乳液,是指以固体颗粒稳定的乳液体系。Pickering 对这种乳液体系开展了系统的研究工作,因此这类乳液又被称为 Pickering 乳液。在 Pickering 乳液体系中,胶体粒子自发组装在乳液界面降低界面张力,从而代替传统的表面活性剂起到稳定作用。根据前人的研究结果,得到稳定的 Pickering 乳液的关键在于固体颗粒应具有适当的表面润湿性,可以同时被油相和水相润湿。而通常使用的羟基磷灰石颗粒表面亲水性较强,需要通过表面改性的方法来调节其表面润湿性。常用于羟基磷灰石表面改性的有:聚乙二醇、聚乙烯醇、壳聚糖等。本课题拟使用油酸对羟基磷灰石进行表面改性,使其具有合适的表面润湿性。

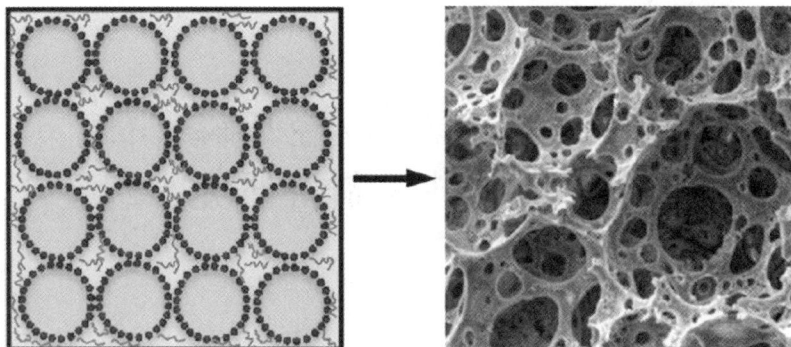

图 67-1　高内相 Pickering 乳液模板法制备多孔材料示意图

四、实验仪器与试剂

1. 实验仪器

磁力搅拌恒温加热器、温度计（300℃）、烧杯（100mL，200mL，400mL）等；
红外光谱仪、扫描电镜、透射电镜等。

2. 实验试剂

聚乳酸、纳米羟基磷灰石、二氯甲烷、聚乙二醇等。

五、实验步骤

1. 纳米羟基磷灰石的合成与表面改性。使用油酸为改性剂，设计合理的配方和反应条件，对纳米羟基磷灰石表面进行改性，使其具有合适的表面润湿性。

2. W/O 型高内相 Pickering 乳液的制备。以 PLA 的二氯甲烷溶液为油相，纳米羟基磷灰石（Hap）作为稳定剂，设计合理的配方和条件，制备 W/O 型高内相 Pickering 乳液。

3. PLA/Hap 多孔材料的制备和形貌分析。以制得的 W/O 型高内相 Pickering 乳液为模板，制备 PLA/ Hap 多孔材料，并采用合理的方法，对其形貌和结构进行表征。

六、实验报告提纲

参照实验 1，详情略。

七、参考文献

[1] Zhao Q, Zaaboul F, Li Y, et al. Recent advances on protein - based Pickering high internal phase emulsions(Pickering HIPEs)：Fabrication, characterization, and applications [J]. Comprehensive Reviews in Food Science and Food Safety, 2020, 19：1934 - 1968.

[2] Shin H, Kim S, Han Y K, et al. Preparation of a monolithic and macroporous superabsorbent polymer via a high internal phase Pickering emulsion template[J]. Journal of Applied Polymer Science, 2019, 136(42)：48133 - 48140.

实验 68　含纳米铜聚乙二醇基定形相变复合材料的制备及性能测试

一、实验设计思路

聚乙二醇(PEG)相变熔高、热滞后效应低,作为相变材料可用于能量贮存和温度控制领域。PEG 为固-液相变材料,在高于其相变温度时,PEG 融化为液体,应用过程中须使用容器密封包装防止 PEG 融化后液体泄漏,故 PEG 的应用领域受到限制,因此,制备复合固态相变材料是 PEG 类复合固态相变材料研究的重要内容,催生了用聚乙二醇为工作物质的定形相变方式储能材料的研究。另外,高分子材料的导热系数较低的缺陷限制了能量的吸收和释放,不利于蓄放热的快速响应,影响了材料的综合性能,也促使越来越多的人对提高聚乙二醇类相变材料的导热性能进行探究。

聚丙烯酰胺(PAM)玻璃化温度为 188 ℃,软化温度近于 210 ℃,在 PEG 相变温度下能够保持固体形态,可作为相变材料的骨架材料。本实验采用溶液共混法制备含纳米铜粉的 PEG/PAM 基定形复合相变储能材料。

二、实验目的

1. 了解相变材料的储能原理。
2. 熟悉溶液共混法制备 PEG 基相变储能材料的方法。
3. 掌握示差扫描量热计(DSC)测量相变材料相变熔的方法。
4. 掌握扫描电子显微镜(SEM)观测相变材料的形貌的方法。
5. 掌握激光导热仪测定材料热扩散系数的方法。

三、实验原理

1. 相变材料的储能原理

随着社会的不断发展,人类对能源的需求日益增加,但是能源的供应与需求都有较强的阶段性,在很多情况下还不能合理利用,从而导致能源的大量浪费,这时就需要一些材料把一部分能量以热能的形式储存起来。怎样能够将能源储存起来,在需要的时候合理地利用它,成为人们目前考虑较多的问题。相变储能材料(PCM)是近年发展起来的一类高新技术材料。在其物相变化过程中,可以与外界环境进行能量交换(从外界环境吸收热量或向外界环境放出热量),从而达到能量利用和控制环境温度的目的。相变储能材料由于能解决能量供求在时间和空间上不匹配的矛盾而成为国内外能量利用和材料科学方面研究的热点。这类材料利用相变储存能量,称为潜热储能。与显热储能相比,它具有储能密度高、温度控制恒定,节能效果显著,相变温度选择范围宽等优点。在航空航天、太阳能利用、采暖和空调、蓄热建筑等众多领域具有重要的应用价值和广阔的前景。

2. DSC 测定聚合物玻璃化转变温度

3. 扫描电子显微镜(SEM)观测相变材料的形貌

SEM——利用极细电子束在被观测样品表面上进行扫描,通过分别收集电子束与样品相互作用产生的一系列电子信息,经转换、放大而成像的电子光学仪器,是研究三维表层构造的有力工具。

(1)SEM 的结构

扫描电镜结构由四大部分组成:电子光学系统、信号检测与转换系统、显示与记录系统、真空系统。

(2)SEM 工作原理

SEM 的工作原理是由电子枪发射出来直径为 50 μm(微米)的电子束,在加速电压的作用下经过磁透镜系统会聚,形成直径为 5 nm(纳米)的电子束,聚焦在样品表面上,在第二聚光镜和物镜之间偏转线圈的作用下,电子束在样品上做光栅状扫描,同时同步探测入射电子和研究对象相互作用后从样品表面散射出来的电子和光子,获得相应材料的表面形貌和成分分析。从材料表面散射出来的二次电子的能量一般低于 50 eV,其大多数的能量约在 2～3 eV。因为二次电子的能量较低,只有样品表面产生的二次电子才能跑出表面,逃逸深度只有几个纳米,这些信号电子经探测器收集并转换为光子,再通过电信号放大器加以放大处理,最终成像在显示系统上。SEM 工作原理的特殊之处在于把来自二次电子的图像信号作为时像信号,将一点一点的画面"动态"地形成三维的图像。

(3)样品制备

试样制备技术在电子显微术中占有重要的地位,它直接关系到电子显微图像的观察效果和对图像的正确解释。如果制备不出适合电镜特定观察条件的试样,即使仪器性能再好也不会得到好的观察效果。

SEM 样品制备的基本流程为前处理、干燥、装台和表面的导电处理。

4. 激光导热仪测定材料热扩散系数

闪光法测定热扩散系数原理:

如图 68-1,在一定的设定温度 T(由炉体控制的恒温条件)下,使用激光或者氙灯脉冲均匀照射圆盘状试样的正面,使表层吸收光能后温度瞬间升高,并作为热端将能量以一维热传导方式向冷端(上表面)传播。使用红外检测器连续测量样品上表面中心部位的相应温升过程,得到类似于图 68-2 所示的温度(检测器信号)升高对时间的关系曲线:

在理想情况下,光脉冲宽度接近于无限小,热量在样品内部的传导过程为理想的由下表面至上表面的一维传热、不存在横向热流,外部测量环境即为理想的绝热条件、不存在热损耗(此时样品上表面温度升高至图中的顶点后将保持恒定的水平线),则通过测量图中所示的半升温时间 t_{50}[定义为在接受光脉冲后样品上表面温度(检测器信号)升高到最大值的一半所需的平均时间或称为 $t_{1/2}$],由下式:

$$a = 0.1388 \times d^2 / t_{50}(d:样品的厚度)$$

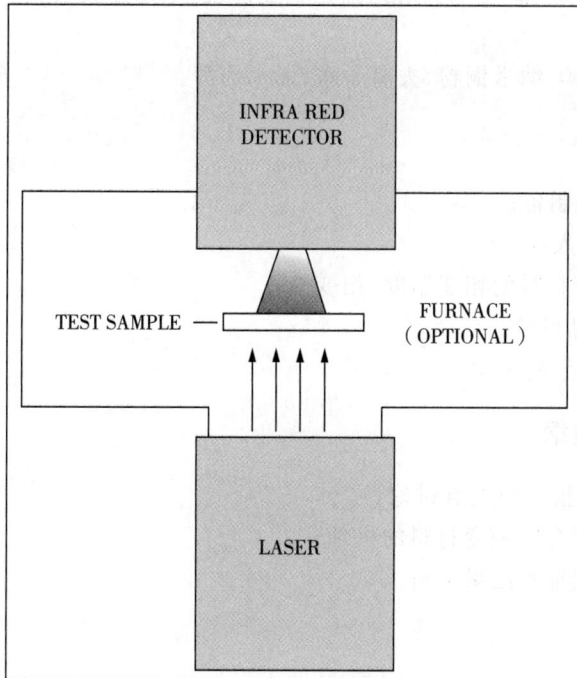

图 68-1　激光导热仪工作示意图

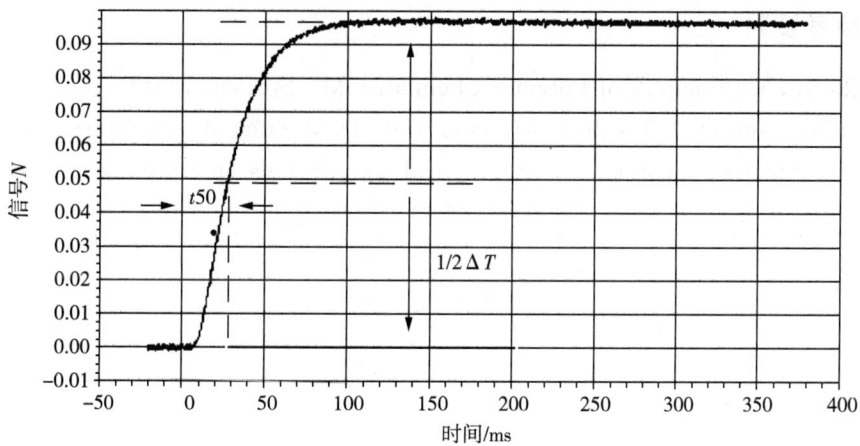

图 68-2　激光导热仪温度-时间曲线

即可得到样品在测定温度下的热扩散系数 α。

四、实验仪器与试剂

1. 仪器

磨口锥形瓶一只,温度计(100 ℃)一支,恒温水浴槽,硅胶干燥器,超声共振仪,250 mL三口烧瓶一个,温控装置一套,电动搅拌装置一套,试管及配套橡皮塞各两只,橡皮膏若干,示差扫描量热仪,Sirion 200 型场发射扫描电子显微镜,激光导热仪 LFA457。

2. 药品

丙烯酰胺、PEG600、纳米铜粉、去离子水、无水乙醇。

五、实验步骤

1. PEG/PAM 的制备;
2. 纳米铜粉的引入;
3. DSC 测定相变材料的相变温度、相变焓;
4. SEM 测试样品形貌;
5. 材料热扩散系数的测定。

六、实验报告提纲

参照实验 1,实验报告中重点讨论:
(1)纳米铜改性聚合物相变材料的机理;
(2)复合物性能表征和结果分析。

七、注意事项

1. 纳米铜容易受潮,使用后务必密封保存;
2. 测定 T_g 时样品不超过 10 mg。

八、参考资料

[1] Ravve, A. Principles of Polymer Chemistry[M]. Springer,2012.

[2] Hourston D J, Reading M, Hourston D. Modulated temperature differential scanning calorimetry: theoretical and practical applications in polymer characterization [M]. Springer,2006.

实验 69　阻燃硬质聚氨酯泡沫的制备与性能研究

一、实验设计思路

硬质聚氨酯泡沫(RPUF)是在催化剂、表面活性剂和发泡剂的存在下,通过含活性氢的化合物(通常是具有两个或更多羟基官能团的多元醇)与具有高反应性异氰酸酯基团的二异氰酸酯反应形成的,具有多孔结构、低密度、高比强度等特点。由于 RPUF 主要由碳、氢元素组成,并且含有大量的泡孔结构,使得其容易着火,极限氧指数仅为 19.0% 左右,且 UL-94 垂直燃烧没有等级,因此,RPUF 的应用范围受到一定程度的限制。本实验设计制备含 P、N 元素的阻燃剂,以涂层的形式涂覆在 RPUF 的表面,并研究涂层种类和含量的变化对 RPUF 阻燃、强度等性能的影响。

二、实验目的

1. 掌握硬质聚氨酯泡沫的制备方法;

2. 通过阻燃硬质聚氨酯泡沫性能测试、研究分析,掌握影响阻燃硬质聚氨酯泡沫性能的因素;

3. 提高学生的文献查阅能力、方案设计能力、实验操作能力,以及问题综合分析能力。

三、实验原理及阻燃硬质聚氨酯泡沫的制备过程

1. 实验原理

硬质聚氨酯泡沫(RPUF)在一定负荷作用下能保持形状,负荷过大后形状发生改变且形变不可逆。RPUF 凭借其高比强度、良好的保温隔热等性能特点,广泛应用在保温隔热、减震支撑、石油开采等领域,小到外卖小哥手里的保温箱,大到国防领域里用作无回波暗室的吸波材料,RPUF 的身影随处可见。与聚氯乙烯、聚苯乙烯、聚乙烯等材料制成的泡沫相比,RPUF 成型工艺简单,可以不需要经过聚合、挤出、造粒等工艺过程,由原材料直接加工制得;另外,由于合成原料异氰酸酯、多元醇种类的多样性,以及聚氨酯配方体系的可调控性,使得 RPUF 品种多样、应用领域广阔。然而,与大多数有机材料一样,RPUF 极易燃烧并在燃烧过程中释放出有毒气体,这在一定程度上限制了它的应用范围。

为了赋予 RPUF 一定的阻燃性能,通常可以采用三种方法:(1)添加阻燃剂:通过物理共混的方法把阻燃剂直接加入 RPUF 中,阻燃剂不参与反应,仅仅是分散在 RPUF 内,从而达到阻燃的目的;(2)添加反应型阻燃剂:阻燃剂与泡沫材料结构中所含有的活性官能团进行反应,在聚氨酯泡沫中引入 P、N 等阻燃元素,它的分子间作用力相对较大,不容易脱落和迁移,添加量少,阻燃性能相对稳定;(3)防火涂层法:该方法主要是在 RPUF 外涂一层防火涂

层,该涂层提供一个屏障来抑制燃烧过程中的传质和传热。采用防火涂层处理提高 RPUF 的阻燃性表现出一定的优势,一方面,由于其主要是在 RPUF 外层构建防火涂层,所以在满足防火要求的情况下添加量相对较少;另一方面,防火涂层不会破坏 RPUF 的整体结构特性,RPUF 的闭孔结构使得涂层很难渗透到内部的泡孔单元中。

本实验通过在以硼酚醛树脂(BPF)和硅溶胶(Si-sol)相结合,制备一种含 N、P、B 的复合阻燃涂层,将其涂覆于硬质聚氨酯表面。其中硼酚醛树脂(BPF)热稳定性高、炭化性能好,以涂层形式涂覆 RPUF 表面,在燃烧过程中会在其表面形成良好的炭层,隔绝热量与氧气,提高 RPUF 的阻燃性能;而硅溶胶(Si-sol)具有优异的耐老化性、耐火性,与其他物质混合时具有良好的分散性等优点,在燃烧过程中生成 SiO_2 迁移到表面,进一步提高 RPUF 在燃烧过程中外层炭的强度。本实验研究 BPF 和 Si-sol 以一定比例共混成涂层,涂覆在 RPUF 表面来改善 RPUF 的性能。

2. 阻燃硬质聚氨酯泡沫的制备过程

(1)硅溶胶的制备

示例:在烧杯中加入 7mL 乙醇,12.5 mL 正硅酸四乙酯(TEOS)和 4.3 mL 去离子水,在磁力搅拌器上 50 ℃搅拌均匀;在搅拌的同时向烧杯中滴加 5 mL 0.1M HCl,调节体系 pH 值在 3~4 之间并保持 3.5 h;将溶液在 50℃条件下老化 48 h,得硅溶胶(Si-sol)。

(2)BPF/Si-sol 涂层溶液的制备

在室温下,将一定量的 BPF 树脂溶于 100 mL 乙醇溶液中,该 BPF 乙醇溶液和 Si-sol 溶液以不同配比加入 500 mL 烧瓶中,70 ℃下混合搅拌 2.5 h,配制成质量分数比不同的 BPF/Si-sol 涂层溶液,静置备用。

(3)RPUF 及其表面涂层复合材料的制备

通过一步法和自由发泡技术制备 RPUF:混合聚醚多元醇(4110)、甲基硅油、蒸馏水、三乙烯二胺(A-33)、二月桂酸二丁基锡(T12)和一氟二氯乙烷(HCFC-141b),搅拌均匀;然后加入多亚甲基多苯基异氰酸酯(PAPI),快速搅拌均匀后倒入模具中,100 ℃固化 2 h。将固化的泡沫表皮除去,裁取一定尺寸的样品待测试。用刷子在泡沫表面涂覆 BPF 溶液、Si-sol 溶液和 BPF-Si-sol 溶液,烘干固化。

四、实验仪器与原料

1. 实验原料

聚醚多元醇(4110)、多亚甲基多苯基异氰酸酯(PAPI)、三乙烯二胺(A-33)、二月桂酸二丁基锡(T12)、一氟二氯乙烷(HCFC-141b)、甲基硅油、正硅酸四乙酯、氨水(25%~28%)、盐酸、去离子水等。

2. 实验仪器

电动搅拌器、烧杯、称量天平、烘箱、极限氧指数(LOI)测试仪、锥形量热仪、拉力实验机、傅里叶变换红外光谱仪等。

五、实验步骤

1. 实验方案的确定

优化阻燃涂层溶液的制备工艺,设计阻燃硬质聚氨酯泡沫的配方。

2. 阻燃硬质聚氨酯泡沫的制备

根据方案制备出 BPF 溶液、Si‐sol 溶液、BPF‐Si‐sol 溶液和硬质聚氨酯泡沫,以不同比例在硬质聚氨酯泡沫表面涂覆溶液并固化。

3. 性能测试

测试阻燃硬质聚氨酯泡沫的阻燃性能、力学性能等。

六、实验报告提纲

参照实验 1,详情略。

七、注意事项

1. 根据实验室要求,规范操作、注意安全,本实验中部分原料具有一定的毒性,应引起高度关注。

2. 裁切性能测试用样品时,应保证样条整齐,表面光滑。

八、参考文献

[1] 刘益军. 聚氨酯树脂及其应用[M]. 北京:化学工业出版社,2012.

[2] 王靖宇,郝建薇. 无卤阻燃硬质聚氨酯泡沫塑料的研究进展[J]. 中国塑料,2020,34(5):107‐114.

[3] Xu W Z,Zhong D,Chen R,et al. Boron phenolic Resin/silica sol coating gives rigid polyurethane foam excellent and long‐lasting flame retardant properties[J]. Polymers for Advanced Technologies,2021,32(10):4029‐4040.

实验 70 改性生物质 CES 与膨胀型阻燃剂复配对 TPU 阻燃性能的影响

一、实验设计思路

经典的膨胀型阻燃剂（IFR）由聚磷酸铵（APP）、季戊四醇（PER）和三聚氰胺（MA）组成，燃烧时形成的炭层往往多孔、不致密，研制协效剂进一步提高 IFR 的阻燃性能具有重要意义。用沸石咪唑酯骨架材料 ZIF-8 对生物质材料鸡蛋壳 CES 表面改性，将改性的 CES 作为协效剂与膨胀型阻燃剂复配，通过熔融共混引入到热塑性聚氨酯（TPU）基体中提高其阻燃性能。CES 作为一种生物质材料有着良好的生物可降解性，对环境友好，本实验为开拓生物质材料在阻燃高分子领域中的应用提供一种新思路。

二、实验目的

1. 掌握杂化材料 ZIF-8@CES 的合成与制备，并利用 FTIR、XRD、SEM、XPS 等实验对其表征；

2. 设计配方，利用密炼机熔融共混制备阻燃 TPU 复合材料；

3. 掌握复合材料阻燃性能测试方法，熟练操作相关仪器，如极限氧指数（LOI）、UL-94 垂直燃烧、锥形量热仪等；

4. 根据测试结果，分析和探讨阻燃剂的作用机理。

三、实验原理

热塑性聚氨酯弹性体（TPU）是一种嵌段型线性聚合物，具柔韧和软的特性同时也具有刚性和硬的性质。TPU 作为集抗老化、高耐磨及耐油等特性为一体的热塑性高分子材料，广泛用于汽车、建材、塑料管塞及运动鞋等方面。然而，纯 TPU 遇火极易燃烧，其极限氧指数（LOI）仅为 22.5% 左右，UL-94 垂直燃烧无等级，而且在燃烧时熔滴严重、生烟量大，具有较大的火灾隐患。

膨胀型阻燃剂（IFR）是一种环保型阻燃剂，在高温下形成膨胀炭层，起到隔绝热量和氧气的作用，从而能延缓和抑制高分子材料的燃烧。但是传统 IFR 燃烧时形成的膨胀炭层结构疏松、容易产生孔洞，大大降低阻燃效率。据报道，金属氧化物或其他无机化合物与 IFR 之间存在协同效应。高分子材料中加入具有催化功能的金属氧化物，一方面通过催化高分子脱氢，促进高分子材料交联成炭，提高残炭量，降低总热释放量；另一方面与 IFR 协效，提高 IFR 的阻燃抑烟效果。研究发现，在 TPU/IFR 复合材料中加入 Co-ZIF-L/RGO 显著提高 TPU 复合材料的 LOI，降低 TPU 复合材料的热释放速率峰值（pHRR）和有毒气体的排放，促进致密炭层的形成。在 TPU/IFR 复合材料中添加 Fe_2O_3 和 MgO 可以有效提高

TPU 复合材料的阻燃性、降低生烟量。

随着社会对生态环境和人类健康的重视,生物质材料及废弃物的再生利用日益受到广泛重视,鸡蛋壳(CES)作为一种生物质废弃物,含有约 5% 的有机物质和 95% 的碳酸钙。研究表明,将蛋壳加入环氧基膨胀防火涂料中,可以提高其阻燃和抑烟性能;CES 与 IFR 复配在聚乳酸(PLA)中使用,随着 APP 用量降低、CES 用量增加,PLA 复合材料的杨氏模量、热阻和炭渣均有所提高。

为了提高 TPU 的阻燃和抑烟性能,同时提高废弃物利用率。本实验中,通过原位生长的方式,将 ZIF-8 生长在 CES 表面,得到 ZIF-8/CES,并对其结构和形貌进行了表征。将其与典型的 IFR 复配用于 TPU 阻燃,研究 ZIF-8/CES/IFR 对 TPU 阻燃抑烟性能的影响,在此基础上,通过对复合材料燃烧后的残炭分析,对 ZIF-8/CES/IFR 可能的作用机理进行探讨分析。

四、实验仪器与原料

1. 实验仪器

真空干燥箱、X-射线衍射仪、平板硫化仪、傅里叶红外光谱仪、热重分析仪、扫描电子显微镜、锥型量热仪、氧指数测试仪等。

2. 实验原料

季戊四醇、聚磷酸铵、三聚氰胺、二甲基咪唑、热塑性聚氨酯、无水甲醇、鸡蛋壳(CES)、六水合硝酸锌等。

五、实验步骤

1. 制备 ZIF-8@CES 杂化材料,由 Co^{2+} 与二甲基咪唑(2-Hmim)配位制备 ZIF-8 负载到 CES 上得到 ZIF-8@CES 杂化物,通过 FTIR、XRD、SEM 等对其结构和形貌进行表征。

2. 设计配方,通过密炼机熔融共混,制备阻燃热塑性聚氨酯复合材料。制备过程如图 70-1 所示。

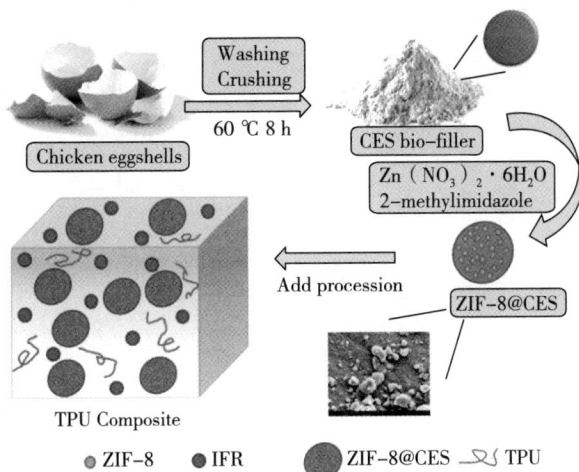

图 70-1 TPU 复合材料制备过程示意图

3. 测试 TPU 复合材料的性能,如极限氧指数(LOI)、UL94 垂直燃烧、锥形量热仪,以及硬度、断裂强度、断裂伸长率等。

4. 通过对燃烧残碳和气相组分进行测试,分析阻燃作用机理。

六、实验报告提纲

参考实验 1,实验报告中着重讨论:
(1)影响 ZIF – 8@CES 杂化物制备的因素;
(2)对测试结果进行分析,讨论不同阻燃剂配比对 TPU 性能的影响;
(3)分析阻燃剂的阻燃作用机理。

七、注意事项

1. 实验前做好文献调研工作,在文献调研的基础上,设计实验方案。
2. 产物表征及材料性能测试前,需要熟悉相关测试标准及测试仪器的操作方法。

八、参考文献

［1］Ashok B,Naresh S,Reddy KO,et al. Tensile and thermal properties of poly(lactic acid)/eggshell powder composite fifilms［J］. Int J Polym Anal Charact,2014,19(3):245 – 255.

［2］白静静,尹建宇,高雄. 异氰酸酯功能化氧化石墨烯/热塑性聚氨酯弹性体复合材料的制备与性能［J］. 复合材料学报,2018,35(7):1683 – 1690.

［3］Xu W Z,Cheng C M,Qin Z Q,et al. Improvement of thermoplastic polyurethane's flame retardancy and thermal conductivity by leaf – shaped cobaltzeolitic imidazolate framework – modified graphene and intumescent flame retardant［J］. Polymers for Advanced Technologies,2021,32:228 – 240.

实验 71　水溶性酚醛/Co‑ZIF 阻燃涂层降低软质聚氨酯泡沫火灾危险性

一、实验设计思路

设计一种简单高效水溶性酚醛/Co‑ZIF 阻燃涂层,将 1wt％的水溶性酚醛和 0.5wt％的 Co‑ZIF 通过静电作用组装在软质聚氨酯泡沫表面;研究涂层层数对软质聚氨酯软泡的火灾安全性影响。

二、实验目的

1. 熟悉水溶性酚醛的制备和配方;
2. 掌握 Co‑ZIF 的制备原理和方法;
3. 探究水溶性酚醛/Co‑ZIF 阻燃涂层对软质聚氨酯泡沫性能的影响(如阻燃性能、抑烟性能、力学性能等)。

三、实验原理

软质聚氨酯泡沫(FPUF)具有质轻、柔软、透气、回弹性好、隔音等多种优良特性,被广泛应用在工业和民用领域。然而,FPUF 具有多孔结构、高度易燃。未经阻燃处理 FPUF 的氧指数仅为 18％左右,低密度和高开孔率使它具有很好的空气流通性,在燃烧时可通过泡孔源源不断地供给氧气,所以极易燃烧并容易发生熔融滴落现象;另外,燃烧时还会产生大量有毒烟气,如 CO、HCN、NO 等,给人员疏散和灭火带来很大困难。因此,降低 FPUF 的可燃性和有毒烟气的产生具有重要意义。

通常,在发泡过程中加入添加型阻燃剂或反应型阻燃剂被认为是降低 FPUF 火灾危险较为有效的策略;然而,添加型阻燃剂与基体材料相容性差,反应型阻燃剂制备过程烦琐。近年来,将阻燃剂通过 LBL 自组装技术沉积于基体表面,来改善聚合物防火性能方面显示出很大的优势。其特点在于操作简单、对环境友好和机械稳定性好,并且对基体的形状和大小没有严格要求。许多研究人员将此技术运用在棉织物和软质聚氨酯泡沫的阻燃涂层的构筑并取得良好的阻燃效果。

酚醛树脂作为一种耐高温的高分子材料,具有较高的碳氢比、稳定的芳香环结构和交联密度高等特点。此外,由于结构中具有大量的酚羟基,在燃烧时能快速脱水形成保护炭层,起到隔绝可燃气体进入和阻碍基体进一步降解的作用。然而,酚醛树脂由于分子量大,作为涂层使用时,需要溶解于有机溶剂中才能进行操作,这样不仅提高了成本,而且污染环境;同时有机溶剂易燃易爆,对生产安全也构成威胁。水溶性酚醛树脂因其分子链上含有羟甲基官能团或二亚甲基醚键结构,使得其具有较好的水溶性和自固化性能。在水溶液中,酚羟基的电离作用较强,产生酚氧基负离子,而合成过程使用的催化剂如 NaOH 等也可以促进酚羟基的电离。因此水溶性酚醛水溶液可当做带负电荷的聚电解质溶液。这样,就为水溶性酚醛树脂作为自组装涂层组件提供了可能。

沸石咪唑酯骨架结构材料作为一种极具发展前景的无机-有机杂化材料,由于其合成方法简单,灵活的多孔结构、比表面积大等特点,被广泛应用于分子识别、药物传递、气体储存和催化等领域。近年来,将类沸石咪唑酯骨架结构材料(ZIFs)作为阻燃剂来提高聚合物阻燃性方面的研究取得了很多积极的进展。ZIF-67 由于其结构中含有 Co 元素,在材料燃烧过程中可以生成 Co_3O_4 催化形成更多且致密炭层,该炭层有效地延缓燃烧时物质和热量的传递,从而起到阻燃抑烟的作用。

本实验中,将水溶性酚醛(WSPR)用作涂层的基板材料,并与 ZIF-67 复合使用构建了WSPR/ZIF-67 复合阻燃涂层,用来提高软质聚氨酯泡沫的火灾安全性。

四、实验仪器与原料

1. 实验仪器
锥形量热仪、热重分析仪、水平燃烧测试、透射电子显微镜、扫描电子显微镜、X-射线衍射仪、傅里叶红外光谱仪、激光拉曼光谱、拉力试验机、真空干燥箱、电子搅拌机、恒温干燥箱、超声仪、离心机、恒温磁力搅拌油浴锅、三颈烧瓶和烧杯。

2. 实验原料
软质聚氨酯泡沫(密度 0.03 g/cm³)、苯酚(≥99.0%)、甲醛(≥37%)、氢氧化钠(≥96.0%)、六水合硝酸钴(≥99.0%)、2 甲基咪唑(≥99.0%),等。

五、实验步骤

1. 制备 ZIF-67 纳米材料,并对其形貌和结构进行表征;
2. 设计阻燃涂层配方,在软质聚氨酯泡沫表面引入水溶性酚醛/Co-ZIF 阻燃涂层,制备阻燃 FPUF 复合材料。具体制备过程如图 71-1 所示:

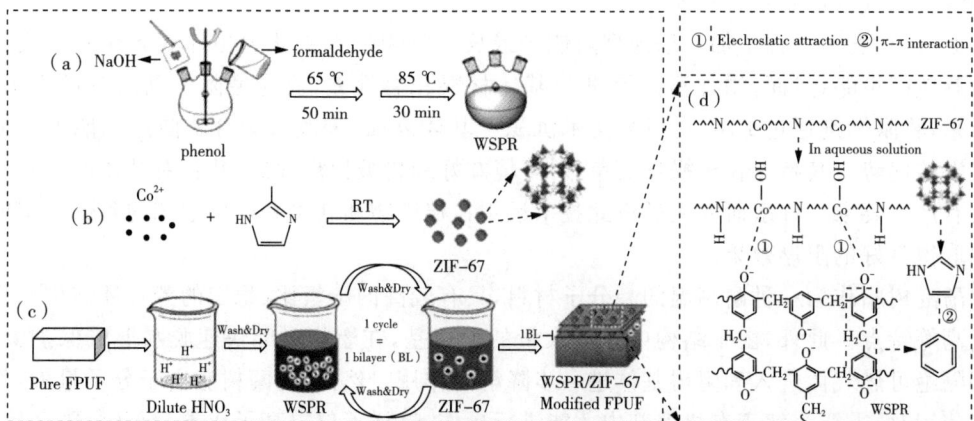

图 71-1 水溶性酚醛/Co-ZIF 阻燃涂层阻燃软质聚氨酯泡沫制备过程示意图

3. 测试、分析、讨论水溶性酚醛/Co‐ZIF 阻燃涂层对软质聚氨酯泡沫的热性能、阻燃性能及力学性能的影响。

六、实验报告提纲

参照实验 1,实验报告中着重讨论:
(1)阻燃涂层的层数对 FPUF 性能的影响;
(2)分析阻燃作用机理。

七、注意事项

1. 实验前要查找相关文献,对将要进行的实验有所了解;
2. 在实验过程中需要身着实验服,谨慎操作,避免出现烫伤、碰伤事件发生;
3. 对样品进行表征时,应在老师的指导下进行,避免发生意外事件。

八、参考文献

Xu W Z,Chen R,Du Y P,et al. Design water‐soluble phenolic/zeolitic imidazolate framework‐67 flame retardant coating via Layer‐by‐Layer assembly technology:enhanced flame retardancy and smoke suppression of flexible polyurethane foam[J]. Polymer Degradation and Stability,2020,176:109152‐109165.

实验 72　Co‑ZIF 吸附硼酸根离子改性石墨烯对环氧树脂阻燃抑烟性能的影响

一、实验设计思路

环氧树脂(EP)具有优异的黏结性、耐腐蚀性、热稳定性、高强度等特性,被广泛应用于各个领域。不幸的是,EP 遇火极易燃烧,而且在燃烧过程中会释放出大量有毒有害的烟气,导致环氧树脂的应用存在很大的安全隐患,因此,提高 EP 的阻燃性能很有必要。本实验设计制备一种新型的阻燃剂,首先将 ZIF‑67 通过静电作用生长在氧化石墨烯(GO)的表面;然后在水合肼的作用下,将 GO 还原成 RGO;最后硼酸根离子吸附到 ZIF‑67 的表面,制备出杂化物 ZIF‑67/RGO‑B;将该杂化物添加到环氧树脂(EP)中,研究其对 EP 复合材料热稳定性和阻燃抑烟性能的影响。

二、实验目的

1. 掌握杂化材料 ZIF‑67/RGO‑B 的合成制备方法,并利用 FTIR、XRD、SEM 等仪器对其结构进行表征;

2. 设计配方,制备 EP 复合材料;

3. 掌握复合材料阻燃性能测试方法,熟练操作相关仪器,如极限氧指数(LOI)、UL‑94垂直燃烧、锥形量热仪等;

4. 根据测试结果,分析、讨论 ZIF‑67/RGO‑B 在 EP 中的作用机理。

三、实验原理

环氧树脂(EP)是最重要的热固性树脂之一,由于其具有良好的化学稳定性、低的制造成本、优异的黏结性能和很好的耐腐蚀性能等优点,其被广泛应用于各个领域,比如化学工业、汽车、封装半导体器件、建筑等。但是,由于 EP 主要是由碳氢链组成,在空气中遇火极易燃烧,因此,提高 EP 的阻燃性能是很有必要的。

一般来说,提高 EP 阻燃性能的方法有两种:通过物理共混的方法添加阻燃剂到 EP 中或者通过化学结合的方法引入一些阻燃元素到 EP 分子链中。相比较而言,前者制备工艺简单。

近年来,越来越多文献报道了石墨烯作为添加型阻燃剂对不同聚合物基体阻燃性能的影响,这主要是由于石墨烯具有良好的耐高温性、优异的气体阻隔性能等。然而,当单独添加石墨烯提高聚合物阻燃性能时,所需的添加量往往都比较大;另外,由于石墨烯特殊的二维结构,片层间强的 π‑π 共轭作用,以及范德华力的存在,使得未经处理的石墨烯分散性较差,在聚合物基体中易于团聚。

纳米金属有机骨架材料(MOFs)具有晶型好、比表面积大等特点;并且,有机骨架与聚合物分子链之间有很强的相互作用,能很好地提高纳米 MOFs 与聚合物之间相容性。ZIF－67 是由 Co²⁺ 与二甲基咪唑配位生成的一种纳米 MOFs,含有阻燃元素 Co 和 N。将 ZIF－67 和石墨烯相结合,既能改善石墨烯在聚合物中的分散性,又能够提高其对聚合物材料的阻燃和抑烟性能。

硼酸盐通常作为无机阻燃剂使用,燃烧时硼酸盐熔化后形成玻璃体覆盖在聚合物的表面,起到隔绝氧气、减少可燃性气体释放的作用;另外,分解吸热降低温度,释放出的水蒸气,也能起到稀释氧气浓度和冷却的作用。

本实验中首先利用共沉淀法将 ZIF－67 负载到石墨烯的表面,然后将硼酸根离子吸附到 ZIF－67 的表面,从而成功制备出一种新型杂化物 ZIF－67/RGO－B,将其作为阻燃剂添加到 EP 中,研究其对 EP 阻燃抑烟性能的影响。

四、实验仪器与原料

1. 实验仪器

真空干燥箱、X-射线衍射仪、平板硫化仪、傅里叶红外光谱仪、热重分析仪、扫描电子显微镜、锥型量热仪、氧指数测试仪等。

2. 实验原料

天然石墨粉(光谱纯)、浓硫酸(98%)、硝酸钠、高锰酸钾、浓盐酸(37%)、过氧化氢(30%)、无水乙醇、水合肼(80%)、硝酸钴、二甲基咪唑、无水甲醇、十水合四硼酸钠,双酚 A 型环氧树脂,4,4′-二氨基-3,3′-二氯二苯甲烷(MOCA)。

五、实验步骤

1. 合成制备 ZIF－67/RGO－B 杂化材料,并对其结构进行表征。其制备过程示意图如图 72－1 所示。

2. 设计配方,制备环氧树脂复合材料。

3. 对 EP 复合材料的热稳定性、阻燃性能、力学性能等进行测试。

4. 对测试结果进行比较分析,探讨 ZIF－67/RGO－B 的阻燃作用机理。

六、实验报告提纲

参照实验 1,实验报告中着重讨论:

1. ZIF－67/RGO－B 杂化物的制备方法及其结构表征分析;

2. 环氧树脂复合材料的性能测试结果分析,并探讨其阻燃抑烟机理。

七、注意事项

1. 实验前做好文献调研、方案设计等工作。

2. 注意实验安全,特别是燃烧实验时注意避免引发火灾。

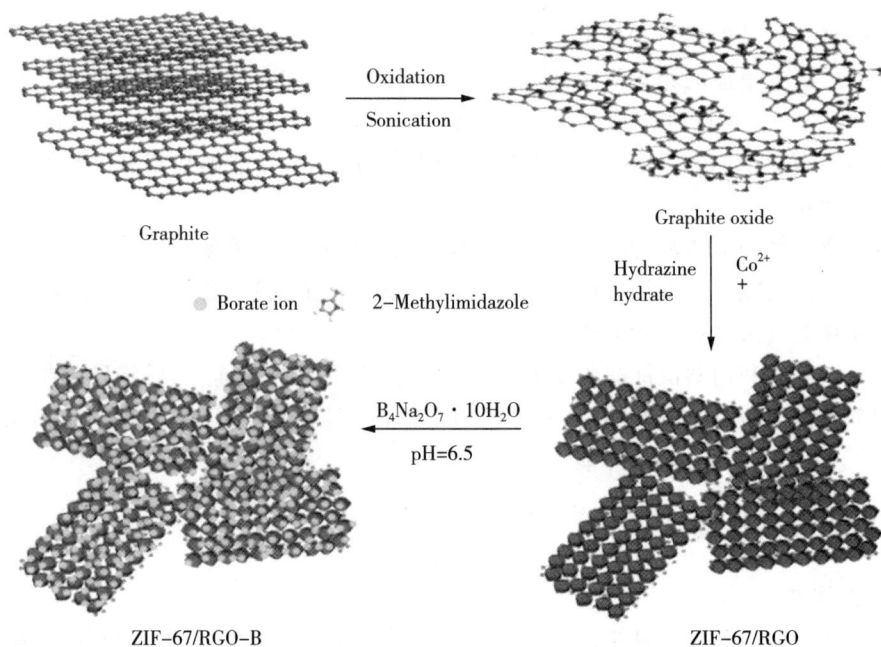

图 72-1　ZIF-67/RGO-B 制备过程示意图

八、参考文献

Xu W Z, Wang X L, Wu Y, et al. Functionalized graphene with Co－ZIF adsorbed borate ions as an effective flame retardant and smoke suppression agent for epoxy resin [J]. Journal of Hazardous Materials, 2019, 363:138－151.

实验 73　阻燃橡胶复合材料的制备与性能测试

一、实验设计思路

通用橡胶复合材料具有优异的物理机械性能和良好的化学稳定性而广泛应用于轮胎、输送带、减震器和密封件等产品。轮胎、输送带等产品在使用过程中容易摩擦生热以及产生静电积累,而大部分通用橡胶复合材料的极限氧指数在 19% 左右,在空气中是易燃的,使用时有产生火灾的风险。在配方设计中添加一定量的阻燃剂是提高橡胶阻燃性能的一种有效方法。本实验中,设计合成一种新的生物质阻燃剂,将其加入橡胶复合材料中研究对其对橡胶复合材料阻燃性能和力学性能的影响。

二、实验目的

1. 掌握橡胶复合材料的制备方法;

2. 合成一种新的阻燃剂,添加到橡胶复合材料中以提高橡胶复合材料的阻燃性能,同时研究阻燃剂对材料力学性能的影响;

3. 提高学生的文献查阅能力、方案设计能力、实验操作能力,以及问题综合分析能力。

三、实验原理及橡胶复合材料的制备

1. 实验原理

橡胶的燃烧历程一般包括五个阶段:

(1)受热熔融过程。刚开始热源持续对橡胶基体进行加热,橡胶受热后软化,分子链运动加速、性能急剧下降,持续加热材料不断软化变得黏稠。

(2)受热分解的过程。橡胶不断吸收热量,当其足以使支链或键能较小的化学键断裂时,橡胶的降解反应就已经开始。如果持续吸收热量,当能量达到键能较大的化学键如 C—C 键的分解活化能时,整个橡胶分子链就会发生降解断裂。

(3)分解过程。已经开始分解的橡胶链段继续吸收热量发生分解,伴随挥发性的气体产生;气体分为可燃性气体和不燃性气体,可燃性气体有一氧化碳、低分子烷烃等;不燃性气体有二氧化碳、二氧化硫等。与此同时,橡胶经过一系列分解炭化产生一定量的残炭。

(4)燃烧过程。分解过程中挥发出的可燃性气体与氧气接触后被点燃,橡胶的燃烧表面积越大、可燃性气体挥发的就会越多。

(5)延燃过程。燃烧过程中产生的热量不断加热橡胶基体为化学键的断裂提供了能量,产生的自由基等活泼性物质促使燃烧反应不断进行,致使材料更进一步的发生分解。只要燃烧时所需要的条件不被破坏,燃烧就会一直持续进行。

橡胶复合材料的阻燃机理主要有凝聚相阻燃和气相阻燃。

(1)凝聚相阻燃机理

凝聚相阻燃是指在固相中延缓或中断材料的燃烧,其主要为高温下阻燃剂在聚合物表面形成凝聚相,隔绝空气,阻止热传递、降低可燃性气体释放,从而达到阻燃目的。形成凝聚相隔离膜的方式有两种:一是阻燃剂在燃烧温度下分解成不挥发的玻璃状物质,包覆在聚合物表面,这种致密的保护层起到了隔离膜的作用,如硼系和卤化磷类阻燃剂具有类似特征;二是利用阻燃剂的热降解产物促进聚合物表面迅速脱水碳化形成碳化层,达到阻燃保护的效果,如含磷阻燃剂对含氧聚合物的阻燃作用。

(2)气相阻燃机理

气相阻燃是指在气相中使燃烧中断或延缓链式燃烧反应。①阻燃材料受热或燃烧时能产生自由基抑制剂,从而使燃烧链式反应中断;如应用广泛的卤-锑协同体系主要按照这一机理产生阻燃作用。②阻燃材料受热或燃烧时生成细微粒子,它们能促进自由基相互结合以终止链式燃烧反应。③阻燃材料受热或燃烧时释出大量惰性气体或高密度蒸气;前者可稀释氧和气态可燃产物,并降低此可燃气的温度,致使燃烧终止;后者则覆盖于可燃气上,隔绝它与空气的接触,因而使燃烧终止。

一般而言,阻燃并不是通过单一的机理发挥作用。在实际应用中,把不同种类的阻燃剂复配使用或者添加具有协效作用的成分,常常能最大限度地发挥阻燃剂的阻燃效果,从而获得理想的阻燃材料。

炭黑是橡胶中最为常用的补强剂,在橡胶复合材料中具有较高的添加量,它是石油基化合物经过不完全燃烧或受热分解而得的产物。虽然炭黑具有较高的热分解温度,形成的残炭也较多,但是由于炭黑之间形成不了相互作用,残余的炭之间较为分散,形成不了致密的炭层,这不利于橡胶的阻燃,而生物质材料——木粉,在自然界中大量存在,在高温下能形成一种高度石墨化的炭,其能够部分取代炭黑添加到橡胶中。由于其石墨化程度高,在燃烧过程中更容易形成致密的炭层,从而有利于实现橡胶的阻燃。

通过木粉吸附铁-硼酚醛凝胶,在氮气保护 900 ℃高温条件下形成一种石墨化程度高的生物炭用于橡胶复合材料。一方面该生物炭有较高的石墨化程度,较高的热稳定性,能够有效阻隔热量的传递;另一方面由于生物炭中含有铁—硼,能够催化橡胶基体形成更致密的炭层,两者共同作用从而能够提高阻燃效果。本实验利用自制的生物炭取代部分炭黑、复配市售的二乙基次磷酸铝阻燃剂设计制备阻燃橡胶复合材料,并研究橡胶复合材料的阻燃性能和力学性能。

2. 橡胶复合材料的制备过程

(1)阻燃剂的制备

铁—硼生物炭的制备示例:①取 15 g 硼酚醛树脂溶解在 50 mL 乙醇溶液中,记为溶液A。将 0.01 mol $FeCl_3 \cdot 6H_2O$ 溶解在 10 mL 乙醇当中,记为溶液B。然后将B溶液滴加入A溶液,在室温下搅拌 3 h。形成一种紫红色的凝胶溶液 Fe - BPR。②取 15 g 软木粉放入烧杯中,将制备好的铁硼凝胶溶液加入烧杯中。用保鲜膜密封,阴凉处放置 12 h。将吸附了Fe - BPR 的软木粉在 80 ℃条件下,真空干燥 12 h,形成软木- BPR 干凝胶。然后将干凝胶在氮气保护下,900 ℃煅烧 2 h,制备得到铁硼生物炭(FBC)。制备过程如图 73 - 1 所示。

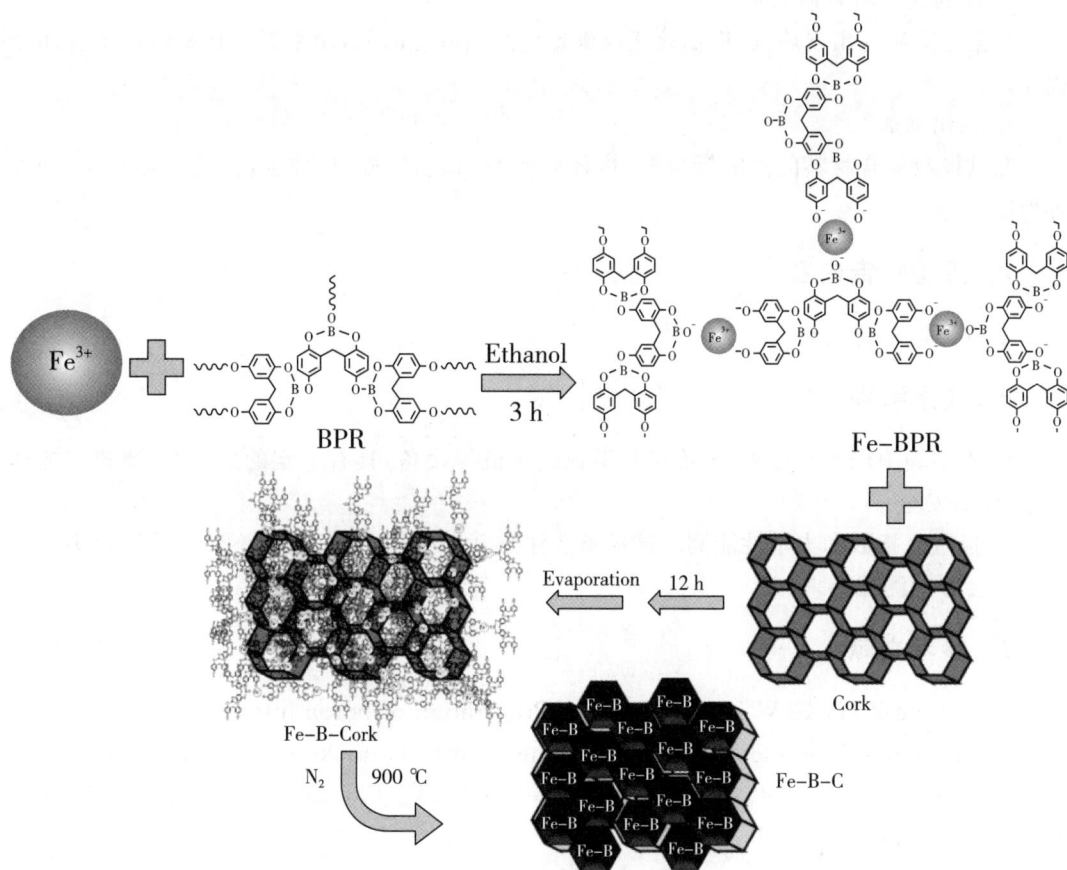

图 73-1 铁硼生物炭的制备流程图

（2）阻燃橡胶复合材料的制备

用密炼机混炼橡胶，加料顺序：橡胶氧化锌、硬脂酸、促进剂等炭黑、阻燃剂硫黄。用开炼机将混炼好的橡胶出片，放到模具中，在一定的时间、温度和压力下，于平板硫化机中硫化成型。

具体的橡胶配方根据性能要求自行设计。

四、主要实验仪器及原材料

实验仪器：密炼机、开炼机、硫化仪、平板硫化机、电子拉力机、微型量热仪、极限氧指数测试仪、马弗炉、烘箱、电子天平、量筒、烧杯等。

实验原料：橡胶、二乙基次磷酸铝、软木粉、硼酚醛、六水合三氯化铁、乙醇、炭黑、氧化锌、硬脂酸、促进剂、硫黄等。

五、实验步骤

1. 实验方案的确定

优化阻燃剂的合成步骤，设计阻燃橡胶复合材料的配方。

2. 橡胶复合材料的制备

根据方案制备出混炼胶,根据硫化仪确定橡胶的硫化时间,用平板硫化机将混炼胶压制成片。

3. 性能测试

测试橡胶复合材料的极限氧指数、热释放速率、总热释放、拉伸强度、断裂伸长率、硬度等性能。

六、实验报告内容

参照实验1,详情略。

七、注意事项

1. 本实验中用到开炼机、密炼机和平板硫化机等设备,具有一定的危险性,要遵守操作规范、注意安全。

2. 极限氧指数和力学性能测的试样条要注意裁剪整齐,样条边缘不要有毛刺或突出部分否则会影响测试结果。

八、参考文献

［1］Cheng Z H, Xu W Z, Ding D, et al. Preparation of boron nitride hybrid containing phosphorus and silicon and its effect on flame retardant, smoke suppression and thermal conductivity properties of styrene butadiene rubber［J］. Journal of Applied Polymer Science, 2022, 139(10):49637.

［2］Wang N, Zhou M, Zhang J, et al. Modified boron nitride as an efficient synergist to flame retardant natural rubber: preparation and properties［J］. Polymers for Advanced Technologies, 2020, 31(9):1887 - 1895.

实验 74 前端开环易位聚合制备 聚双环戊二烯阻燃复合材料

一、实验设计思路

利用前端开环易位聚合法实现聚双环戊二烯(PDCPD)的快速、高效、节能地固化,从而实现 PDCPD 的阻燃及其高性能化。具体地,将含有不同阻燃要素的阻燃剂引入到 PPDCD 复合体系中,通过控制阻燃剂的种类和组分,提高 PDCPD 的阻燃效率,形成具有较高稳定性的阻燃复合材料。在此基础上,通过阻燃剂的表面改性和聚合工艺的调整,实现对 PDCPD 的宏观性能的调控,从而掌握化学结构和宏观性能的关系。

二、实验目的

1. 掌握前端开环易位聚合法制备 PDCPD 阻燃复合材料的原理及实验方法,深入分析不同阻燃要素的阻燃机理,掌握温度、阻燃剂种类和含量等条件的变化对材料微观结构演化过程的影响及其机理。

2. 掌握材料阻燃性能及机械性能等宏观性能的测试评价方法。

3. 掌握材料微观结构对其阻燃性能及机械性能等方面的影响,探讨 PDCPD 复合材料微观结构与宏观性能的内在联系及其机理,加深对材料结构与性能关系的认识。

三、实验原理

聚双环戊二烯(PDCPD)材料是由双环戊二烯(DCPD)通过开环聚合制得的工程塑料,由于其交联密度高,且主链中存在较多环状结构单元,赋予了 PDCPD 优异的机械性能如高强度、高韧性、抗冲击、耐水、耐低温、电绝缘、环境友好等,常通过反应注射成型(RIM)工艺应用于汽车工业、医疗行业、高铁动车组及航天器等结构复杂的大制件领域,是近年来国内外学术研究和工业开发的基础材料。但由于 PDCPD 是全碳链聚合物,极易燃烧,且燃烧过程中会迅速产生大量烟尘和有毒气体,限制了其广泛应用。因此,提高 PDCPD 的阻燃性能,掌握其化学结构和宏观性能之间的关系,并实现其高性能化具有重要的科学意义和工业价值。

虽然常用的添加型阻燃剂种类繁多,但由于 PDCPD 自身性质以及反应注射成型(RIM)技术的特点要求,可选取的添加型阻燃剂并不多,现今主要以添加型阻燃剂中的卤系阻燃剂、磷系阻燃剂、金属氢氧化物为主,其他阻燃剂也有应用。目前已知的这些阻燃剂不能满足适应环境多变以及更高阻燃效率的要求,还需进一步寻找阻燃效率高、低成本、环境友好的新型阻燃剂,提高 PDCPD 的阻燃性能,进一步实现 PDCPD 的高性能化。

开环易位聚合（ROMP），亦称开环置换聚合和开环歧化聚合。开环易位聚合是Caldtron 在 1967 年首先提出来的，它以过渡金属化合物为催化剂（引发剂），过渡金属碳烯为活性中心，双键不断易位，链不断增长，而单体分子上的双键仍保留在生成的聚合物大分子中，形成聚合物，如图 74 - 1 所示。

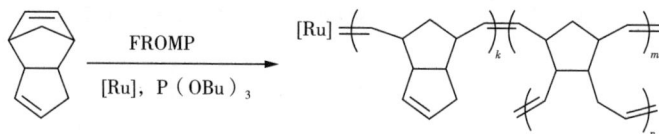

图 74 - 1　前端开环易位聚合机理

开环易位聚合条件温和，反应速率快多数情况下反应中几乎没有链转移反应和链终止反应，因而是一种活性聚合。利用开环易位聚合可制得许多特殊结构的聚合物，开环易位聚合已开发出一大堆具有优异性能的新型高分子材料，如反应注射成型双环戊二烯、降冰片烯和聚环辛烯等，上述三种产品已经进行工业规模生产。因此，开环易位聚合已成为高分子材料制备的一种重要聚合方法。

高性能热固性组件的制造需要单体在外部压力、内部真空和高温（大约 180 ℃）条件下固化几个小时，且固化通常使用其尺寸随组件而定的大型高压灭菌器或烤箱。因此，这种传统的固化方法很慢，需要大量的能源和大量资本投入。

前端聚合（FP）是一种有前景的替代固化策略，该固化策略通过使用聚合焓为材料合成提供能量，而不需要外部能源，从而大大降低了制造成本。在前端聚合中，通过对单体和引发剂的溶液施加局部热刺激形成聚合前端，放热反应产生的热量推进聚合反应以稳定的速度在单体溶液中传播，产生一个自我维持聚合的过程。该反应会在几秒钟内将单体转变为完全固化的聚合物，这就将能源需求和固化时间减少几个数量级。与传统的烤箱或高压釜固化相比方法，所得的聚合物和复合材料零件具有类似于常规固化的机械性能。该固化策略大大提高了生产效率。前端聚合已用于合成多种聚合材料，包括功能梯度聚合物，纳米复合材料，水凝胶，纤维增强复合材料等。

但前端开环易位聚合是一个复杂的过程，聚合单体、起始前端温度以及引发方式等影响着前端速度，进而影响复合材料的机械性能。前端开环易位聚合法制备 PDCPD 阻燃复合材料需要考虑单体和阻燃剂、GC2 催化剂和阻燃剂以及聚合工艺和阻燃剂这三个方面的相容性问题。综合考虑以上因素，本实验将 PDCPD 作为基体，并用少量 5 -亚甲基- 2 -降冰片烯共聚，制备具有高强度的 PDCPD 材料，研究前端开环易位聚合的工艺特点（催化剂、抑制剂、点引发等）；在此基础上，将阻燃剂引入到复合体系中，研究不同阻燃要素对复合材料微观结构及宏观机械性能等方面的影响，研究复配体系和阻燃剂含量对材料阻燃性能和机械性能的影响；研究阻燃剂自己结构对复合材料综合性能的影响，探究其中机理，通过以上研究，可加深对材料结构与性能内在联系的认识。

四、实验仪器与原料

1. 仪器

电烙铁、加热台、氧指数仪、锥形量热仪、垂直燃烧实验仪、差示扫描量热仪、热重分析仪、流变仪、扫描电子显微镜、傅里叶红外光谱等。

2. 原料

双环戊二烯、5-亚甲基-2-降冰片烯、降冰片烯二酸酐、Grubbs 催化剂、磷酸三丁酯、磷系阻燃剂、硅系阻燃剂等。

五、实验步骤

1. PDCPD 共混材料的制备及其性能评价;

2. 含有阻燃填料的 PDCPD 阻燃复合材料的制备及其性能评价;

3. 前端开环易位聚合对 PDCPD 阻燃复合材料微观结构及宏观性能影响及其机理的研究。

六、实验报告提纲

参照实验 1,实验报告中着重讨论:

(1)PDCPD 阻燃复合材料的制备方法以及聚合工艺对材料性能的具体影响,并探讨其机理;

(2)PDCPD 阻燃复合材料的制备方法及工艺条件、阻燃填料结构对共混复合材料电磁屏蔽等性能的影响,并探讨其机理。

七、注意事项

1. 实验前做好预习工作及文献调研等,对实验过程中,尤其是前端聚合过程中材料结构演化行为的机理及影响因素有一定的认识。

2. 材料测试过程中需对材料性能表征方法及仪器设备的使用有全面的了解。

八、参考文献

[1] 张玉清. 聚双环戊二烯:聚合成型改性应用[M]. 北京:化学工业出版社,2015.

[2] Dean L,Wu Q,Alshangiti O,et al. Rapid synthesis of elastomers and thermosets with tunable thermomechanical properties[J]. ACS Macro Letters,2020,9(6):819-824.

[3] Robertson I,Yourdkhani M,Polette J et al. Rapid energy-efficient manufacturing of polymers and composites via frontal polymerization[J]. Nature,2018,557(7704):223-227.

实验 75　熔融共混法制备可生物降解型高介电及电磁屏蔽材料

一、实验设计思路

利用熔融共混法将碳纳米管等具有优良性能的导电填料引入可生物降解聚合物聚乳酸的共混物中,制备综合性能优异的可生物降解型电磁屏蔽共混复合材料。通过改变熔融共混过程中温度、转速、两相聚合物质量比等因素,对共混复合材料的相结构、导电粒子网络结构等进行有效调控,并探讨材料微观结构演化与其宏观性能变化行为的内在联系及其机理。

二、实验目的

1. 掌握熔融共混法制备共混复合材料的原理及实验方法,深入分析温度、转速等条件的变化对材料微观结构演化过程的影响及其机理。

2. 掌握材料电磁屏蔽性能及机械性能等宏观性能的测试评价方法。

3. 掌握材料微观结构对其电磁屏蔽性能及机械性能等方面的影响,探讨共混复合材料微观结构与宏观性能的内在联系及其机理,加深对材料结构与性能关系的认识。

三、实验原理

电子通信行业的迅速发展使大量新兴电子电器设备融入人类的交通、通信、家用电器等各方面,为人类的生活提供了极大的便利。但是,以上设备会产生不同频率的电磁辐射,给人们的生产生活带来不便,并引发了一系列的环境问题和社会问题。利用特定的材料将电磁污染进行削减或限制,从而达到对电磁辐射的有效衰减,称为电磁屏蔽。材料的屏蔽效果一般由屏蔽效能来评价,其单位为分贝(dB),屏蔽效能越高,材料的屏蔽效果就越好。屏蔽效能和屏蔽材料的表面及内部产生的感生电荷、电流以及极化现象密切相关。目前主要用于解释电磁屏蔽的理论为传输线理论法模型,如图 75-1 所示,在屏蔽体的外表面,入射电磁波分为两部分,一部分电磁波被反射回来,即反射电磁波。另一部分电磁波穿透外表面,进入屏蔽体空间。这部分穿透电磁波继续分化,其中有一部分电磁波在另一侧外表面发生透射,穿过屏蔽体进入周围空间,即透射电磁波。剩余部分在屏蔽体内部经过多次反射,直到完全衰减为止。

通常认为,材料的电磁屏蔽效能 Shielding Effectiveness(SE)主要由材料表面及界面的反射损耗 SE_R、材料内部的吸收损耗 SE_A 和多重反射损耗 SE_B 构成,其关系为:

$$SE_R = 168.2 + 10\lg\left(\frac{\sigma}{f\mu}\right)$$

$$(75-1)$$

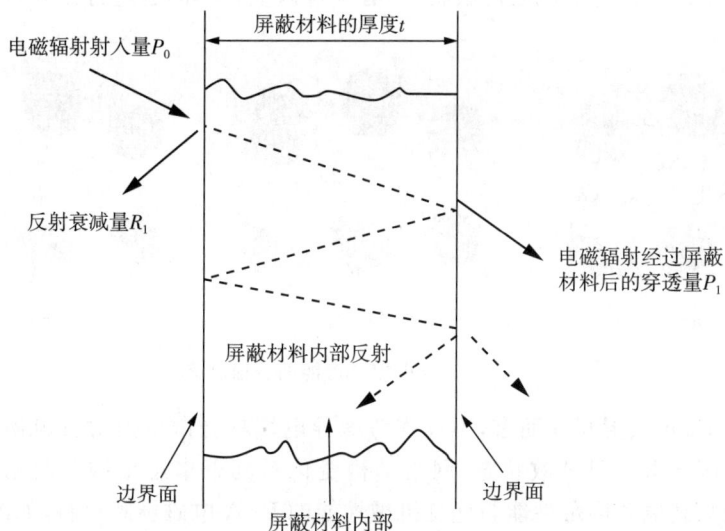

图 75-1 电磁屏蔽原理示意图

$$SE_A = 131.43t\sqrt{f\mu\sigma} \tag{75-2}$$

$$SE_B = 10\lg[1 - 2 \times 10^{-0.1SE_A}\cos(0.23SE_A) + 10^{-0.2SE_A}] \tag{75-3}$$

式中，f——电磁波频率，Hz；

　　　t——屏蔽材料的厚度，m；

　　　μ——屏蔽材料的相对磁导率；

　　　σ——屏蔽材料的相对电导率。

通常，对于有效的屏蔽材料（$SE > 20$ dB），SE_B 可忽略不计，因此通过公式可知，材料的电导率对其电磁屏蔽性能具有十分明显的影响。

目前的电磁屏蔽材料主要包括金属和金属网等材料，价格昂贵且难以满足复杂多变的环境需求。若选用聚合物（尤其是可生物降解聚合物）作为电磁屏蔽材料的基体，理论上可制备同时具有低成本、优良加工性能、环境友好等明显优势的电磁屏蔽材料，具有极大的应用潜力。但是如前所述，电磁屏蔽材料的屏蔽效能与其电导率具有紧密的联系，而聚合物材料通常电导率极低，该特点严重影响其在电磁屏蔽领域的应用。为解决这一难题，研究者们将碳纳米管、石墨烯等具有优良性能的导电填料通过熔融共混的方式引入聚合物中，结果表明聚合物电导率的提高对其电磁屏蔽性能的提升具有明显的作用。同时，鉴于熔融共混法的简便性，通过该方法制备出高性能的电磁屏蔽材料，是目前的研究热点。

但是，熔融共混过程是一个复杂的过程，温度、转速、熔体黏度等因素均可对材料中导电填料的分散状态、网络结构等产生明显影响，进而影响材料的电导率及电磁屏蔽性能。对于目前最受瞩目的可生物降解聚合物聚乳酸（PLA）而言，由于其脆性较为明显，应用时往往还需将其与另一种具有高韧性的聚合物进行共混，则共混时体系中各相相互作用力的形式及大小将更为复杂，需考虑导电填料与两相聚合物的相互作用力大小、导电填料在共混过程中是否会有迁移行为以及其迁移方向、导电填料的迁移行为等是否会对聚合物相结构产生影响等。因此,制备性能优异的电磁屏蔽材料,必须对以上科学问题进行充分考察及研究。

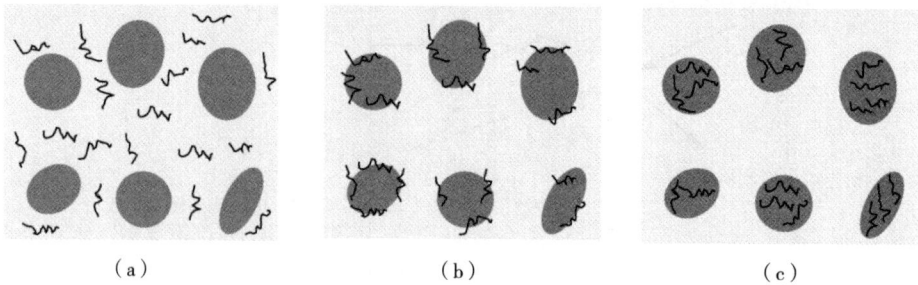

(a)　　　　　　　　(b)　　　　　　　　(c)

图 75-2　导电填料可能的分散状态

　　此外,对于 PLA 共混材料而言,不仅需考虑导电填料分散状态对其电磁屏蔽性能的影响,同时需关注因导电填料分散状态、网络结构变化对其聚集态结构及两相界面结构的影响,才可制备兼具高电磁屏蔽性能与优良机械性能的 PLA 电磁屏蔽材料,如图 75-2 所示。

　　基于以上原因,本实验将可生物降解聚合物 PLA 作为基体,并将其与具备高韧性的聚己内酯或乙烯-醋酸乙烯共聚物等进行共混,首先制备具有高韧性的 PLA 共混材料,并研究两相聚合物结构(如分子量、分子链结构等)以及加工工艺(如熔融共混温度、转速等)对共混材料微观结构及宏观机械性能等方面的影响;在此基础上,将碳纳米管等导电填料引入共混体系中,研究两相聚合物黏度比、配比、共混工艺等对填料迁移及分散行为等方面的影响,并探究填料自身结构对共混材料结构形成过程的反作用,探究其中机理,通过以上研究,可加深对材料结构与性能内在联系的认识。

四、实验仪器与原料

1. 仪器

　　真空干燥箱、转矩流变仪、平板硫化仪、差示扫描量热仪、热重分析仪、扫描电子显微镜、透射电子显微镜、高阻计、矢量网络分析仪等。

2. 原料

　　聚乳酸、聚己内酯、乙烯-醋酸乙烯共聚物、乙烯-辛烯共聚物、碳纳米管、石墨烯、离子液体等。

五、实验步骤和性能分析

　　1. 聚乳酸共混材料的制备及其性能评价;

　　2. 含有导电填料的聚乳酸共混复合电磁屏蔽材料的制备及其性能评价;

　　3. 共混工艺对电磁屏蔽材料微观结构及宏观性能影响及其机理的研究;

　　注:具体实验方案由学生查阅文献提出,指导老师修正确定。

六、实验报告提纲

　　参考实验 1,实验报告中着重讨论:

　　(1)聚乳酸共混材料的制备方法以及共混工艺条件对材料性能的具体影响,并探讨其机理；

(2)共混复合材料的制备方法及工艺条件、导电填料结构对共混复合材料电磁屏蔽等性能的影响，并探讨其机理。

七、注意事项

1. 实验前做好预习工作及文献调研等，对实验过程中，尤其是熔融共混过程中材料结构演化行为的机理及影响因素有一定的认识。

2. 材料测试过程中需对材料性能表征方法及仪器设备的使用有全面的了解。

八、参考文献

[1] Wang P, Fan B, Zhou Y. Effect of 1, 2, 3 - triazolium - functionalized PEG - b - PCL block copolymer on crystallization behavior of poly(Llactic acid) as nucleation agent and mobility promoter[J]. Journal of Thermal Analysis and Calorimetry, 2021, 46(3): 3016 - 3022.

[2] Wang P, Cui Z, Hu X, et al. Effect of ionic liquid segments of copolymer on compatibilization process and dielectric behavior of polylactide/polyvinylidene fluoride blends [J]. Journal of Applied Polymer Science, 2021, 138(3):303 - 310.

[3] Zeng Z, Lin W, Chen M. Lightweight and anisotropic porous MWCNT/WPU composites for ultrahigh performance electromagnetic interference shielding[J]. Advanced Functional Materials, 2016, 26(2), 303 - 310.

实验 76　超韧聚乳酸基生物可降解材料的制备及其性能研究

一、实验设计思路

利用熔融共混法将具有高韧性的乙烯-醋酸乙烯酯共聚物(EVA,醋酸乙烯酯含量19wt%)、界面相容剂纳米 SiO_2 颗粒(具有亲水表面)引入可生物降解聚合物聚乳酸(PLA)的共混物中,制备综合性能优异的超韧 PLA 基生物可降解材料。通过改变 EVA、SiO_2 质量比,对共混复合材料的相结构、相容剂颗粒分散情况等进行有效调控,并探讨材料微观结构演化与其宏观性能变化行为的内在联系及其机理。

二、实验目的

1. 掌握熔融共混法制备共混复合材料的原理及实验方法,深入分析温度、转速等条件的变化对材料微观结构演化过程的影响及其机理。

2. 掌握材料结晶性能、流变行为、机械性能、界面状态等性能的测试评价方法。

3. 掌握材料微观结构对材料机械性能等方面的影响,研究 EVA、SiO_2 含量导致共混复合材料分散颗粒的分散情况和相结构的变化对宏观性能的内在联系及其机理,加深对材料结构与性能关系的认识。

三、实验原理

高分子科学的迅速发展使得大量的聚合物制品投入人们的日常使用当中,在带来便利的同时也使得环境污染问题持续加剧。聚乳酸(PLA)是一种新型的生物基及可再生生物降解材料,从可再生的植物资源(如玉米、木薯等)中所提取出的淀粉原料制成。由于其强度与物理性能良好、生物相容性与可降解性优异等因素,PLA 在汽车、电子、一次性用品、生物医药等领域得到广泛的关注。但 PLA 较差的韧性限制了它的应用。于是,如何改善 PLA 的机械性能,实现 PLA 的高性能化成为当下热门的课题。

应力应变曲线被用于研究材料的机械性能,材料的模量 E 与曲线斜率有关,斜率越大,材料越硬,斜率越小,材料越软。屈服点是否出现代表了材料断裂时的不同情况,有屈服点为韧性断裂,无屈服点为脆性断裂,屈服点越大,材料越强,屈服点越小,材料越弱。同时屈服点到原点的距离表征材料的韧脆,距离越远材料越韧,反之则越脆。

PLA 的应力应变曲线如图 76-1 所示,高斜率说明其高强度,同时没有屈服现象表明其为脆性断裂,是典型的硬而脆的材料。

为实现 PLA 高性能化,将 PLA 与弹性体熔融共混进而提高其韧性是当下常用的方法。

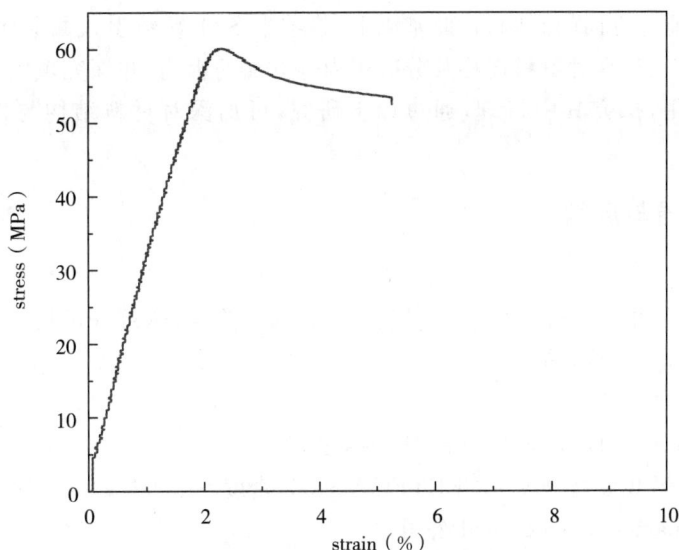

图 76-1　PLA 应力应变曲线

在受到外力时,力的作用会在相间传递,弹性体会通过链段运动等消耗能量,进而提高材料的韧性。EVA 因其较高的可塑性和韧性及低廉的加工设备成本,被认为是增强 PLA 机械性能的常用材料之一。但是,PLA 与大多数普通弹性体之间的界面相互作用相对较差,导致增韧效率相当低。因此,本实验将相容剂加入共混过程中,以降低界面张力并增强界面附着力。

但是,熔融共混过程是一个复杂的过程,温度、转速、熔体黏度等因素均可对材料的微观状态产生明显影响,进而影响材料的机械性能。同时共混体系中各相互作用大小及形式更为复杂,影响相容剂颗粒的分散状态。如图 76-2 所示,(a)中颗粒无规则分散在 PLA 与 EVA 两相中,(b)中颗粒均分散在 PLA 相中,(c)中颗粒均分散在 EVA 相中,(d)中颗粒分散在两相界面处,不同的分散状况影响着复合材料的综合性能。

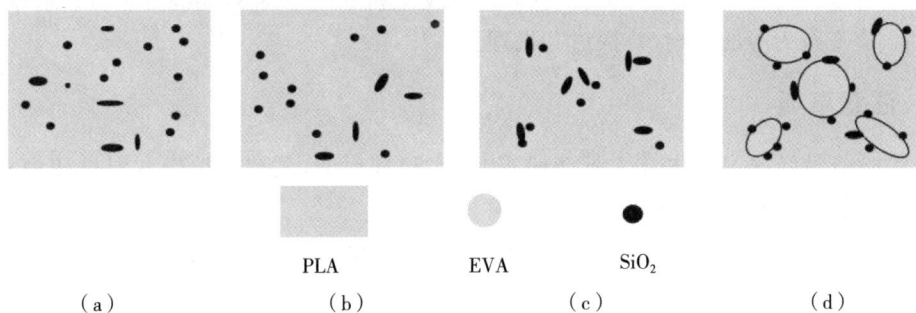

图 76-2　分散颗粒不同的分散状态

基于以上原因,本实验将可生物降解聚合物 PLA 作为基体,并将其与具备高韧性的乙烯-醋酸乙烯共聚物等进行共混,首先制备具有高韧性的 PLA 共混材料,并研究两相聚合物结构(如分子量、分子链结构等)以及加工工艺(如熔融共混温度、转速等)对共混材料微观结构及宏观机械性能等方面的影响;在此基础上,将纳米 SiO_2 颗粒引入共混体系中,研究两相聚合物配比、共混工艺等对填料迁移及分散行为等方面的影响,并探究填料对共混材料结构形成过程的反作用,探究其中机理,通过以上研究,可加深对材料结构与性能内在联系的认识。

四、实验仪器与原料

1. 仪器

真空干燥箱、转矩流变仪、平板硫化仪、差示扫描量热仪、热重分析仪、平板流变、扫描电子显微镜、透射电子显微镜等。

2. 原料

聚乳酸(PLA,4032D,美国 Nature Works 公司)

乙烯-醋酸乙烯共聚物(EVA,SEETEC VS430,密度＝0.939 g/cm^3,乙酸乙烯酯含量＝19wt%,韩国 Honam Petrochemical 公司)

纳米 SiO_2 颗粒(Aerosil 200,纳米颗粒的平均尺寸为 12 nm,密度为 2.2 g/cm^3,比表面积为 200 m^2/g,Evonik Corporation 公司)

五、实验步骤

1. 聚乳酸共混材料的制备及其性能评价;
2. 含有相容剂纳米 SiO_2 颗粒的聚乳酸共混复合材料的制备及其性能评价;
3. 共混工艺及 EVA、SiO_2 含量对材料微观结构及宏观性能影响及其机理的研究。

六、实验报告提纲

参照实验 1,实验报告中着重讨论:

(1)聚乳酸共混材料的制备方法以及共混工艺条件对材料性能的具体影响,并探讨其机理;

(2)共混复合材料的制备方法及工艺条件、EVA 和 SiO_2 含量对共混复合材料机械性能、结晶性能、流变行为等的影响,并探讨其机理。

七、注意事项

1. 实验前做好预习工作及文献调研等,对实验过程中,尤其是熔融共混过程中材料结构演化行为的机理及影响因素有一定的认识。
2. 材料测试过程中需对材料性能表征方法及仪器设备的使用有全面的了解。

八、参考文献

[1] Saini P,Arora M,Kumar M N. Poly(lactic acid)blends in biomedical applications [J]. Advanced Drug Delivery Reviews,2016,107(1):47-59.

[2] Zeng J B,Li K A, Du A K. Compatibilization strategies in poly(lactic acid)-based blends[J]. RSC Advances,2015,5(41):32546-32565.

实验 77　高层建筑用辐照交联型低烟无卤阻燃聚烯烃材料的制备及其性能研究

一、实验设计思路

采用性能优异的三元乙丙橡胶（EPDM）和乙烯-醋酸乙烯共聚物（EVA）为主要基体材料，添加无卤阻燃剂、补强填料等，并以辐照交联工艺代替传统的加热硫化，开发新型的低烟无卤阻燃聚烯烃材料。同时探究不同的电子束辐照剂量对材料结构及性能变化的影响。

二、实验目的

1. 掌握辐照交联的原理及电缆材料制备的方法（主要为实验基材的选择，实验路线和条件的设计）。

2. 掌握材料结构及性能表征的方法（主要表征方法有：扫描电镜测试、DSC 测试、热失重测试、拉伸性能测试、电学性能测试、氧指数测试，热老化测试等）。

三、实验原理

三元乙丙橡胶（EPDM）是以乙烯、丙烯主要单体和少量的非共轭二烯烃为第三单体的合成橡胶，由于其主链单元的饱和性和柔顺性，其表现出优良的耐低温性能、回弹性、优异的化学稳定性、电绝缘性等，如图 77-1 所示。乙烯-醋酸乙烯酯共聚物（EVA）由于在分子链中引入了醋酸乙烯单体，从而降低了高结晶度，使其具有良好的柔韧性、抗冲击性、填料相容性等。对于传统的聚氯乙烯材料，由于有大量氯元素，燃烧时会散发出大量浓烟，并产生一些 HCl 气体，对环境造成严重危害，且聚氯乙烯材料耐酸碱、耐热、耐有机溶剂性能较差。因此，EPDM/EVA 基复合材料已成为高性能线缆绝缘或护套层常用的高分子材料。然而，EPDM 和 EVA 均属于易燃聚合物，常加入无卤阻燃剂进行改性，提高阻燃性能，通常的无机阻燃剂有氢氧化铝，氢氧化镁，聚磷酸铵等等。另外，为了提高材料的整体性能，通常需要在材料中加入补强填料，增强分子间的作用力，构造基体大分子链与填料的整体网络。同时，利用填料表面的活性点以及一系列的能量不同的吸附点，使吸附的基体分子链段在应力作用下会滑动、伸长，从而提高材料的整体拉伸强度。

EPDM 和 EVA 材料其分子链结构为线性结构，且链节中不含强极性基团和氢键的基团，因此分子链之间的作用力比较低，材料的强度不能满足使用的要求（如图 77-2）。因此，为了提高材料的性能，需将具有线性大分子的聚合物分子间产生交联，使聚合物分子结构由线型转变成为网状或体型结构，从而提高材料的性能。常用的交联方式有：过氧化物交联、硅烷交联、辐照交联。过氧化物交联采用有机过氧化物作为交联剂，如过氧化二异丙苯

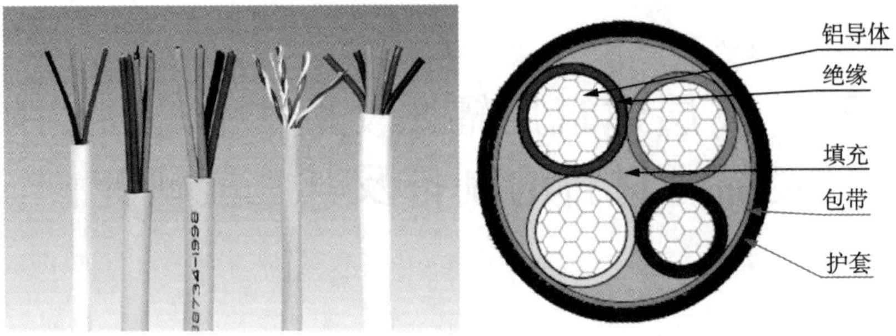

图 77-1　乙丙橡胶线缆示意图

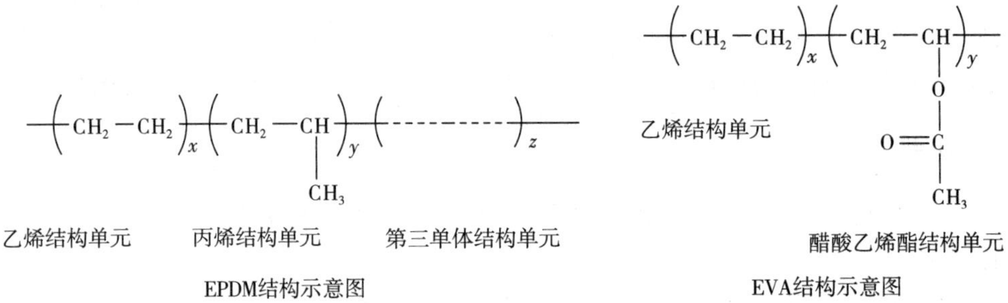

乙烯结构单元　　丙烯结构单元　　第三单体结构单元

EPDM结构示意图

乙烯结构单元

醋酸乙烯酯结构单元

EVA结构示意图

图 77-2　EPDM 和 EVA 结构示意图

(DCP),在热的作用下,分解生成活性的游离基,这些游离基使聚合物碳链上产生活性点,并产生 C—C 交联键,形成三维网状结构,但是过氧化物交联的硫化时间主要由温度决定,因此不易调整,同时配方体系中的其他组分如:填料、抗氧剂等可能在一定条件下消耗自由基,因此必须严格选择。硅烷交联的主要机理是将有机硅氧烷和聚烯烃材料在特定条件下产生交联,但硅烷交联生产工艺难控制。辐照交联则是利用 γ 射线、电子束等能量,轰击聚烯烃大分子链,使聚烯烃大分子链中的原子激发,引发高分子材料产生自由基,并通过自由基的相互结合而形成新的连接键,从而形成交联网络。辐照交联工艺,其生产工艺简单,交联过程可控,加工材料的种类多,尤其是耐温、阻燃等高性能电缆料,如图 77-3 所示。

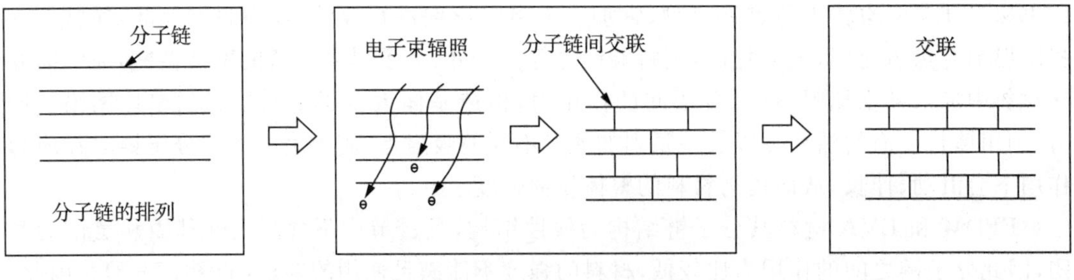

图 77-3　分子链间交联示意图

　　基于此,我们选择使用辐照交联的方式,使材料体系内形成三维网状交联结构,制备高性能的低烟无卤阻燃聚烯烃材料。

在不同剂量的电子束辐照下,材料的微观结构,力学性能等也将会随之产生变化。高剂量的电子束辐照,会使基体材料的分子链段产生更多的自由基,容易使材料降解,材料的整体性能会发生不同程度的变化。因此,在不同辐照剂量下,材料结构和性能的演变将是研究的重点。

四、实验仪器与原料

1. 仪器

双辊开炼机、平板硫化机、分析天平、索氏提取器、老化实验箱、扫描电镜、差示扫描量热仪、热失重分析仪、万能试验机、氧指数测定仪、体积电阻率测定仪。

2. 原料

三元乙丙橡胶(EPDM)、乙烯-醋酸乙烯共聚物(EVA)、相容剂、氢氧化铝、氢氧化镁、二氧化硅、抗氧化剂、辐照敏化剂。

五、实验步骤

1. 聚烯烃电缆材料的制备;
2. 采用不同剂量的电子束对材料进行辐照;
3. 对辐照后材料的结构和性能进行测试和表征。

六、实验报告提纲

参照实验 1,实验报告中着重讨论:

实验具体操作步骤及材料结构和性能表征的方式和条件。同时要着重讨论测试的结果,对产生的原因进行详细的分析。

七、注意事项

1. 实验前做好预习工作,对实验过程中涉及的方法有清楚的认识。
2. 材料测试过程中需对材料性能表征方法及仪器设备的使用有全面的了解。

八、参考文献

[1] 谢基柱,徐明球. 辐照型橡套电缆绝缘配方的研究[J]. 电线电缆,2017,3:21-25.

[2] 包金芳,张尔梅,杜业波. 辐照交联低烟无卤阻燃聚烯烃电缆料抗撕性能的研究[J]. 塑料助剂,2017,1:48-52.

[3] 侯海良,曾光新,施冬梅,等. 125 ℃辐照交联低烟无卤阻燃聚烯烃电缆料的开发研究[J]. 电线电缆,2004,6:24-27.

实验 78　真石漆的制备

一、实验设计思路

真石漆是一种装饰效果酷似大理石、花岗岩的涂料。主要采用各种颜色的天然石粉配制而成,应用于建筑外墙的仿石材效果,因此又称液态石。真石漆装修后的建筑物,具有天然真实的自然色泽,给人以高雅、和谐、庄重之美感,适合于各类建筑物的室内外装修。特别是在曲面建筑物上装饰,生动逼真,有一种回归自然的效果。真石漆具有防火、防水、耐酸碱、耐污染。

无毒、无味、黏接力强,永不褪色等特点,能有效地阻止外界恶劣环境对建筑物侵蚀,延长建筑物的寿命,由于真石漆具备良好的附着力和耐冻融性能,因此适合在寒冷地区使用。

CPVC(临界颜料体积浓度)是涂层配方中的一个重要技术指标,当涂饰配方的 PVC(干涂膜中颜填料所占的体积百分比)值高于 CPVC 时,成膜物质不足以填充颜料堆积形成的空隙时,涂层的物理及化学性能将出现一个转折点。经典理论认为,通过 CPVC 点,真石漆的涂膜性能,如附着力,起泡,强度,耐擦洗性,抗沾污性,光泽,密度等会产生突变。配方设计时,CPVC 值是个很有用的基准点。根据不同的最终需要,我们可以决定将配方设计为 PVC＜CPVC 还是 PVC＞CPVC。例如需要涂膜有较高地致密性,起到一定的抗碱,抗碳化,抗渗透性,PVC 必须设计得远小于 CPVC。而在一些低成本真石漆中,为提高涂膜的干遮盖力,可适当提高 PVC,使之接近甚至约为超过 CPVC。总之,在配方设计时要综合考虑涂膜的最终需要的性能和所用原料,精心设计配方的 PVC 值和 CPVC 值之间的关系。

二、实验目的

1. 掌握制备丙烯酸酯真石漆的各种聚合反应机理,达到理论与实际应用相结合;

2. 掌握聚合配方和聚合反应条件,在确定体系组成原理、作用、配方设计及用量等方面得到初步锻炼;

3. 对聚合工艺条件的设置有所了解,进一步掌握聚合单体配比、聚合温度和反应时间等因素的确定方法;

4. 了解其单体结构与其聚合物性能之间的关系;

5. 掌握根本目标聚合物选择聚合机理以及聚合方法的规律;

6. 了解共聚物组成控制方法;

7. 熟悉资料查阅方法以及初步科学研究方法。

三、实验原理

1. 合成原理

树脂以微细粒子团(0.1～2.0 μm)的形式分散在水中形成的乳液称为乳胶。乳胶可分为分散乳胶和聚合乳胶两种。而在乳化剂存在下靠机械的强力搅拌使树脂分散在水中而制成的乳液称为分散乳胶。由乙烯基类单体按乳液聚合工艺制得的乳胶称为聚合乳胶,用于制取水性涂料的聚合乳胶主要有醋酸乙烯乳胶、丙烯酸酯乳胶、丁苯乳胶以及醋酸乙烯和其他单体共聚的乳胶。

乳液聚合是在机械搅拌下,用乳化剂使单体在水中分散成乳液而进行的聚合反应。聚乙烯醇是醋酸乙烯酯聚合常用的乳化剂,它兼起着增稠和稳定胶体的作用。醋酸乙烯很容易聚合,也很容易与其他单体共聚。可以用本体聚合、溶液聚合、悬浮聚合或乳液聚合等方法合成各种不同的聚合体。

醋酸乙烯单体的聚合反应是自由基型加聚反应,属连锁聚合反应,整个过程包括链引发、链增长和链终止三个基元反应。

(1)链引发是不断产生单体自由基的过程;

(2)链增长反应是极为活泼的单体自由基不断迅速地与单体分子加成,生成大分子自由基,链增长反应的活化能低,速度极快;

(3)链终止反应是两个自由基相遇,活泼的单电子相结合而使链终止。

2. 涂料制备原理

要把乳胶进一步加工成涂料,必须使用颜料和助剂。以下是常用的助剂及其功用。

(1)分散剂(相润湿剂):这类助剂能吸附在颜料粒子的表面,使水能充分润湿颜料并向其内部孔隙渗透,使颜料能研磨分散在水相乳胶中,分散了的颜料微粒又不能聚集和絮凝。

(2)增稠剂:能增加添作料的黏度,起到保护胶体和阻止颜料聚焦、沉降的作用。

(3)防霉剂:加有增稠剂的真石漆,一般容易在潮湿的环境中长霉,故常在乳胶涂料中加入防霉剂。

(4)增塑剂和成膜助剂:涂覆后的真石漆在溶剂挥发后,余下的分散粒子须经过接触合并,才能形成连续均匀的树脂膜

(5)消泡剂:涂料中存在泡沫时,在干燥的漆膜中形成许多针孔,消泡剂的作用就是去除这些泡沫。

(6)防锈剂:用于防止包装铁罐生锈腐蚀和钢铁表面在涂刷过程中产生锈斑的浮锈现象。

相关国家标准:

① 涂料遮盖力测定法:GB/T 1726—1979;

② 漆膜耐水性测定法:GB/T 1733—1993;

③ 漆膜、腻子膜干燥时间测定法:GB/T 1728—1979;

④ 漆膜一般制备法:GB/T 1727—1992;

⑤ 涂料固体含量测定法:GB/T 1725—1979。

四、仪器与试剂

1. 仪器

电动搅拌器、冷凝管滴液漏斗、三口圆底烧瓶、三辊机、沙磨机、分散机、拉罐、反射率测定仪、斯托默黏度仪、涂层耐沾污性冲洗装置、涂布器、白度仪、光泽度仪、硬度仪、耐洗刷仪、黏度计、厚度仪、抗冲撞仪、pH 计等。

2. 药品

甲基丙烯酸甲酯(MMA)、丙烯酸丁酯(BA)、甲基丙烯酸(MAA)、十二烷基苯磺酸钠、辛烷基酚聚氧乙烯醚(OP - 10)、乙烯基磺酸钠(SVS)、过硫酸钾($K_2S_2O_8$)、碳酸氢钠($NaHCO_3$)。

彩砂 10~20 目/20~40 目/40~80 目、单色岩片、润湿分散剂(聚磷酸盐类,如六偏磷酸钠、三聚磷酸钠、四偏磷酸钠等)、成膜助剂(乙二醇、丙二醇、己二醇、苯甲醇、丁二醇醚类等)、消泡剂、增稠(流变剂)、(以膨润土、超细二氧化硅为主纤维素类、碱溶胀型丙烯酸乳液类、缔合型聚氨酯增稠剂等)、防霉杀菌。

五、实验步骤

1. 乳液制备

采用半连续化生产工艺进行。先将去离子水 50 g,十二烷基苯磺酸钠及 25% 的混合单体放入带温度计、搅拌器、冷凝管及滴液漏斗的四口烧瓶内,通氮气搅拌 20 min 后,加入 1/2 的引发剂过硫酸铵。缓慢升温至 80 ℃反应 30~40 min 后,然后称好余下的 75% 的混合单体,于滴液漏斗中缓慢滴加反应温度控制在 80~85 ℃,在 1.0~1.5 h 内滴完。补充加入余下的引发剂,在 85~90 ℃内继续反应 1.5~2.0 h。

乳液性能参数:外观为乳白色呈蓝相,固体分为 45%~50%;pH 值为 2~5。

2. 涂料的制备

(1)用量筒量取 30 mL 丙烯酸乳液于烧杯中,在充分搅拌下加入氨水调 pH 值至 7 左右,然后加入 0.001 g 磷酸三丁酯充分搅拌至泡沫完全消失,最后加入乙二醇搅拌均匀。

(2)将 1.7 g 六偏磷酸钠加入 30 mL 水中,充分搅拌,使其溶解,再加入钛白粉 0.05 g,高速搅拌 5 min,立德粉 0.28 g,高速搅拌 10 min,反应物料呈白色浆状。

(3)将步骤(2)中所制的白色浆加入步骤(1)的乳液中,高速搅拌 10 min,然后加入云母粉 0.05 g,高速搅拌 5 min,再加入聚乙烯醇 0.01 g,高速搅拌 15 min,即成所需产品丙烯酸真石漆。该产品呈白色膏状,无硬块,搅拌后即均匀分散。

六、实验报告提纲

1. 知识背景

(1)真石漆制备;

(2)真石漆乳液合成。

2. 实验内容及数据记录

(1)实验步骤及现象;

(2)数据记录(见表 78-1)。

表 78-1　数据记录表

实验时间：　　　年　　月　　日　　　室温：　　℃

时间	操作	现象

3. 结果与讨论

(1)聚合反应按聚合体系和反应机理分类可以分成那些类型,聚醋酸乙烯单体的聚合是什么反应?

(2)为什么使用的醋酸乙烯酯单体必须是新精馏?

(3)为什么大部分的单体和引发剂采用逐步滴加的方式加入?

(4)乳胶的稳定性受哪些因素影响?

(5)聚乙烯醇在反应中起什么作用? 为什么要与乳化剂 OP-10 混合使用?

(6)在搅拌颜料、填充料时为什么采用高速搅拌,用普通搅拌器或手工搅拌对涂料性能有何影响?

(7)试说出配方中各种原料所起的作用。

七、注意事项

1. 乳胶漆的基料除了机械稳定性以外,还有化学稳定性问题。对于用非离子型乳化剂聚合的乳液,由于非离子型乳化剂中氧化乙烯基的作用而使之水合,在聚合物表面吸附有水分子,水覆盖微粒表面使粒子之间不会因融合而导致乳液凝聚。要破坏乳液种稳定分散状态,则需要高浓度的电解质来解除水合作用。但是,我国目前所用的乳液(尤其是苯丙乳液)大部分是离子型的,这些离子型乳化剂会使聚合物微粒带有电荷,并因其电性斥力而维持乳液的稳定状态。这样,如果在乳胶漆的配方中其他材料(例如分散剂)所带的电荷与乳化剂所带的电荷的电性不同时,就可以中和乳化剂的电荷,使聚合物微粒所带的电荷数目减少或消失而使聚合物微粒融合而凝聚,导致乳液破乳使产品报废而造成浪费。因此,在使用新配方或使用新批号的原材料时,必须先按配方进行小批量的试验,待证明无误后方可进行批量生产。

2. 从外观形态进行分类,有机增稠剂可分为固体和特体两类。固体的有羟乙基纤维素(HEC)、羟甲基纤维素(CMC);液体的有碱活化、缔合型的增稠剂 ASE-60 等许多商品的乳液类增稠剂。增稠剂的加入方法,固体类必须无例外地采用先溶解后加入的步骤,即先将增稠剂溶解成水溶液,再加入颜(填)料混合料中;对于液体类增稠剂,例如 ASE－60,则应先用 3～5 倍于增稠剂用量的水将其稀释,然后再乳液和色浆混合均匀以后的阶段,将经稀释的增稠剂缓慢地加入,并充分搅拌均匀。千万要注意,因局部增稠剂浓度过高而使乳液结团或形成颗粒,而无法有效地分散开,将给生产操作带来很大的麻烦。预先将这类增稠剂分散于颜(填)料浆中参与研磨工艺,可以避免这类问题。

3. 消泡剂的加入方法,最好是先将一部分消泡剂(一般可取 1/3～1/2)加入色浆中去,其余的则加入乳液中去。至于消泡剂的加入量,应参考厂商的推荐量并通过乳胶漆生产后静置 24 h 的涂装效果来确定。

4. 对于白色或淡色聚乙酸乙烯乳胶漆,先选用颜(填)料时还应注意,立德粉不能和汞盐防霉剂同时使用,以免引起涂膜泛黄;乳胶漆不宜选用氧化锌和铅白作颜料,以免造成乳胶漆的增稠和凝结。

5. 当使用钠基膨润土或经钠化改型处理的钙基膨润土作为增稠剂、悬浮剂时,由于膨润土在水中会电离而出现离子,应将其和所用的乳液进行相容性实验,以免因其电离的粒子和乳液中乳化的离子电性相异而引起破乳现象。

6. 如果用胶体磨进行色浆研磨,最好的操作方法是将胶体磨的细度调整到比设定的乳胶漆的细度大一些,而在研磨时重复地研磨 2～3 遍,这样能够减小胶体磨的磨损,延长设备的使用寿命。

7. 在涉及乳液的搅拌混合时,在备用调速分散机的情况下,应尽可能地使用低速搅拌混合,例如将搅拌速度控制在 150～400 r/min 的范围内,以免产生大量气泡甚至从搅拌罐中溢出而造成事故。此外,对于机械稳定性不良的乳液,高速搅拌还可能使乳液破乳。

八、参考文献

[1] 王贵军. 外墙真石漆施工工艺及质量防治措施[J]. 陕西建筑,2016,8:43－45.

[2] 赵刚磊,仇鹏,陈俊,等. 高耐水高黏结性建筑外墙真石漆用丙烯酸乳液的合成[J]. 涂料技术与文摘,2015,36(8):15－19.

[3] 魏勇,李瑞玲. 仿花岗岩真石漆的制备及施工[J]. 中国涂料,2009,24(8):59－61.

实验 79　碳纳米材料(Graphene)复合聚羧酸减水剂的合成及性能研究

一、实验设计思路

通过对某种石墨烯材料改性或官能化得到一种含特殊反应基团同时可以进一步聚合的复合材料。经过改性后的碳材料与羧酸类其他单体在特定优化的聚合条件下共聚可以得到一种新型的石墨烯复合聚羧酸类减水剂材料,从而很高效且具有针对性地提高此类新型减水剂在水泥或混凝土中的分散性、稳定性以及保塌性。并通过对聚羧酸类减水剂的合成及往水泥、混凝土里添加完成性能测试表征来了解减水剂在混凝土中的作用机理。

二、实验目的

1. 掌握石墨烯的改性或功能化,尤其是如何引入乙烯基官能团。
2. 培养学生如何选择合适的含羧基乙烯类单体进行复合材料的共聚,达到设计与合成出高分子减水剂。
3. 熟悉并研究如何通过共聚的方法得到结构改性的纳米复合聚羧酸类减水剂材料。
4. 初步掌握混凝土聚合物添加剂的性能表征方法。

三、实验原理

以减水剂为代表的外加剂在混凝土中有着极其重要的作用,是除水、砂、碎石和水泥外不可或缺的第五组分。继木质素磺酸盐类和萘类减水剂后,一种带有侧链的梳状分子结构的第三代聚羧酸类减水剂(Polycarboxylate ether based superplastici - zers,简称 PCEs),在 1986 年由日本触媒公司(Nip - pon Shobubai)研发成功,在 20 世纪 90 年代初形成产品并进入市场并得以迅速应用,被认为是外加剂发展史上的第三次飞跃。

聚羧酸类减水剂具有低掺量、高减水率、坍落度损失小等优点,是高性能混凝土中不可缺少的组分,是混凝土外加剂研究的热点领域。本实验可以加深同学们从作用机理、合成工艺和结构参数与性能三个方面对聚羧酸类减水剂国内外的研究现状进行探讨,同时提出聚羧酸类减水剂研发及推广应用中存在的一些问题和今后值得研究的方向。

掺 PCEs 的混凝土拌合物体系中水泥颗粒的分散效果好,硬化水泥的孔结构也得到较好的改善,增加了密实性,提高了混凝土强度和耐久性。梳状结构的聚羧酸减水剂克服了木质素磺酸盐类减水剂较强缓凝作用和萘类减水剂成本高、减水率低、坍落度损失快等缺点。减水剂技术的发展和应用为混凝土向高强、高耐久和多功能的方向发展提供了必要条件。

PCEs 本身不会与水泥颗粒发生化学反应而产生新的水化产物,是一种阴离子表面活性剂。其机理主要是水泥熟料颗粒(以下简称"熟料")表面的吸附,熟料间的相互作用引起了变化,从而影响了分散体系的微观结构参数。PCEs 分子的聚氧乙烯(PEO)侧链与羧基(—COO—)、磺酸基(—SO₃—)等侧基一起形成了梳状分子结构,其中主链上的阴离子活性基团如—COO—、—SO₃—等锚固吸附在熟料表面形成双电层而产生静电斥力,PEO 侧链在溶液中拉伸构象,并通过氢键与水分子缔合在熟料表面形成立体吸附层而产生空间位阻;—SO₃—可以增加表面活性。这些组合优势作用下使熟料的分散、坍落度保持性能优异。PCEs 除了静电斥力、空间位阻等作用机理外,吸附作用也备受关注。作用机理如图 79 - 1 所示。

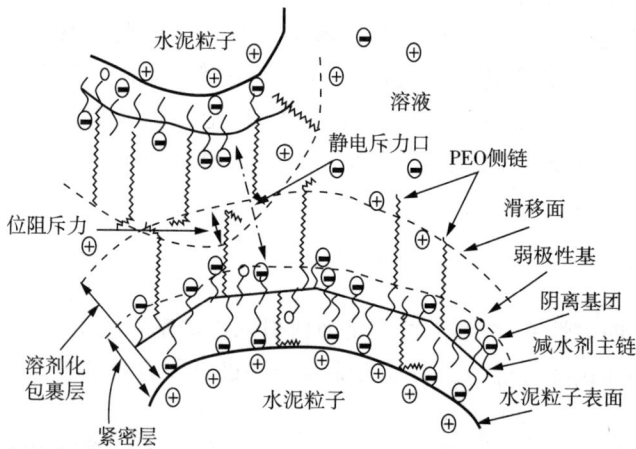

图 79 - 1 聚羧酸类减水剂与水泥的作用机理

石墨烯(Graphene)是一种以 sp2 杂化连接的碳原子紧密堆积成单层二维蜂窝状晶格结构的新材料。石墨烯具有优异的光学、电学、力学特性,在材料学、微纳加工、能源、生物医学和药物传递等方面具有重要的应用前景,被认为是一种未来革命性的材料。

实际上石墨烯本来就存在于自然界,只是难以剥离出单层结构。石墨烯一层层叠起来就是石墨,厚 1 毫米的石墨大约包含 300 万层石墨烯。铅笔在纸上轻轻划过,留下的痕迹就可能是几层甚至仅一层石墨烯。

本综合实验首先利用石墨烯的表面活化所得到的羟基官能团,选择合适的偶联剂将烯丙基等可以聚合的双键接到石墨烯表面,再通过设计与几种不同烯类单体进行共聚而最终得到石墨烯-聚羧酸减水剂复合材料。随后以水泥静浆流动度为考察指标,研究确定石墨烯-聚羧酸减水剂最佳改性条件、聚合条件。在合成原理方面,单体的结构官能化及制备,多种单体共聚过程可按参考方案或在与老师讨论后稍加修改。最后对添加了新合成的减水剂材料的水泥或混凝土进行性能检测,收集相关实验数据并进行分析。合成路径示意图如图 79 - 2 所示。

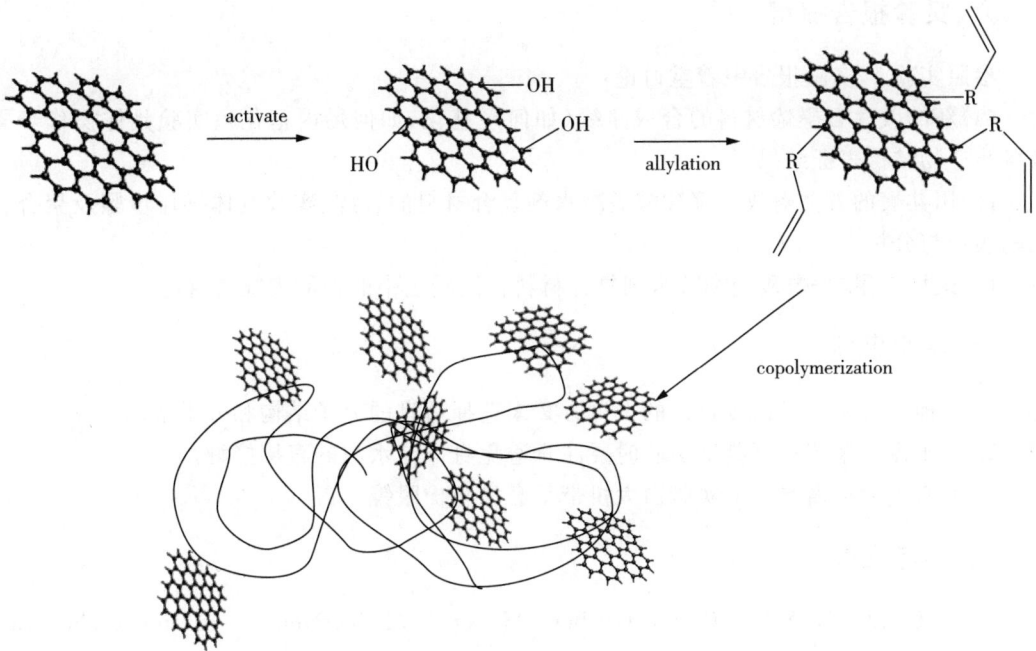

图 79-2　石墨烯-聚羧酸减水剂复合材料的合成路径

四、实验仪器与原料

1. 实验仪器

磁力加热搅拌器(JB-1B,雷磁-上海仪电科学仪器股份有限公司)、真空干燥箱(DZF-6050,上海一恒科学仪器有限公司)、循环水真空泵 SHZ-D(Ⅲ)防腐型湖南力辰仪器科技有限公司、水泥静浆搅拌机、电子天平、含气量测试仪、混凝土压力测试仪、混凝土标准养护箱、蠕动泵。

核磁共振仪、红外、紫外-可见光谱仪和各类结构表征仪器。

2. 实验原料

石墨烯、硅氧烷偶联剂、丙烯酸、过氧化氢、抗坏血酸、甲基烯丙基聚氧乙烯醚-2400、3-巯基丙酸、氢氧化钠、425 水泥、市售减水剂。

五、实验步骤

1. 特定石墨烯的活化及官能团化。
2. 通过羟基与硅氧烷偶联剂将特定石墨烯烯丙基化。
3. 选择合适其他单体进行共聚得到减水剂复合材料。
4. 对减水剂复合材料进行分离纯化。
5. 对石墨烯-聚羧酸减水剂复合材料的结构进行表征。
6. 对石墨烯-聚羧酸减水剂的相关添加水泥的力学性能进行检测

六、实验报告提纲

参照实验 1,实验报告中着重讨论:

(1)新的改性石墨烯材料的合成路线(如何羟基化、如何烯丙基化)、实验具体操作步骤及各步产物结构表征结果。

(2)用共聚的方法对改性聚羧酸类减水剂复合材料的合成、实验具体操作步骤及聚合物结构表征与分析。

(3)改性石墨烯-聚羧酸类减水剂复合材料在混凝土中的性能表征与讨论。

七、注意事项

1. 其他共聚单体可以按自己的设计方案来选择适宜的分子结构和分子量。

2. 做水泥静浆流动度测试实验时要注意避免身体与水泥的直接接触。

3. 所有实验员需要穿上实验白大褂带手套和防护眼镜。

八、参考文献

［1］ Plank J,Schroefl C,Gruber M,et al. Effectiveness of polycarboxylate superplasticizers in ultra-high strength concrete:the importance of PCE compatibility with silica fume[J]. Journal of Advanced Concrete Technology,2009,7(1):5-12.

［2］曹登云,朱永斌,李双喜. 高减水型聚羧酸减水剂的合成及性能研究[J]. 广东化工,2015,42(9):18-20.

［3］ Ren C R,Hou L,Li J,et al. Preparation and Properties of Nanosilica-doped Polycarboxylate Superplasticizer[J]. Construction and Building Materials,2020,252,119037.